高职高专计算机任务驱动模式教材

局域网组建管理及维护

陈学平 编著

清华大学出版社

北京

内 容 简 介

本书对计算机网络系统管理与维护所需要的知识点进行了详细介绍。全书分为 7 个工作项目,21 个工作任务,系统地介绍了网络系统管理与维护的典型工作过程。

本书内容丰富,注重实践性和可操作性,对于每个知识点都有相应的上机操作和演示,便于读者快速上手。

本书适合高等院校的网络信息技术、通信网络、网络工程、网络管理等专业的学生学习,也适合中职学生和社会培训班的人员学习使用。

图书在版编目(CIP)数据

局域网组建管理及维护/陈学平编著. --北京:清华大学出版社,2015
高职高专计算机任务驱动模式教材
ISBN 978-7-302-37420-6

Ⅰ. ①局… Ⅱ. ①陈… Ⅲ. ①局域网－高等职业教育－教材 Ⅳ. ①TP393.1

中国版本图书馆 CIP 数据核字(2014)第 170249 号

责任编辑:刘翰鹏
封面设计:常雪影
责任校对:李 梅
责任印制:李红英

出版发行:清华大学出版社
   网 址:http://www.tup.com.cn,http://www.wqbook.com
   地 址:北京清华大学学研大厦 A 座   邮 编:100084
   社 总 机:010-62770175   邮 购:010-62786544
   投稿与读者服务:010-62776969,c-service@tup.tsinghua.edu.cn
   质 量 反 馈:010-62772015,zhiliang@tup.tsinghua.edu.cn
   课 件 下 载:http://www.tup.com.cn,010-62795764
印 装 者:北京密云胶印厂
经 销:全国新华书店
开 本:185mm×260mm   印 张:18.75   字 数:452 千字
版 次:2015 年 2 月第 1 版   印 次:2015 年 2 月第 1 次印刷
印 数:1~1500
定 价:38.00 元

产品编号:059562-01

前　言

笔者从在公司和学校从事计算机网络系统管理与维护的经验中深深体会到,计算机网络或相关专业的学生毕业后到公司从事网络管理维护工作时,往往在所学的理论知识与工作岗位上的实际应用之间有一个"衔接"过程。这一过程的长短与学生在学校期间动手能力的训练有着非常重要的关系。为了提高学生将理论知识应用于实际项目的能力,迅速适应真实的工作岗位,编写了本书。

本书的内容均是网络管理与维护实际工作内容的"浓缩",从最基本的网络操作系统的选择和安装、网络的 IP 地址的规划开始,直到进行局域网工作组网络和域服务器网络的构建。读者通过完成本书的工作任务,就能够掌握内联网的硬件安装及软件设置的基本技术,从而具备独立设计并组织实施内联网工程的能力。

本书既有简单的原理介绍,也有详细的上机操作步骤,具有较强的实用性和可操作性。书中有很多独特、新颖的知识,可以帮助读者快速掌握网络构建的各种技术,为读者从事相关的技术工作打下坚实的基础。

全书共分 7 个项目、21 个任务。通过具体的实施内容,从最基本的操作系统的安装,工作组网络、域网络的组建,无线局域网络的组建,DNS 域名服务,DHCP 服务,Web 服务,FTP 服务,网络维护与管理等方面介绍真实工作情境中的各种任务。

本书的特色之一:在公共机房内,就可以完成局域网组建实验。一般局域网组建与管理维护需要有一个专用的机房,在许多学校或培训单位都难以实现。由于局域网组建的重点在于自己动手搭建一个网络,要拆卸计算机和重新安装操作系统,要不断改变计算机的配置,并且要求两到三台计算机作为一个小组,因此公共机房无法被其他的计算机实验所使用,导致机房利用率降低,增加了办学或培训成本。本书因为通过 VMware 虚拟机来完成所有的实验,所以,所有实验都可以在普通机房内完成,并且每个任务的实施都写明了操作步骤。

本书的特色之二:书中所有的图片都是由笔者按照实验操作步骤截取下来的,参考性很强。实验后面尽可能配上习题,让学生在做完实验后能很好地回顾实验内容。所以,本书是一本实践性很强、能够进行上机操作的教材,为教师进行理实一体化教学提供了极大的方便。

本书的特色之三:本书给出了一些实际工作中的案例,全书的任务和任务实施都是围绕解决案例来进行的。因此真实性工作场景的成分非常强,能够在学习后直接用到真实的企事业单位的工作环境中。

本书由重庆电子工程职业学院的陈学平教授担任主编。参与本书编写的还有池州职业技术学院的邹汪平老师和济源职业技术学院的王树森老师。其中邹汪平老师编写了项目5和项目6,王树森老师编写了项目1和项目7。

为了方便教师教学,本书配有电子教学课件,如有需求可以与清华大学出版社联系,也可以与编者联系,编者的联系方式 QQ:41800543

由于编者水平有限,加之编写时间仓促,书中难免存在疏漏和不足,希望同行专家和读者给予批评和指正。

陈学平

2014 年 11 月于重庆

目　录

项目 1 安装和配置 Windows Server 2008

任务 1.1 安装网络操作系统

某企业是一家中小型企业,有员工 500 人,其中有 300 人需要通过计算机来沟通工作。现在公司老板要求网络管理员小王来解决让公司内部能够共享资源的问题。老板先让小王去调查计算机操作系统市场,选择适合公司现有规模的网络操作系统的软件和硬件,并安装和配置好服务器和员工客户机。管理员小王接受任务安排后,开始着手调查,并学习相关技术知识来完成老板交办的任务。

📖 任务描述

小王经过分析和比较,决定选择几台高性能的服务器来为企业提供服务,服务器的操作系统安装 Windows Server 2008 Enterprise Edition(Windows Server 2008 企业版)。其他的计算机安装 Windows XP/Windows 7 操作系统作为办公机。

小王在开始工作之前,要确定以下 5 个问题。
(1) 网络规模。
(2) 操作系统。
(3) 操作系统的版本。
(4) 网络环境的拓扑结构。
(5) 网络操作系统。

 任务准备

1.1.1 确定网络规模

网络规模的大小是决定其他任务的前提。如果是一个只有十几台计算机规模的网络,可能只适用于一个办公室内部。这只是一个小型的局域网,局域网内部最多需要一个 16 口或 24 口的交换机将各台计算机连接起来,通过进行配置就可以实现这个小型网络的资源共享。而一个有 300 多台计算机的网络环境,大致相当于 7 个教室大小,每个教室是一个48 台计算机的机房网络,这个网络连接的范围就要大一些,每个教室都需要 2 台 24 口的交换机,还需要一台连接其他教室的交换机,这样的网络规模应该是一个中型网络的环境。确定了网络环境,就可以进入到操作系统的规划任务。

1.1.2 确定网络操作系统——比较不同规模的网络操作系统

网络操作系统(NOS)是网络的心脏和灵魂,是向网络计算机提供网络通信和网络资源共享功能的操作系统。它是负责管理整个网络资源、方便网络用户的软件的集合。由于网络操作系统是运行在服务器之上的,所以有时也把它称为服务器操作系统。

网络操作系统与运行在工作站上的单用户操作系统(如 Windows XP/Windows 7 等)或多用户操作系统由于提供的服务类型不同而有差别。一般情况下,网络操作系统是以使网络相关特性最佳为目的的。如共享数据文件、软件应用以及硬盘、打印机、调制解调器、扫描仪和传真机等。一般计算机的操作系统,如 Windows XP/Windows 7 等,其目的是让用户与系统及在此操作系统上运行的各种应用之间的交互作用最佳。

小王将各种网络操作系统进行了如表 1-1 所示的比较。

表 1-1 各种网络操作系统的比较

操作系统类别	特　　点	硬件要求	功　　能
Windows 类	这是全球最大的软件开发商——Microsoft(微软)公司开发的。微软公司的 Windows 系统不仅在个人操作系统中占有绝对优势,它在网络操作系统中也是具有非常强劲的力量。这类操作系统配置在整个局域网配置中是最常见的,但它对服务器的硬件要求较高,且稳定性能不是很高 在局域网中,微软的网络操作系统主要有:Windows Server 2000、Windows Server 2003、Windows Server 2008,以及最新的 Windows Server 2012 等,工作站系统可以采用任意一种 Windows 或非 Windows 操作系统,包括个人操作系统,如 Windows XP/Windows 7 等 在整个 Windows 网络操作系统中早期成功的还是要算 Windows NT 4.0 这一套系统,它几乎成为中、小型企业局域网的标准操作系统,一是它继承了 Windows 家族统一的界面,使用户学习、使用起来更加容易,二是它的功能也的确比较强大,基本上能满足所有中、小型企业的各项网络需求。虽然相比之后出现的 Windows 2000、Windows Server 2003 及 Windows Server 2008 系统来说在功能上要逊色许多,但它对服务器的硬件配置要求要低许多,可以更大程度上满足许多中、小企业的 PC 服务器配置需求。现在主流的 Windows 网络操作系统是 Windows Server 2008	如 Windows Server 2003 对 CPU 的要求是 550MHz 或更高的处理器,内存要求是 256MB,硬盘空间要求是 2GB;Windows Server 2008 对 CPU 的要求是 1GHz,内存要求是 1GB,硬盘空间要求是 16GB	微软的网络操作系统一般只用在中、低档服务器中

续表

操作系统类别	特　　点	硬件要求	功　　能
Netware 类	Netware 操作系统虽然远不如早几年那么风光,在局域网中早已失去了当年雄踞一方的气势,但是 Netware 操作系统仍以对网络硬件的要求较低(工作站只要是 286 机就可以了)而受到一些设备比较落后的中、小型企业,特别是学校的青睐。人们一时还忘不了它在无盘工作站组建方面的优势,还忘不了它那毫无过分需求的大度,且因为它兼容 DOS 命令,其应用环境与 DOS 相似,经过长时间的发展,具有相当丰富的应用软件支持,技术完善、可靠。目前常用的版本有3.11、3.12 和 4.10、4.11、5.0 等中英文版本	如 Netware 版本3.11 和 Netware 版本 4 所需的硬件至少有30MB 的硬盘	Netware 服务器对无盘站和游戏的支持较好,常用在教学网和游戏厅中。目前这种操作系统市场占有率较低,这部分的市场主要被Windows Server 2003、Windows Server 2008 和 Linux 系统瓜分了
UNIX 系统	目前常用的 UNIX 系统版本主要有：UNIX SUR 4.0、HP-UX 11.0、SUN 的 Solaris 8.0 等。它支持网络文件系统服务,提供数据等应用,功能强大,由AT&T 和 SCO 公司推出。这种网络操作系统稳定和安全性能非常好,但由于它多数是以命令方式来进行操作的,不容易掌握,特别是初级用户	如要安装带有 X-Window 的 FreeBSD 系统的最小硬件需求：CPU 要求 80486DX/266 以上,内存 16MB 以上,SVGA 显卡,2MB 显存,200MB 空闲硬盘空间	小型局域网基本不使用 UNIX 作为网络操作系统,UNIX 一般用于大型的网站或大型的企、事业局域网,UNIX 网络操作系统历史悠久,其良好的网络管理功能已为大网络用户所接受,拥有丰富的应用软件的支持,UNIX 本是针对小型机上机环境开发的操作系统,是一种集中式分时多用户体系结构。因其体系结构不够合理,UNIX 的市场占有率呈下降趋势
Linux	这是一种新型的网络操作系统,它的最大的特点就是源代码开放,可以免费得到许多应用程序。目前也有中文版本的 Linux,如 RedHat(红帽)、红旗Linux 等。Linux 在国内得到了用户充分的肯定,主要体现在它的安全性和稳定性方面,它与 UNIX 有许多类似之处	如 RedHat 硬件需求是：安装 UNIX 并没有严格的系统配置要求,只要 Pentium 以上的CPU、64MB 以上的内存、1GB 左右的硬盘空间,就能安装基本的 Linux 系统并且能运行各种系统服务。但是如果要顺畅地运行 X-Window,就需要有足够的内存,建议128MB 以上	这类操作系统目前仍主要应用于中、高档服务器中

小王通过对各种网络操作系统的比较，得到的结论是：对特定计算环境的支持使得各种操作系统都有适合于自己的工作场合。Linux 目前较适用于小型的网络，而 Windows Server 2003/Windows Server 2008 和 UNIX 则适用于大型服务器应用程序。因此，对于不同的网络应用，需要有目的地选择合适的网络操作系统。而作为一个 300 台计算机的中小型网络，小王决定采用 Windows 操作系统来作为服务器，为其他桌面客户机提供各种网络服务。

1.1.3 确定操作系统的版本——比较 Windows 操作系统的各种版本

小王决定采用 Windows 服务器操作系统来作为公司的网络操作系统后，发现 Windows 操作系统的家族非常庞大。微软先后开发了 Windows NT、Windows 2000 和 Windows Server 2003、Windows Server 2008、Windows Server 2012 等多个面向网络服务器的操作系统。针对不同的应用，分别提供了多种不同的版本。小王列出了现在主流的 Windows 网络服务器操作系统，对比分析如表 1-2 所示。

表 1-2　Windows 网络服务器操作系统不同版本对比分析

系　　统	版　　本	技术特点与功能	应　　用
Windows NT	Windows NT 3.51，4.0	首次采用 NT 内核技术，图形化操作界面，直观，易用，安全性能较好。缺点是运行速度慢，功能不够完善，单个线程的不响应将会使系统由于不堪重负产生死机	用于中小型网络
Windows 2000	Windows 2000	在服务器硬件上，最多支持 4 个 CPU，4GB 内存	用于工作组和部门服务器等中小型网络
	Windows 2000 Advanced Server	在服务器硬件上，最多支持 8 个 CPU，8GB 内存。支持高端的节点群集、网络负载平衡等	用于应用程序服务器和功能更强的部门服务器
	Windows 2000 Datacenter Server	在服务器硬件上，支持最多 32 个 CPU，在 Intel 平台上支持最多 64GB 的内存，在 Alpha 平台上最多支持 32GB 的物理内存	用于数据中心服务器等大型网络系统，适用于大型数据仓库、在线事务处理等重要应用
Windows Server 2003	Windows Server 2003 Standard Edition	在服务器硬件上，支持最多 4 个 CPU，4GB 内存。具备除终端服务会话目录、集群服务以外的所有服务功能	应用目标是中小型企业工作组和部门服务器。提供基本的网络服务、进行 Web 应用程序的部署
	Windows Server 2003 Enterprise Edition	支持 8 个 CPU，64GB 内存，8 节点群集。提供企业级的所有服务功能	支持高性能服务器，并且可以群集服务器，以便处理更大的负荷
	Windows Server 2003 Datacenter Edition	分为 32 位与 64 位两个版本。32 位支持 32 个处理器，最高支持 512GB 的内存；64 位支持 Itanium 和 Itanium 2 两种处理器，支持 64 个处理器，最高支持 512GB 的内存。两个版本都支持 8 点集群和负载平衡服务	应用于要求最高级别的可伸缩性、可用性和可靠性的大型企业或机构

系　　　统	版　　　本	技术特点与功能	应　　　用
Windows Server 2003	Windows Server 2003 Web Edition	支持 2 个 CPU,2GB 内存。和其他版本不同的是,Web Edition 针对 Web 服务进行优化,仅能够在活动目录 AD 域中作为成员服务器,不能作为域控制器(Domain Controller,DC)	主要目的是作为 IIS 6.0 Web 服务器使用,提供一个快速开发和部署 XML Web 服务及应用程序的平台
Windows Server 2008	微软推出的新一代的 Windows 服务器操作系统。随着服务器硬件的升级,Windows Server 2008 将可能是微软最后一款在服务器端提供 32 位支持的操作系统		
Windows Server 2012	微软推出的最新的 Windows 服务器操作系统。随着服务器硬件的升级,Windows Server 2012 将是在服务器端提供 64 位支持的操作系统		

通过比较,小王发现：Windows Sever 2003/ Windows Server 2008 网络操作系统是现在中小型网络环境中使用的主流操作系统；而对于 Windows Server 2012,由于对硬件要求极高,同时对网络管理员的要求也相对较高,使用起来学习过程较长,所以还是决定选择 Windows Server 2008 操作系统来作为公司的服务器。

1.1.4　网络环境拓扑图规划

小王查找到一个中型网络的搭建环境,如图 1-1 所示,这是一个典型的校园网示意图,图中有各种网络设备和各种服务器环境,如 Web、DNS、E-mail 等服务,小王决定本公司的网络环境也可以作相似的设计。

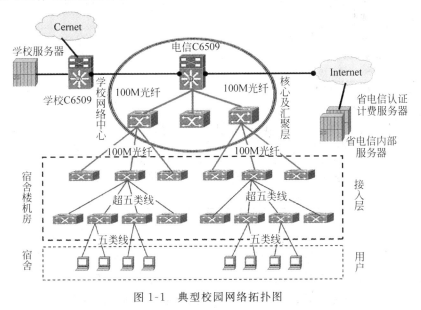

图 1-1　典型校园网络拓扑图

1.1.5　Windows Server 2008 网络操作系统的安装

选择操作系统后,就可以查找安装的方法,并进行实际操作。

在安装前,小王通过查阅资料知道了 Windows Server 2008 安装方式分升级安装和全新安装两种。如果是升级安装，Windows Server 2008 Enterprise 版本只能从 Windows Server 2003 的各个版本升级。如果未达到上述版本，只能先升级到以上版本后再升级到 Windows Server 2008。当然也可以全新安装。

无论采用何种安装方式，在安装系统前应该仔细规划，才能保证系统的安装达到用户的要求。

1. Windows Server 2008 彻底地面向服务器应用

Windows Server 2008 不再迁就不属于服务器的环境，丢掉了与服务器操作系统无关的一些功能，对硬件系统支持得更好，可以支持一些比较新的硬件，如 Xeon 处理器、SCSI320、千兆和万兆网卡。Windows Server 2008 还抛弃了诸多老的、旧的驱动和那些根本不会出现在服务器上的硬件驱动，如绝大多数的声卡、红外端口等。

2. 安装过程中的相关选项

下面是 Windows Server 2008 企业版在安装过程中可能遇到的一些选项。在安装前应该对这些选项有一个清楚的理解，只有这样才能确保系统的安装成功。

1）安装的硬件需求

Windows Server 2008 企业版安装的硬件需求条件如表 1-3 所示。

表 1-3 Windows Server 2008 企业版安装的硬件需求条件

硬　件	需　求
处理器	最低：1.4 GHz(X64 处理器) 注意：Windows Server 2008 for Itanium-Based Systems 版本需要 Intel Itanium 2 处理器
内存	最低：512MB RAM 最大：8GB(基础版)或 32GB(标准版)或 2TB(企业版、数据中心版及 Itanium-Based Systems 版)
可用磁盘空间	最低：32GB 或以上 基础版：10GB 或以上 注意：配备 16GB 以上 RAM 的计算机将需要更多的磁盘空间，以进行分页处理、休眠及转储文件
显示器	超级 VGA(800 × 600)或更高分辨率的显示器
其他	DVD 驱动器、键盘和 Microsoft 鼠标(或兼容的指针设备)、Internet 访问(可能需要付费)

2）硬盘分区

现在的计算机硬盘一般都在 80GB 以上，自己配的计算机硬盘都在 500GB 以上。为了管理方便，往往要对硬盘进行分区。所谓硬盘分区，就是指对硬盘的物理存储空间进行逻辑划分，将一个较大容量的硬盘分成多个大小不等的逻辑区间。硬盘分区分为主分区和扩展分区，主分区是包含操作系统启动所必需的文件和数据的硬盘分区，一个硬盘只有一个主分区。扩展分区是指除主分区外的分区，需要进一步划分为若干个逻辑分区，分别对应 D、E、F 等盘。一般情况下，通常把硬盘分成两个以上的分区，主分区(即 C 盘)一般用于安装操作系统，其他分区可以用于安装应用软件或存储用户数据。如果计算机安装多个操作系统，一般需要将不同的操作系统安装到不同的分区。

分区一般是在安装 Windows 操作系统的过程中完成的,也可以通过专用软件完成硬盘的分区,建议用户在安装 Windows 系统过程中完成分区。每个分区容量的大小取决于硬盘容量的大小和分区的数目,但是对于安装操作系统的分区一般建议不超过 40GB。因为安装操作系统的分区往往是专用的,只存储一些系统文件、设备驱动及一些系统级软件(如SQL Server 等)等重要数据,这些文件本身需要的空间在 15GB 左右。其次,从系统复制的角度,小的分区也便于系统复制和系统毁坏后的恢复。

需要注意的是,硬盘分区会破坏硬盘中的数据。如果是一块正在使用的硬盘,在分区前需要将原有数据做好备份到光盘或移动硬盘中。但是,如果是重装系统,在安装过程中可以删除当前的 C 分区,然后重新在未用区新建 C 分区,因为不改变分区大小,因此这只影响C 分区的数据,不影响原有的 D、E 等分区数据。

3) 分区格式与文件系统

目前 Windows 所用的分区格式主要有 FAT32 和 NTFS 两种类型。FAT32 文件系统采用 32 位的文件分配表,使其对磁盘的管理能力大大增强,突破了 FAT16 对每一个分区的容量只有 2GB 的限制。卷的大小从 512MB 到 2TB 不等,最大文件 4GB,不支持域。该文件系统下的文件可以被所有的 Windows 系统访问。NTFS 文件系统全面支持大硬盘,卷的大小从 10MB 到 2TB 不等,最大文件的大小仅受限于卷的大小。该文件系统下的本地文件可以被 Windows 2000/XP/2003 系统访问,Windows 98 系统不能访问 NTFS 分区。

NTFS 文件系统有许多重要的特性。

(1) 支持活动目录和域。

(2) 提供文件加密功能,提高共享信息的安全性。

(3) 很好地解决了稀疏存储问题,提高了硬盘的存储效率。

(4) 提供了磁盘活动的恢复日志,利用这个日志可以快速地恢复意外情况下的信息丢失。

(5) 支持磁盘配额管理,管理员可以限制每个用户使用的磁盘空间。

如果选择 FAT32 格式,该计算机将不能安装活动目录,不能成为域控制器。因此,文件系统的选择应根据计算机在应用中可能充当的角色以及是否需要双重启动来决定。

4) 访问许可证

Windows Server 2008 提供两种访问许可证的支持:每客户方式和每服务器方式。

每客户方式要求每一台访问服务器的计算机都有一个单独的客户访问许可证,客户机利用这种统一的访问许可证可以连接到域中任意的 Windows Server 2008 服务器上。每服务器方式限制同时连接到一台服务器上的客户机的数量,每台服务器只支持一定数量的并发连接。和每客户方式不同,客户机连接到不同的服务器需要有不同的许可证。

两种方式各有特点,如果是只有一台服务器的小型网络,可以选择每服务器方式,这种方式还可以用于 Internet 访问和远程访问服务器。如果网络中有多台服务器,可以选择每客户方式,这对连接多台服务器较为方便。

最后需要说明的是,如果不能确定究竟选择哪种方式,可以选择每服务器方式。因为该方式允许在以后的使用中切换到每客户方式。方式的切换可以通过控制面板中的“授权”应用程序进行更改。

5) 工作组和域

工作组和域是两个容易混淆的概念。工作组是指网络中一个计算机的集合,可以安装任意的 Windows 操作系统。它是一个逻辑集合,即工作组中的计算机可以处于不同的物理位置。当若干台计算机加入工作组后,计算机之间就可以共享资源了,但本地的用户帐户信息、资源信息等是由每台计算机自己维护的,用户使用不同的计算机中的共享资源需要进行不同的登录,需要记住不同的帐号和密码。

域是实行了集中化管理的计算机的集合。和工作组不同,在域中由一台称为域控制器的计算机来管理整个域中所有的网络帐户和网络资源。用户一次登录,就可以使用域中的所有计算机的共享资源。安装 Windows 95/98 系统的计算机不能成为域的成员,但可以登录到域。

如果用户不能确定加入工作组或域,可以选择加入工作组选项。安装完成后,如果需要加入域,应该向网络管理员申请一个域中的计算机帐号,该帐号需要在域控制器中创建。

6) 系统管理员(Administrator)帐号和口令

Windows NT/2000/2003 实行严格的安全策略,登录到 Windows NT 操作系统的计算机需要有合法的用户帐号和口令。为了保证系统安装后的第一次登录,在安装过程中系统自动创建管理员帐号和口令。管理员帐户(Administrator)是一个本地超级用户,它具有操作这台计算机的所有权限,如创建新的用户帐号等。用户必须牢记管理员帐号,以便安装完成后能够登录到本机进行相应的配置和管理工作。

3. 规划安装策略

在安装系统前,应该对系统的安装策略进行规划。是进行系统升级还是全新安装?是否支持双重启动?采用何种文件系统(FAT32 还是 NTFS)?

如果选择升级安装,安装程序会替换现有的 Windows 文件系统,但现有的设置和应用程序将被保留。Windows Server 2008 可以从 Windows 7、Windows Server 2003 等低版本 Windows 操作系统进行升级。

如果在一个新的未安装操作系统的机器上或希望在一台低版本的 Windows 计算机上安装 Windows Server 2008 并支持双重启动,应该选择全新安装。如果系统要求双重启动,最好将 Windows Server 2008 安装在一个单独的分区中。

4. 安装过程

规划好系统安装策略后,接下来就可以在计算机上安装 Windows Server 2008 了。如果机器上尚未安装任何操作系统,打开主机电源,在机器自检结束前,按 Del 键,修改机器的系统设置,将系统引导设为光驱引导。然后在光驱中插入 Windows Server 2008 企业版系统盘,系统会提示从光盘引导,并安装 Windows Server 2008 系统。如果硬盘中已经存在一个较低版本的 Windows 操作系统,如 Windows XP/Windows 7,将 Windows Server 2008 系统盘插入光驱后会自动运行 Autorun 程序。

安装程序运行 Windows Server 2008 安装向导,显示 Windows Setup 界面,按照向导提示操作,进入磁盘分区界面,如图 1-2 和图 1-3 所示。

根据系统提示,选择系统安装分区或对磁盘进行重新分区,接下来显示磁盘分区格式,按照选择的分区格式进行磁盘格式化,格式化完成后,安装程序把系统所需要的文件复制到磁盘分区中。如果是重新安装系统,可以删除 C 分区,然后再执行新建分区 C,只要不改变分区大小,将不影响其他分区的数据。

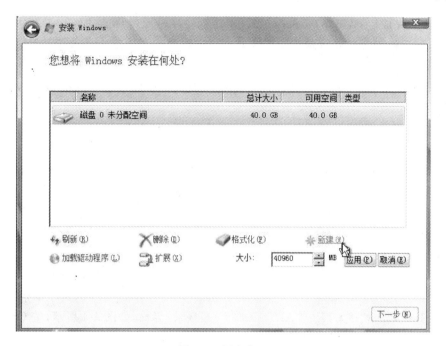

图 1-2　新建分区

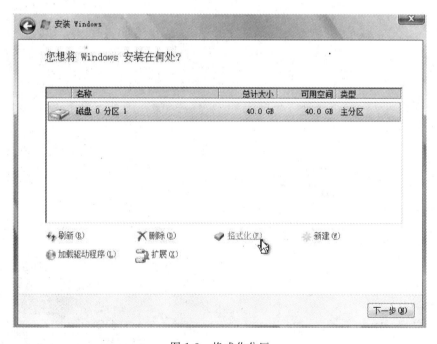

图 1-3　格式化分区

　　文件复制完成后,计算机将重新启动。启动后进入 Windows 安装程序图形界面,按照向导提示分别输入公司单位名称、产品密钥、授权模式、计算机名称和管理员密码、日期和时间设置、网络设置、工作组和域选择等。其中大部分选项在系统安装完毕后,可以通过控制面板中的程序进行修改。例如,授权模式可以通过控制面板中的“授权”程序修改安装时的授权模式配置。

上述步骤完成后，Windows Server 2008 安装程序根据用户的选择和设置进行一些初始化工作，然后将安装文件复制到计算机中，进行 Windows Server 2008 系统的安装。系统安装完毕后，会自动重新启动，进入"欢迎使用 Windows"界面，此时按 Ctrl＋Alt＋Del 键，弹出"登录到 Windows"对话框，输入管理员帐户和密码，即可使用 Windows Server 2008 操作系统。

系统安装完成后，通常还需要安装设备驱动程序，如网卡驱动、显卡驱动等。此外，与 Windows XP/Windows 7 等桌面操作系统不同，作为服务器操作系统，Windows Server 2008 提供了大量的网络服务功能，如 DHCP 服务、DNS、WINS 名称服务、IIS 信息服务、终端服务、远程存储、索引服务等，这些功能都是由不同的服务组件完成的，这些服务组件可以在系统安装时一起安装，也可以在以后的应用中根据需要，通过控制面板中的"添加/删除程序"选择安装。

5. 登录到本机或域

在安装了 Windows 操作系统的计算机中，如果系统安装了网卡和"Microsoft 网络客户"，在开机时将显示"登录到 Windows"对话框。安装完 Windows Server 2008 操作系统后，打开计算机，显示"按 CTRL＋ALT＋DELETE 登录"界面，如图 1-4 所示，按 Ctrl＋Alt＋Del 键，显示 Administrator 登录界面，如图 1-5 所示。

图 1-4　显示"按 CTRL＋ALT＋DELETE 登录"界面

登录到计算机分为登录到本机和登录到域网络两种方式。如果在安装系统时，默认方式为计算机属于工作组，并且选择让计算机成为域成员，则在 Administrator 登录界面中，可以选择其中一个计算机的域控制器来登录。

图 1-5　Administrator 登录界面

如果要登录到本机，需要一个本机的用户帐户和密码。Windows 操作系统安装完毕后，系统自动创建两个默认的用户帐户，即 Administrator(管理员)和 Guest(来宾)，其中来宾帐户没有密码。第一次登录时可以按照管理员身份登录。

如果要登录到一个 Windows 域控制器，还需要在域控制器上建立域用户帐户。域是实行了集中化管理的计算机的集合，登录域后访问域中的每一台计算机不需要单独输入帐户和密码。

6. 关闭计算机

单击任务栏的"开始"按钮，在"开始"菜单中，选择"关机"命令，打开"关闭 Windows"对话框可以关闭计算机。

拓展知识

作为真实的计算机网络，是在真实的计算机上完成网络的组建，而如果真实计算机数量不多，没有网络环境，则需要通过虚拟机来完成，因此，下面将介绍虚拟机的相关概念。

1.1.6　VM 虚拟机介绍

VMware 是一个"虚拟 PC"软件，它使用户可以在一台机器上同时运行两个或更多个 Windows、DOS、Linux 系统。与"多启动"系统相比，VMware 采用了完全不同的概念：多启动系统在一个时刻只能运行一个系统，在系统切换时需要重新启动机器。VMware 真正在主系统的平台上"同时"运行多个操作系统，就像标准 Windows 应用程序那样切换，而且每个操作系统都可以进行虚拟的分区、配置而不影响真实硬盘的数据，用户甚至可以通过网卡将几台虚拟机连接为一个局域网,使用极其方便,如发布了新系统,想测试一下效果,又怕安装系统后出现问题,来回重装麻烦,怎么办? 虚拟机 VMware 可以解决这个问题。还可以通过虚拟机来完成局域网的组建等。

 任务实施

1.1.7 任务实施1——虚拟机的安装及配置

1. 虚拟机软件的安装

虚拟机的版本为 VMware 7.0,安装过程从略。一直单击"下一步"按钮即可。

2. 配置一台虚拟机

(1) 启动 VMware 7.0,在如图 1-6 所示的窗口中单击"新建虚拟机"图标。

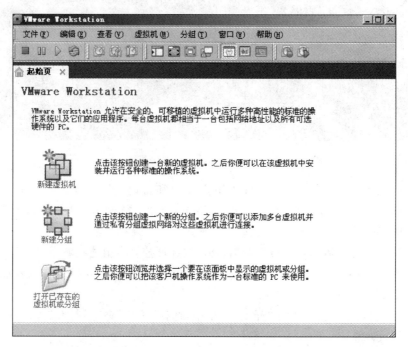

图 1-6　单击"新建虚拟机"图标

　　(2) 弹出"新建虚拟机向导"对话框,保持默认选择"标准"选项即可,如图 1-7 所示。

　　(3) 单击"下一步"按钮,出现"安装客户机操作系统"对话框,在这个对话框中有 3 个选择安装的选项,第一个是"安装盘",第二个是"安装盘镜像文件",第三个是"我以后再安装操作系统"。这 3 个选项,用户应根据实际情况来进行选择,如果有光驱和安装盘,则可以选择第一项;如果有安装盘的镜像,则选择第二项;如果暂时什么都没有,则选择第三项。这里选择第二项,如图 1-8 所示。

　　(4) 单击"下一步"按钮,选择客户机操作系统及版本,这里选择 Windows Server 2008,如图 1-9 所示。

　　(5) 单击"下一步"按钮,在"Easy Install 信息"对话框中输入安装序列号和管理员的密码,如图 1-10 所示。如果此时不输入,则提示在安装过程中再输入,如图 1-11 所示。

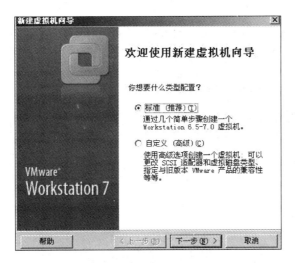

图 1-7 "新建虚拟机向导"对话框

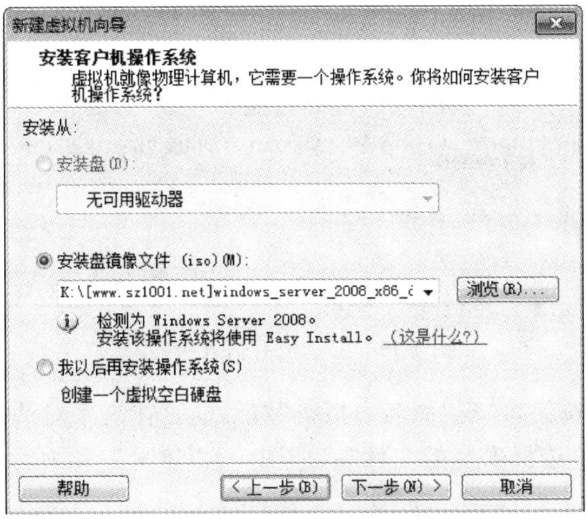

图 1-8 选择"安装盘镜像文件"选项

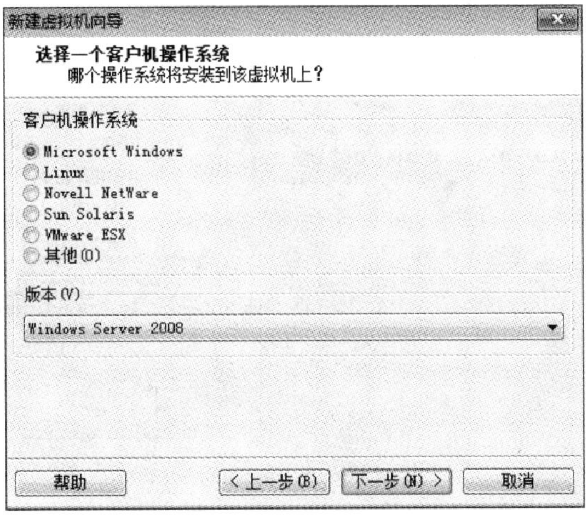

图 1-9 选择 Windows Server 2008

图 1-10　"Easy Install 信息"对话框

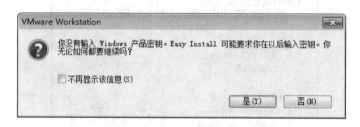

图 1-11　提示没有输入密码

（6）单击"下一步"按钮，出现"命名虚拟机"对话框。在这个对话框中，虚拟机名称可以保持默认，"位置"则浏览选择安装的文件夹，如图 1-12 和图 1-13 所示。

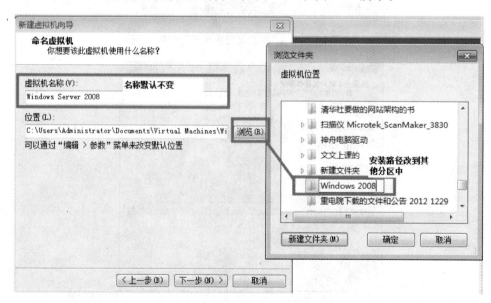

图 1-12　"命名虚拟机"对话框

图 1-13 更改安装的位置

（7）选择安装位置后，单击"下一步"按钮，出现"指定磁盘容量"对话框。在"最大磁盘大小"栏内指定 40GB 的空间，如图 1-14 所示。

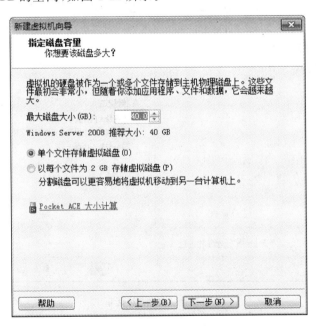

图 1-14 指定磁盘空间

（8）单击"下一步"按钮，出现"准备创建虚拟机"对话框，虚拟机的一些默认设置如图 1-15 所示。单击"定制硬件"按钮，在出现的对话框中，进行硬件设置、修改和添加等。例如，修改内存大小，如图 1-16 所示。

图 1-15　虚拟机的设置

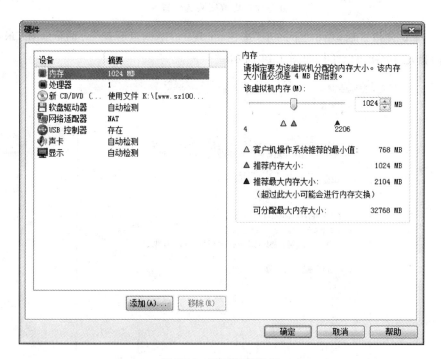

图 1-16　"硬件"对话框

（9）单击图 1-16 的"确定"按钮，回到图 1-15 中，再单击"完成"按钮，出现如图 1-17 所示的界面。

在这个界面中，描述了虚拟机的设置等选项，可以单击"打开虚拟机电源"按钮，则会启动该虚拟机，然后从镜像文件进行引导，完成操作系统的安装。

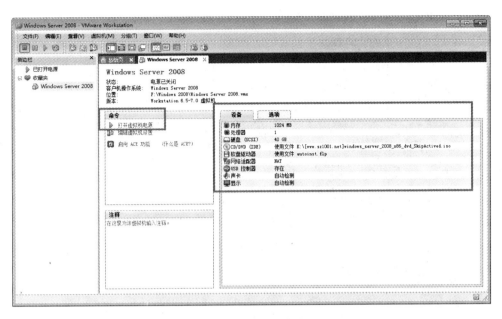

图 1-17　虚拟机安装完成界面

1.1.8　任务实施 2——在虚拟机上安装 Windows Server 2008 系统

在任务实施 1 中配置好了虚拟机,则可以启动虚拟机。在虚拟机上安装 Windows Server 2008 系统的步骤如下。

(1)启动虚拟机后,放入 Windows Server 2008 系统安装镜像文件或者安装光盘,出现如图 1-18 所示界面后,单击"下一步"按钮。

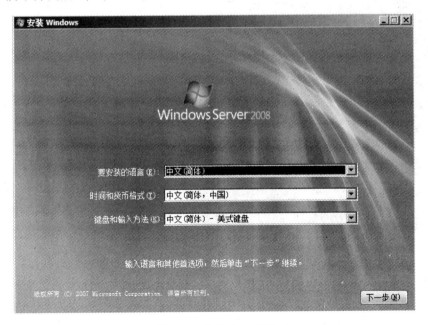

图 1-18　安装启动界面

（2）出现如图 1-19 所示的界面，单击"现在安装"按钮。

图 1-19　单击"现在安装"按钮

（3）进入安装程序启动画面，提示"请稍候"，如图 1-20 所示。

图 1-20　提示正在启动安装

（4）出现选择要安装的操作系统界面，这里选择"Windows Server 2008 Enterprise（完全安装）"选项，如图 1-21 所示，然后单击"下一步"按钮。

（5）选择"我接受许可条款"复选框，如图 1-22 所示，然后单击"下一步"按钮。

（6）选择"自定义（高级）"选项，如图 1-23 所示。

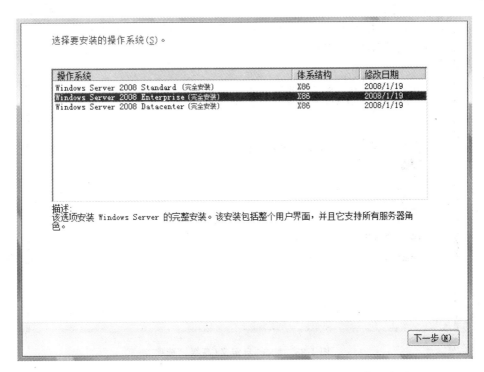

图 1-21　选择"Windows Server 2008 Enterprise(完全安装)"选项

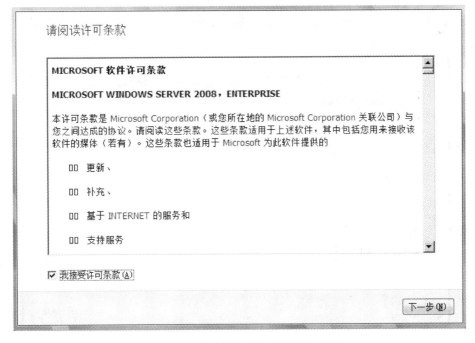

图 1-22　选择"我接受许可条款"复选框

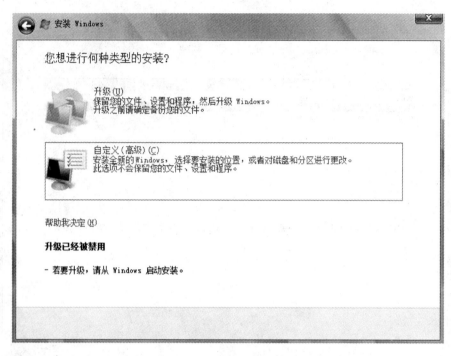

图 1-23　选择"自定义（高级）"选项

（7）单击"驱动器选项（高级）"按钮，如图 1-24 所示。

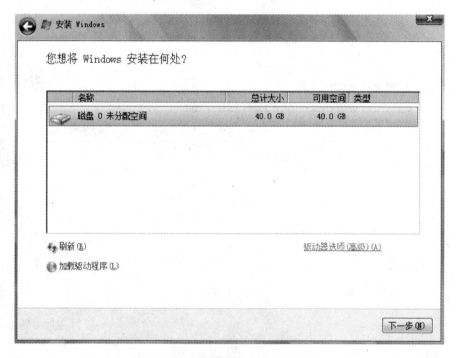

图 1-24　单击"驱动器选项（高级）"按钮

（8）单击"新建"按钮以便创建分区，如图 1-25 所示。

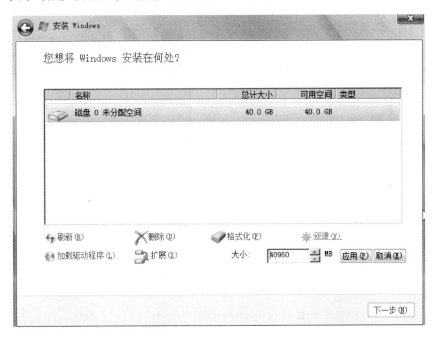

图 1-25　单击"新建"按钮

（9）输入分区大小的值后，单击"应用"按钮，如图 1-26 所示。

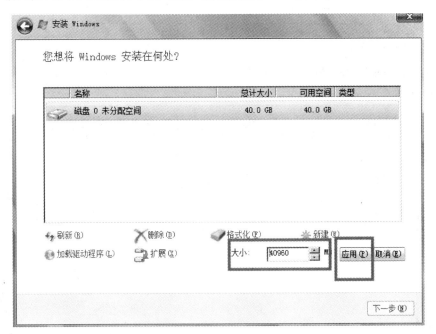

图 1-26　创建分区

（10）选择分区并单击"格式化"按钮，如图 1-27 所示。

（11）提示数据会被删除，如图 1-28 所示。

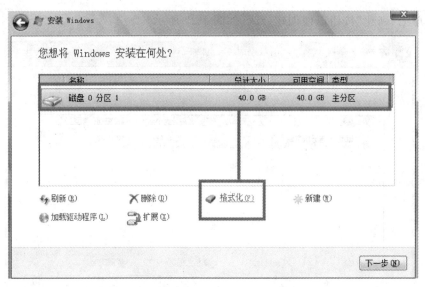

图 1-27   选择分区并单击"格式化"按钮

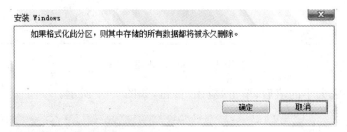

图 1-28   提示数据会被删除

（12）单击"确定"按钮后格式化分区，然后单击"下一步"按钮，进入安装过程，如图 1-29 和图 1-30 所示。

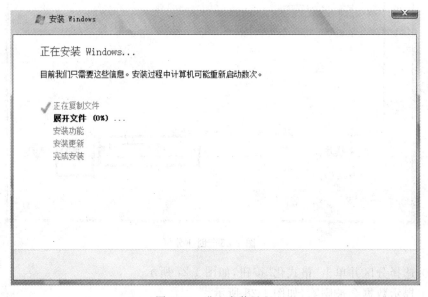

图 1-29   进入安装过程

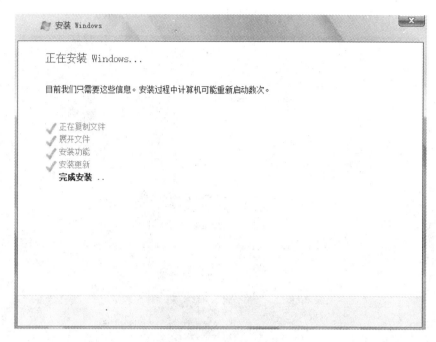

图 1-30　继续安装

（13）安装后"自动重新启动计算机"进入操作系统时，提示要重新设置密码，如图 1-31 所示。

图 1-31　重新设置密码

（14）为用户首次登录设置密码后登录计算机，如图1-32所示。

图1-32　用户首次登录设置密码

（15）提示密码已更改，如图1-33所示。

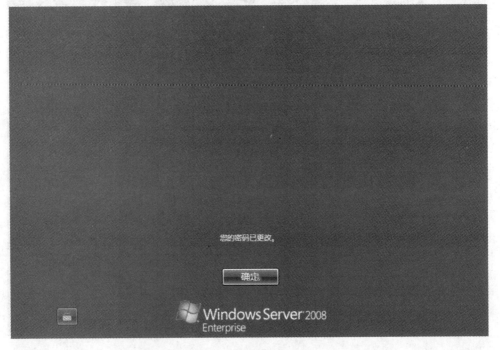

图1-33　提示密码已更改

（16）单击"确定"按钮后，加载桌面，然后进入到 Windows Server 2008 操作系统的桌面，如图 1-34 所示。

图 1-34 进入到 Windows Server 2008 操作系统的桌面

任务 1.2 网络的基本设置

小王经过调查学习，选择安装了 Windows Server 2008。由于计算机要连接成互通的网络，因此需要对 Windows Server 2008 进行基本的网络配置。因为 IP 地址是企业内部所有计算机通信的语言，所以必须首先配置好 IP 地址才能够连接局域网。

 **任务描述**

虽然前面介绍的计算机安装了操作系统，并且将一个网络进行了硬件连接，网络实际上还是不能工作的。此时，需要对网络进行基本的配置，才能实现网络资源的共享。如果网络中的计算机要实现一些复杂的联网功能，还需要使用路由器、交接机、网关设备等，这就需要更复杂的网络配置，小王接下来需要对 Windows Server 2008 的计算机进行基本的网络配置。

任务准备

1.2.1 Windows Server 2008 的基本网络配置内容

Windows Server 2008 安装完成后,需要进行一些基本的网络配置,计算机才能使用网络功能。基本的网络配置包含网卡驱动程序的安装、网卡的 IP 地址的设置、网卡的协议的指定、网络服务的添加等,具体内容可以参见 1.2.2 小节。

1.2.2 Windows Server 2008 简单配置

Windows Server 2008 的安装完成后,需要对 Windows Server 2008 的环境进行简单的配置,包括网络设置、Windows 组件的安装和配置、硬件设备的添加、删除和配置。这些配置都可以通过控制面板中的实用工具来完成。打开"控制面板"文件夹,如图 1-35 所示。

图 1-35 Windows Server 2008 控制面板

(1)系统安装完成后,通常要进行一系列的基本网络配置,包括网卡驱动、网络协议、设置 IP 地址等。在控制面板中,双击"网络和共享中心"图标,打开"网络和共享中心"窗口,显示该计算机网络和共享中心的连接状况,如图 1-36 所示。

(2)单击"管理网络连接"按钮,打开"网络连接"窗口,如图 1-37 所示。

(3)"网络连接"窗口中显示了系统目前的网络连接,其中"本地连接"对应网卡,一块网卡对应一个"本地连接"。要配置网卡的 IP 地址,右击"本地连接"图标,在快捷菜单中选择"属性"选项,如图 1-38 所示。打开"本地连接 属性"对话框,如图 1-39 所示。在项目列表中,

图 1-36 "网络和共享中心"窗口

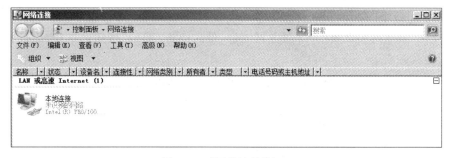

图 1-37 "网络连接"窗口

图 1-38 选择"属性"选项

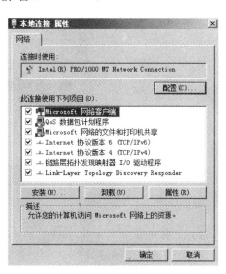

图 1-39 "本地连接 属性"对话框

选择"Internet 协议版本 4(TCP/IPv4)"复选框,单击"属性"按钮,打开"Internet 协议版本 4 (TCP/IPv4) 属性"对话框,如图 1-40 所示。

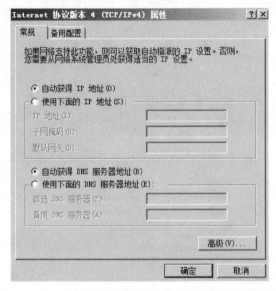

图 1-40　"Internet 协议版本 4(TCP/IPv4) 属性"对话框 1

在图 1-41 所示的"Internet 协议版本 4(TCP/IPv4) 属性"对话框中,输入本机的 IP 地址、子网掩码、默认网关以及 DNS 服务器地址,最后单击"确定"按钮。这样,该计算机的基本网络配置就完成了。

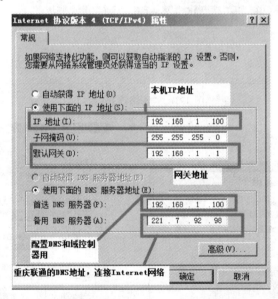

图 1-41　"Internet 协议版本 4(TCP/IPv4) 属性"对话框 2

> **注意**:此时该计算机还不能直接连接到局域网的其他计算机,不能与其他计算机进行文件共享,因为没有开通网络共享服务,需要开通 Guest 来宾才能访问。这个问题将在下面的项目中进行介绍。

任务实施

1.2.3 任务实施——网络的基本配置

请读者参考 1.2.2 小节的网络的基本配置内容,对自己已经安装的 Windows Server 2008 操作系统进行基本的配置。

项目总结与回顾

本项目中完成了以下两个任务。

(1) VMware 虚拟机的安装,并在虚拟机中安装 Windows Server 2008 操作系统。这里采用 ISO 镜像文件进行完全安装,在下面的实验中还可以练习多种情形的安装。除了这些安装方式外,还可以安装 Ghost 版的 Windows Server 2008 Enterprise Edition,可以提高安装速度,但为了追求稳定性,还是采用完全安装较稳妥。

(2) 学习了网络的基本配置内容。

习 题

1. 上机操作:完成虚拟机的创建及操作系统的安装。

(1) 配置一台虚拟机,要求如下。

① 选择操作系统:Windows Server 2008 Enterprise Edition。

② 选择 E:\MyVirtualMachines\Windows Server 2008 Enterprise Edition 目录作为虚拟机的空间。

③ 内存:512MB。

④ 硬盘:10GB。

(2) 在虚拟机上安装 Windows Server 2008 系统,要求如下。

① 创建磁盘分区:C 分区为 4GB、E 分区为 4GB、F 分区为 2GB。

② 用 NTFS 文件系统格式化 C 分区。

③ 设置授权模式为每服务器模式,同时连接数为 10。

2. 案例分析。

(1) 你所在的企业新近采购了 20 台办公计算机,经理要求你用最短的时间将系统安装好,你将怎么做?

(2) 小王使用 Windows Server 2008 光盘启动安装一台服务器,重新启动后,计算机提示找不到系统。这可能是什么原因?应该怎样处理?

3. 网络的基本配置内容有哪些?完成自己计算机操作系统的网络配置。

项目 2　实现工作组网络

任务 2.1　实现 Windows Server 2008 工作组网络

小王所在公司的计算机操作系统已经完成安装,进行了基本的网络配置,即设置了 IP 地址。但是,这些计算机并不能直接通信,还需要首先将它们通过网络硬件(如双绞线、交换机、路由器等)连接在一起,然后进行网络的设置,将计算机加入工作组中。这样,它们才能相互共享。

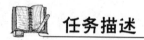 **任务描述**

小王接受了任务后,开始对工作组网络进行了解和学习。小王通过学习后发现:在一些小型公司中,工作组网络(即对等网)是最常见的网络。通过组建对等网,可以实现资源的共享、数据的传送。在工作组网络中机器的地位是平等的,它们的资源可以相互使用和访问。工作组网络有 Windows Server 2003 对 Windows Server 2003,Windows Server 2003 对 Windows XP/Windows 7,Windows XP/Windows 7 对 Windows XP/Windows Server 2008 等常见的方式。小王了解到工作组网络的组建要从以下方面入手。

(1) 连接网络硬件。

(2) 设置 IP 地址。

(3) 启用共享。

(4) 启用来宾。

(5) 删除拒绝访问的列表中的来宾用户。

 **任务准备**

2.1.1　工作组网络的基本知识

默认情况下,计算机安装完操作系统后是隶属于工作组的。对工作组特点的描述很多,例如,工作组属于分散管理,适合小型网络等。基于工作组组建的局域网络就是对等网,只要设置了共享,如果没有设置访问密码,则可以进行共享访问。只是这种访问方式安全性不高。但是对于安全性要求不高的场合还是可以采用这种组网方式的。

2.1.2　计算机操作系统的安装

各种操作系统的安装方式都非常简单,安装要点如下。

(1) 用确认无病毒的启动光盘安装 Windows Server 2008/Windows XP/Windows Server 2003/Windows 7,最好采用 NTFS 文件系统格式化系统盘。

(2) 安装过程不再赘述。但注意,如果用户安装的是 Windows Server 2003/ Windows Server 2008 版本,请不要选择 IIS 组件;如果用户需要使用 IIS 组件,请在系统安装完毕以后再进行安装。

(3) 在安装过程中为管理员帐户设置一个安全的口令。口令设置要求如下。

① 口令应该不少于 8 个字符。

② 不包含字典里的单词,不包括姓氏的汉语拼音。

③ 同时包含多种类型的字符,如大写字母(A,B,C,…,Z)、小写字母(a,b,c,…,z)、数字(0,1,2,…,9)、标点符号(@,♯,!,$,%,&,…)。

(4) 配置网络参数,设置 TCP/IP 协议属性。

(5) 基本系统安装完毕后,应立即安装防病毒软件并立即升级最新病毒定义库。

(6) 在 Windows 的站点升级 Windows 系统补丁。该站点会自动扫描计算机需要安装的安全补丁和更新选项,这一项需要的时间稍长,用户只需更新 Windows 关键的选项即可。

(7) 更新完所有的关键选项以后,可以选择安装防火墙软件,这完全由用户自己的需求决定,不安装也不会影响正常的使用。有的时候会出现因为防火墙规则不正确导致不能收发邮件的问题,可以手动添加一条防火墙规则。因为不同版本的防火墙软件的设置方法不一样,因此不在这里详细给出,用户只需对相应的邮件客户端软件的主程序设置规则即可,即允许双向进出。大多数防火墙软件会根据计算机上的应用软件创建相应的规则。

(8) 同时,可以考虑在安装完基本系统以后重新命名管理员帐户名,即选择“管理工具”|“计算机管理”|“本地用户和组”|“用户”命令,重命名 administrator。因为 administrator 是系统默认的管理员帐户,更改有助于防止口令蠕虫轻易地进入系统。

2.1.3   网络连接线的制作及连接方法

为了组建对等计算机网络,需要用网络连接线来连接计算机。网络连接线的制作工具有压接工具、测试工具等。

1. 压接工具

(1) 斜口钳。斜口钳是剪网线用的,如果没有,可以选用大一点、锋利一点的剪刀。

(2) 剥线钳。剥线钳用来剥除双绞线外皮,也可以用斜口钳代替,只是使用时要特别小心,不能损伤了里面的芯线。剥线钳如图 2-1 所示。

图 2-1   剥线钳

(3) 压线钳。压线钳最基本的功能是将 RJ-45 接头和双绞线咬合夹紧。它还可以压接 RJ-11 及其他类似接头,有的还可以用来剪线或剥线。压线钳是制作双绞线必备的工具,如图 2-2 所示。

2. 测试工具

常用的测试工具有万用表、电缆扫描仪
(Cable Scanner)、电缆测试仪(Cable Tester)3 种。

（1）万用表。万用表是测试双绞线是否正常
的基本工具，可以测量单个导线（一条芯线的两
端）是否连通，即这端接头的第几只脚是对应到另
一端的第几只脚的，但不能测出信号衰减情况。

图 2-2　压线钳

（2）电缆扫描仪。该设备除了可检测导线的连通状况，还可以得知信号衰减率，并直接
以图形方式显示双绞线两端接脚对应状况等，但价格较高。

（3）电缆测试仪。电缆测试仪是比较便宜的专用网络测试器。测试仪通常一组有两
个：其中一个为信号发射器；另一个为信号接收器，双方各有 8 个 LED 灯以及至少一个
RJ-45 插槽。它可以通过信号灯的亮与灭来判断双绞线是否正常连通。

3. 双绞线的连接

首先将双绞线内 4 对 8 根线的顺序按照橙白、橙、绿白、蓝、蓝白、绿、棕白、棕色来进行
排列，并按照线序将线定义为 1、2、3、4、5、6、7、8。

（1）计算机与交换机(Switch)相连接。计算机与交换机相连接，双绞线两端不用错线，
线序的一端为：橙白、橙、绿白、蓝、蓝白、绿、棕白、棕色；另一端为：橙白、橙、绿白、蓝、蓝
白、绿、棕白、棕色；即线序是：1、2、3、4、5、6、7、8 对 1、2、3、4、5、6、7、8，如图 2-3 所示。

（2）计算机与计算机相连接。计算机与计算机相连接，双绞线两端必须错线，线序的一
端为：橙白、橙、绿白、蓝、蓝白、绿、棕白、棕色；另一端为：绿白、绿、橙白、蓝、蓝白、橙、棕
白、棕色，即线序是：1、2、3、4、5、6、7、8 对 3、6、1、4、5、2、7、8，如图 2-4 所示。

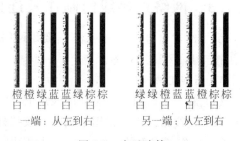

图 2-3　直接连接　　　　　　　　　　图 2-4　交叉连接

（3）交换机与交换机相连接。交换机与交换机相连接，在交换机上如果标有 Uplink、
MDI、OuttoHub 等字样，则不需要错线，线序是：1、2、3、4、5、6、7、8 对 1、2、3、4、5、6、7、8。
如果没有直通端口或者级联端口，双绞线两端必须错线，线序的一端为：橙白、橙、绿白、蓝、
蓝白、绿、棕白、棕色；另一端为：绿白、绿、橙白、棕白、棕色、橙、蓝、蓝白；即线序是：1、2、
3、4、5、6、7、8 对 3、6、1、4、5、2、7、8。

4. 制作双绞线

这里采用最普遍的 EIA/TIA568B 标准来制作。制作步骤可以参见其他网线制作相关
介绍，此处不再重复介绍。

2.1.4　对等网络中计算机网络属性的配置

要组建计算机网络需要安装网卡。安装好网卡后,就可以对计算机的网络属性进行设置。

局域网中一般使用 NetBEUI、IPX/SPX、TCP/IP 这 3 种协议。

1. NetBEUI 协议

1) NetBEUI 协议的特点

NetBEUI 协议是 IBM 公司在 1995 年开发完成的。它是一种体积小、效率高、速度快的通信协议,也是微软的一种协议。在微软的系统产品 Windows 98/NT 中,NetBEUI 协议已经成为固有的默认协议。

NetBEUI 协议是专门为几台至百余台 PC 组成的单网段部门级小型局域网设计的,不具备跨网段工作及路由能力。如果在一台计算机安装多网卡,或需要采用路由器等设备进行两个局域网的互联,将不能使用 NetBEUI 协议。否则,与不同网卡相连的计算机将不能通信。NetBEUI 协议占用内存小,在网络中基本不需要任何配置。

2) NetBEUI 协议的安装

(1) 安装微软的 Windows 98/NT/2000/Server 2003/Server 2008 时,一般会自动安装 NetBEUI 协议。

(2) 如果没有安装,可以按照下面方法进行安装。

选择"开始"|"设置"|"控制面板"命令,在出现的"控制面板"窗口中双击"网络"图标,单击"网络"对话框中的"添加"按钮,出现"选择网络组建类型"对话框,选择"协议"选项,在出现的对话框中先选择"厂商"列表中的 Microsoft 选项,再选择"网络协议"列表中的 NetBEUI 选项。

2. IPX/SPX 及其兼容协议

IPX/SPX 协议称为网际包交换/顺序交换,是 Novell 公司的通信协议集,较为庞大,具有很强的路由能力。当用户需要接入 NetWare 服务器时,IPX/SPX 及其兼容协议是必需的。

Windows NT 提供了两个 IPX/SPX 兼容协议:"NWLink IPX/SPX 兼容协议"和 NWLink NetBIOS,两者统称为"NWLink 通信协议"。"NWLink IPX/SPX 兼容协议"是作为客户端的通信协议,以实现客户机对 NetWare 服务器的访问,离开了 NetWare 服务器,此协议将失去作用。NWLink NetBIOS 通信协议则可以在 NetWare 服务器、Windows 2000/XP/Server 2003/Server 2008 之间通信。

IPX/SPX 及其兼容协议的安装方法与 NetBEUI 协议的安装方法相同。

3. TCP/IP 协议

TCP/IP 协议是传输控制协议/互联网协议,是目前最常用的通信协议。TCP/IP 协议最早出现在 UNIX 系统中,现在所有的操作系统都支持 TCP/IP 协议。

1) TCP/IP 协议的特点

TCP/IP 协议具有很强的灵活性,支持任意规模的网络。TCP/IP 协议在使用时需要进行复杂的设置,每个接入网络的计算机需要一个 IP 地址、一个子网掩码、一个网关、一个主机名。只有在计算机作为客户机,而服务器又配置了 DHCP 服务、动态分配 IP 地址时,才不需要手工指定 IP 地址等。

2）Windows 2000/Windows XP/Windows 7/Windows Server 2003/Windows Server 2008 中的 TCP/IP 协议

Windows 2000/Windows XP/Windows 7/Windows Server 2003/Windows Server 2008 的用户可以使用 TCP/IP 协议组建对等网。如果只安装 TCP/IP 协议，工作站可以通过服务器的代理服务（ProxyServer）来访问因特网。但是，工作站不能登录 Windows Server 2008 域服务器，此时需要在工作站中安装 NetBEUI 小型协议。

3）TCP/IP 协议的配置

TCP/IP 协议的安装方法与 NetBEUI 协议的安装方法相同，只是在选择"通信协议"下方的列表时，选择 TCP/IP 协议即可。

4．资源共享

（1）右击"网上邻居"图标，选择"属性"选项，单击"文件及打印共享"按钮，弹出一个对话框，勾选"允许其他用户访问我的文件"及"允许其他计算机使用我的打印机"复选框。

（2）打开"资源管理器"或者"我的电脑"，右击 A 盘、C 盘、D 盘等，选择"共享"选项，这样共享的磁盘的图标将会变成 。还可以打开各个磁盘将需要的文件夹进行共享，方法与共享磁盘一样。

（3）右击"网上邻居"图标，选择"打开"选项，双击"整个网络"选项，将出现各个共享的计算机名称，打开各个计算机，进入共享文件夹即可。

关于网络属性的配置及资源共享的详细内容可参见任务实施部分。

任务实施

2.1.5 任务实施 1——实现 Windows XP/Windows Server 2008 工作组网络

本任务需要完成 Windows 工作组网络的组建，环境是 Windows XP/Windows Server 2008 和 Windows Server 2008/Windows 7 组建对等网。

使用 Windows XP/Windows 7 和 Windows Server 2008 的工作组网络的资源的方法和操作见任务 2.3。

对等网是家庭组网的一个较好的选择，使用对等网不需要设置专门的服务器，即可实现与其他计算机共享应用程序、光驱、打印机和扫描仪等资源，而且对等网具有使用简单、组建和维护较为容易的优点，是家庭组网中较好的选择。在组建对等网络时，用户可选择总线网络结构或星状网络结构，若要进行互连的计算机在同一个房间内，可选择总线网络结构；若要进行互联的计算机不在同一区域内，分布较为复杂，可采用星状网络结构，通过集线器（Hub）实现互联。

任务实施的步骤如下。

1．安装网络适配器

由于 Windows XP/Windows Server 2008 操作系统中内置了各种常见硬件的驱动程序，安装网络适配器变得非常简单。对于常见的网络适配器，用户只需将网络适配器正确安装在主板上,系统即会自动安装其驱动程序,无须用户手动配置。

2. Windows XP 配置网络协议

网络协议规定了网络中各用户间进行数据传输的方式,配置网络协议可参考下列操作。

(1) 单击"开始"按钮,选择"控制面板"命令,打开"控制面板"窗口。

(2) 在"控制面板之选择一个类别"窗口中单击"网络和 Internet 连接"超链接,打开"网络和 Internet 连接"界面,如图 2-5 所示。

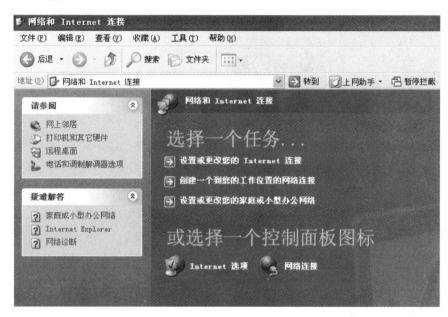

图 2-5　"网络和 Internet 连接"界面

(3) 在该界面中单击"网络连接"超链接,打开"网络连接"窗口,如图 2-6 所示。

图 2-6　"网络连接"窗口

（4）在该窗口中，右击"本地连接"图标，在弹出的快捷菜单中选择"属性"选项，弹出"本地连接 属性"对话框，选择"常规"选项卡，如图2-7所示。

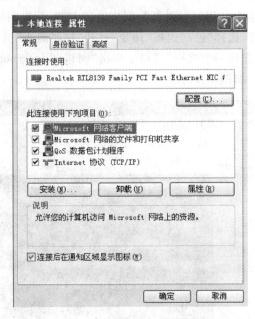

图2-7 "常规"选项卡

（5）在该选项卡中单击"安装"按钮，弹出"选择网络组件类型"对话框。

（6）在"选择网络组件类型"对话框中选择"协议"选项，单击"添加"按钮，弹出"选择网络协议"对话框，如图2-8所示。

图2-8 "选择网络协议"对话框

（7）在"网络协议"列表框中选择要安装的网络协议，或单击"从磁盘安装"按钮，从磁盘安装需要的网络协议，单击"确定"按钮。

安装完成后，在"常规"选项卡中的"此连接使用下列项目"列表框中即可看到所安装的网络协议。

3. Windows XP 安装网络客户端

网络客户端可以提供对计算机和连接到网络上文件的访问。安装 Windows XP 网络客户端可参考以下操作。

(1)~(5)步与安装网络协议相同。

(6)在"选择网络组件类型"对话框中选择"客户端"选项,单击"添加"按钮,弹出"选择网络客户端"对话框,如图 2-9 所示。

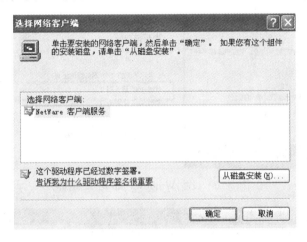

图 2-9 "选择网络客户端"对话框

(7)在该对话框中的"选择网络客户端"列表框中选择要安装的网络客户端,单击"确定"按钮即可。

安装完毕后,在"常规"选项卡中的"此连接使用下列项目"列表框中将显示安装的客户端。

4. 组建对等式小型办公网络

1)Windows XP 中组建小型网络的配置

Windows XP 拥有强大的网络功能,多数的网络设置都可以通过相应的网络连接向导实现,用户只需进行简单的设置操作即可轻松完成。

> 注意:在完成下面的配置前,先要设置好 Windows XP 的 IP 地址,IP 地址的设置方法参见前面的 Windows Server 2008 设置 IP 的方法。

设置 Windows XP 的 IP 地址如图 2-10 所示。

完成 Windows XP 的 IP 地址设置后,在 Windows XP 中组建小型网络可通过"网络安装向导"轻松完成,具体操作可参考以下步骤。

(1)选择"开始"|"连接到"|"显示所有连接"命令,打开"网络连接"窗口,如图 2-11 所示。

(2)在"网络连接"窗口左侧"网络任务"栏中单击"设置家庭和小型办公网络"按钮,弹出"网络安装向导"对话框,如图 2-12 所示。

(3)该对话框显示了其可实现的功能,单击"下一步"按钮,弹出对话框如图 2-13 所示。

(4)该对话框显示了进行网络连接时用户需要做的准备工作,单击"下一步"按钮,弹出对话框如图 2-14 所示。

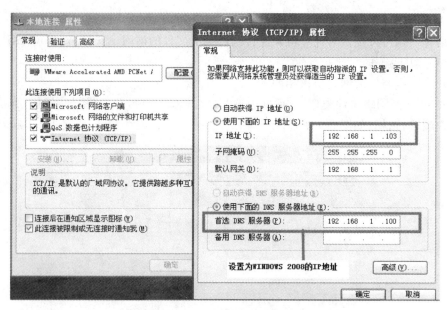

图 2-10　设置 Windows XP 的 IP 地址

图 2-11　"网络连接"窗口

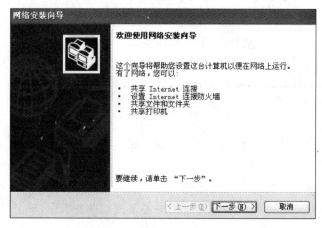

图 2-12　"网络安装向导"对话框 1

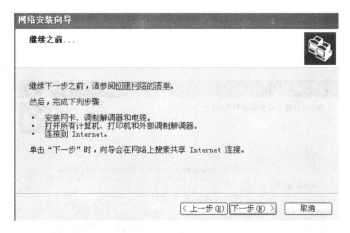

图 2-13　"网络安装向导"对话框 2

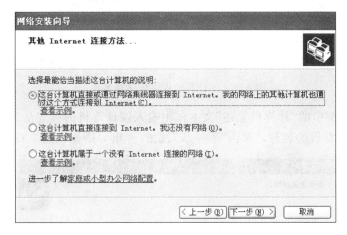

图 2-14　"网络安装向导"对话框 3

（5）该对话框中有 3 个选项，用户可根据实际情况选择合适的选项。本例选择"这台计算机直接或通过网络集线器连接到 Internet。我的网络上的其他计算机也通过这个方式连接到 Internet"选项，单击"下一步"按钮，弹出对话框如图 2-15 所示。

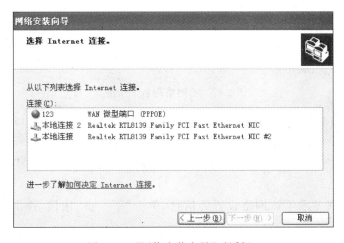

图 2-15　"网络安装向导"对话框 4

该对话框中提供"选择 Internet 连接"选项。用户可选择用于 Internet 连接的列表选项。

（6）单击"下一步"按钮，弹出对话框如图 2-16 所示。

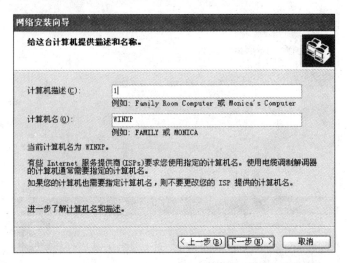

图 2-16　给计算机提供描述和名称

（7）在该对话框中的"计算机描述"文本框中输入该计算机的描述信息；在"计算机名"文本框中输入该计算机的名称。单击"下一步"按钮，弹出对话框如图 2-17 所示。

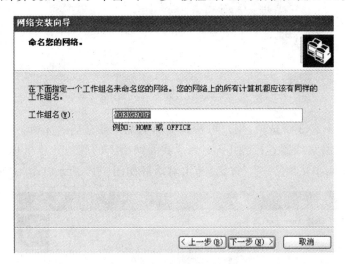

图 2-17　给网络命名工作组

（8）在"工作组名"文本框中输入组建的工作组的名称，如输入 WORKGROUP，单击"下一步"按钮，弹出对话框如图 2-18 所示。

（9）在该对话框中选择"启用文件和打印机共享"选项，单击"下一步"按钮，弹出对话框如图 2-19 所示。

（10）该对话框显示了该网络设置的信息，单击"下一步"按钮，弹出对话框如图 2-20 所示。

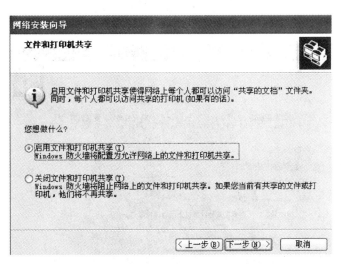

图 2-18　启用文件和打印机共享

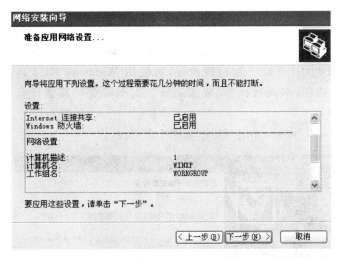

图 2-19　准备应用网络设置

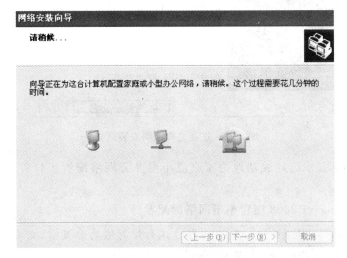

图 2-20　正在配置网络

该对话框显示开始配置网络，配置完毕后，弹出对话框如图 2-21 所示。

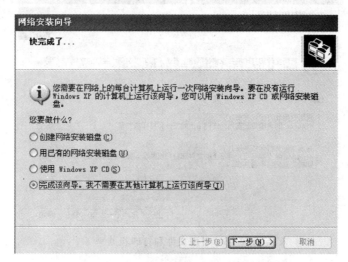

图 2-21　提示是否在其他计算机上运行该向导

该对话框提示用户，需要在网络中每一台计算机上运行一次该网络安装向导，若要在没有安装 Windows XP 的计算机上运行该向导，可使用 Windows XP CD 或网络安装磁盘。用户可选择需要的选项，本例选择"完成该向导。我不需要在其他计算机上运行该向导"选项。

（11）单击"下一步"按钮，弹出对话框如图 2-22 所示。

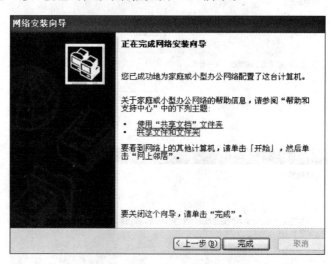

图 2-22　正在完成网络安装向导

（12）该对话框提示已经成功地为家庭或小型办公网络配置了计算机，单击"完成"按钮，完成安装。

2）Windows Server 2008 组建小型网络的配置

注意：在进行 Windows Server 2008 组建工作组网络的配置前，需要按照上述步骤设置好 Windows Server 2008 的 IP 地址，如图 2-23 所示。

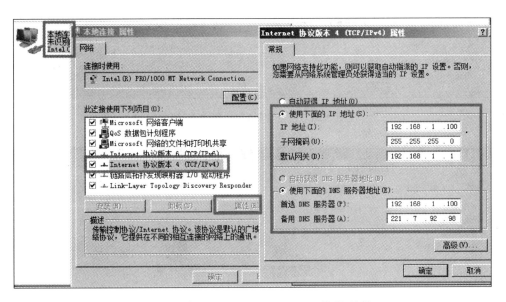

图 2-23　设置 Windows Server 2008 的 IP 地址

设置 Windows Server 2008 的 IP 地址后，开始配置网络共享，步骤如下。

（1）选择"开始"|"网络"命令，如图 2-24 所示。

图 2-24　选择"开始"|"网络"命令

（2）打开"网络"窗口，在该窗口中单击"网络和共享中心"按钮，如图 2-25 所示。

（3）在"网络和共享中心"窗口中，单击"网络发现"栏中的"自定义"按钮，如图 2-26
所示。

43

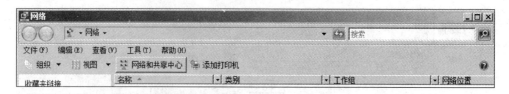

图 2-25 单击"网络和共享中心"按钮

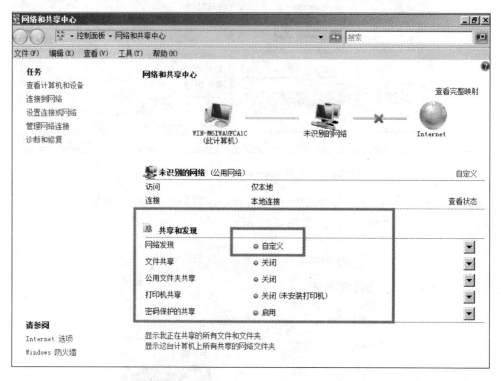

图 2-26 单击"网络发现"栏中的"自定义"按钮

（4）在"网络发现"界面中，选择"启用网络发现"选项，然后单击"应用"按钮，如图 2-27 所示。

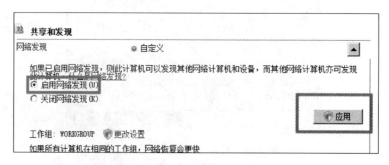

图 2-27 选择"启用网络发现"选项

（5）提示是否启用所有公用网络的网络发现，单击"是，启用所有公用网络的网络发现"按钮，如图 2-28 所示。

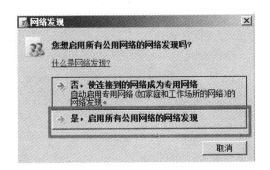

图 2-28　单击"是,启用所有公用网络的网络发现"按钮

（6）进入"文件共享"界面,选择"启用文件共享"选项,然后单击"应用"按钮,如图 2-29 所示。

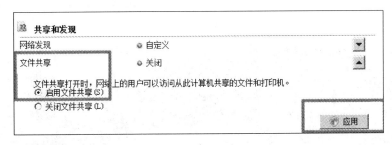

图 2-29　选择"启用文件共享"选项

（7）进入"公用文件夹共享"界面,选择"启用共享,以便能够访问网络的任何人都可以打开文件"选项,如图 2-30 所示。

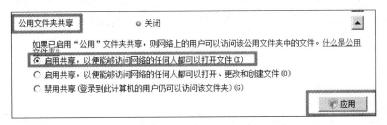

图 2-30　启用共享

（8）提示是否启用所有公用网络的网络发现和文件共享,单击"是,启用所有公用网络的网络发现和文件共享"按钮,如图 2-31 所示。

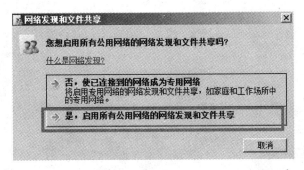

图 2-31　单击"是,启用所有公用网络的网络发现和文件共享"按钮

配置后的"共享和发现"界面如图 2-32 所示。

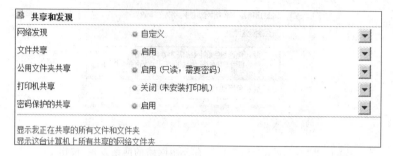

图 2-32　配置后的"共享和发现"界面

3）测试 Windows Server 2008 和 Windows XP 是否能够连通

（1）在 Windows XP 中测试，如图 2-33 所示。

图 2-33　能够 ping 通 Windows Server 2008 的 IP

（2）在 Windows Server 2008 中测试，如图 2-34 所示。

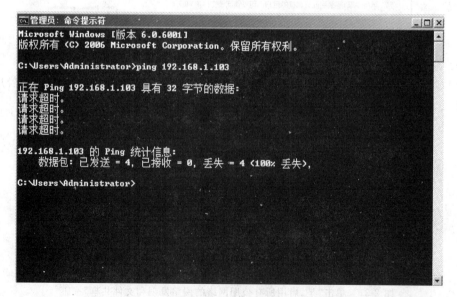

图 2-34　不能够 ping 通 Windows XP 的 IP

分析：可能是 Windows XP 设置了防火墙所致。

（3）开通 Windows XP 的来宾访问。

① 找到 Guest 来宾用户，如图 2-35 所示。

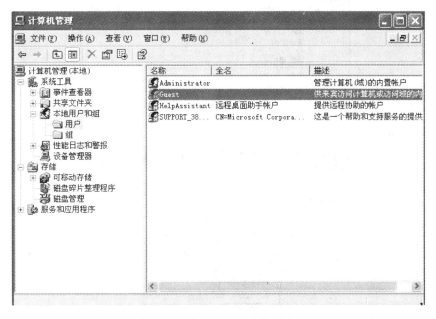

图 2-35　找到 Guest 来宾用户

② 在 Guest 来宾用户上右击，选择"属性"选项，如图 2-36 所示。

③ 取消选中"帐户已停用"复选框，如图 2-37 所示。

图 2-36　在 Guest 来宾用户上右击，
选择"属性"选项

图 2-37　取消选中"帐户已停用"复选框

④ 在 Guest 上右击，选择"设置密码"选项，如图 2-38 所示。

图 2-38　选择"设置密码"选项

⑤ 设置 Guest 的密码，如图 2-39 所示。

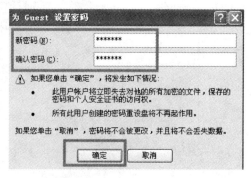

图 2-39　设置 Guest 的密码

⑥ 选择"本地安全设置"窗口中左边栏的"本地策略"|"用户权利指派"命令，选择"拒绝从网络访问这台计算机"选项，如图 2-40 所示。

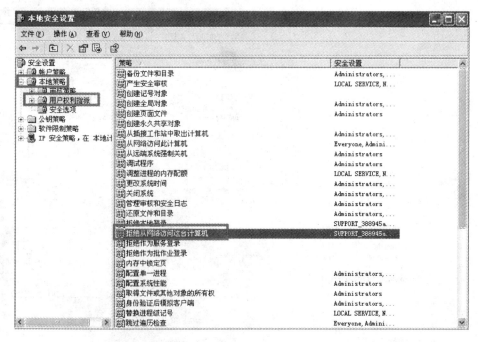

图 2-40　选择"拒绝从网络访问这台计算机"选项

⑦ 右击,选择"属性"选项,弹出"拒绝从网络访问这台计算机 属性"对话框,选择 Guest 选项,单击"删除"按钮,然后单击"确定"按钮,如图 2-41 和图 2-42 所示。

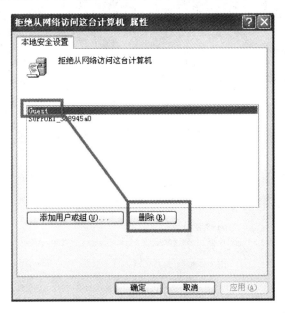

图 2-41　删除 Guest 用户

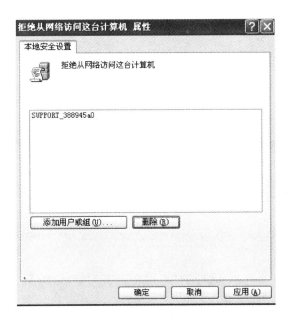

图 2-42　删除 Guest 后的对话框

⑧ 再次测试连接状态,发现 Windows 2008 不可以 ping 通 Windows XP,如图 2-43 所示。

(4) 关闭 Windows XP 防火墙。

① 在"Windows 防火墙"对话框中,发现"启用"选项被选中,如图 2-44 所示。

② 选择"关闭"选项,关闭 Windows 防火墙,如图 2-45 所示。

图 2-43　Windows Server 2008 不可以 ping 通 Windows XP

图 2-44　Windows 防火墙已启用

图 2-45　关闭 Windows 防火墙

（5）再次测试连接状态，发现 Windows Server 2008 已经可以 ping 通 Windows XP 了，如图 2-46 所示。

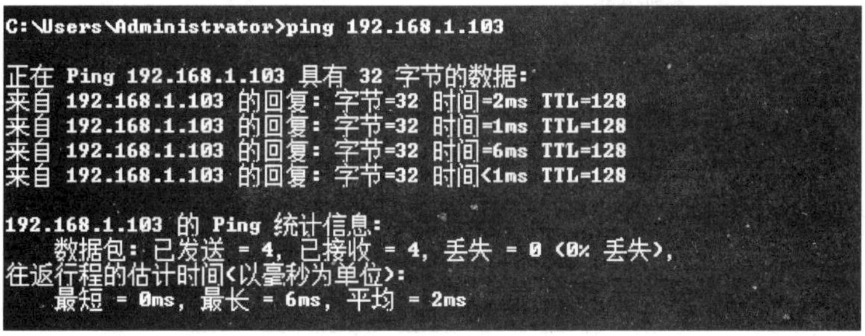

图 2-46 Windows Server 2008 已经能够 ping 通 Windows XP

2.1.6 任务实施 2——实现 Windows 7/Windows Server 2008 工作组网络

1. 设置 Windows 7 的 IP 地址并进行基本的网络配置

（1）先查看 Windows 7 的 IP 地址，如图 2-47 所示。

图 2-47 查看 IP 地址

（2）设置 VMnet1 虚拟网卡的 IP 地址，如图 2-48 和图 2-49 所示。

（3）设置虚拟机虚拟网卡的连接方式，如图 2-50～图 2-52 所示。

图 2-48　单击"属性"按钮

图 2-49　设置 IP 地址

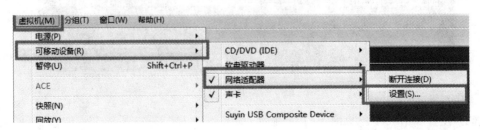

图 2-50　选择可移动设备进行设置

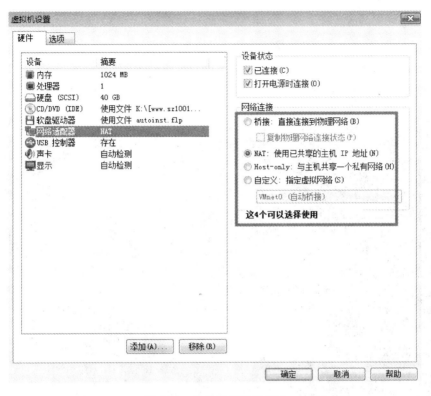

图 2-51 选择网络连接方式

图 2-52 选择 VMnet1

注意：对于不同的操作系统可以选择不同的网络连接方式，有时需要选择"桥接"或 Host-only 选项才能连接，但是一般是选择 VMnet1 选项。

（4）进行 ping 测试，发现本机能够 ping 通，虚拟机中的 Windows Server 2008 不能 ping 通，如图 2-53 所示。

图 2-53　进行 ping 测试

2. 共享打开

（1）单击"网络和共享中心"按钮，如图 2-54 所示。

图 2-54　单击"网络和共享中心"按钮

（2）单击"选择家庭组和共享"选项，如图 2-55 所示。

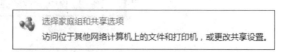

图 2-55　单击"选择家庭组和共享"选项

（3）在出现的对话框中，单击"更改高级共享设置"，网络发现、文件和打印机共享是关闭的，如图 2-56 所示。

（4）启用网络发现、文件和打印机共享，如图 2-57 所示。

3. 启用 Guest 来宾用户

（1）选择 Computer Maragement 选项，如图 2-58 所示。

（2）右击 Guest 选项，选择"属性"选项，如图 2-59 所示。

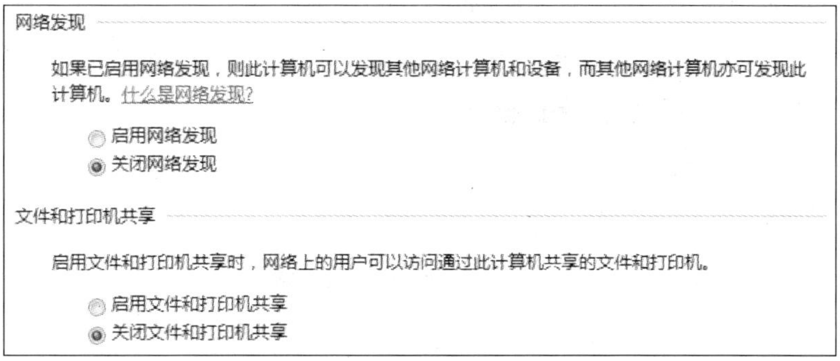

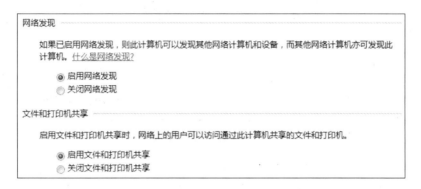

图 2-56 文件共享是关闭的

图 2-57 启用网络发现、文件和打印机共享

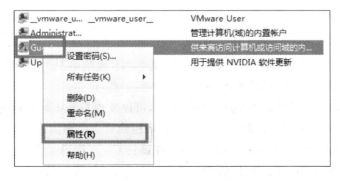

图 2-58 选择"计算机管理"选项

图 2-59 右击 Guest 选项,选择"属性"选项

（3）取消勾选"帐户已禁用"复选框，如图 2-60 所示。

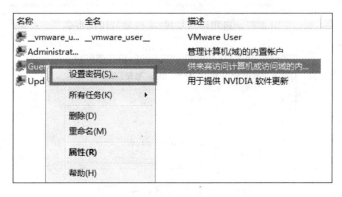

图 2-60　取消勾选"帐户已禁用"复选框

（4）右击 Guest 选项，选择"设置密码"选项，如图 2-61 所示。

图 2-61　选择"设置密码"选项

（5）给 Guest 设置密码，单击"确定"按钮完成设置。

4. 删除拒绝访问中的来宾用户

（1）在"本地安全策略"窗口中选择"安全设置"|"本地策略"|"用户权限分配"命令，选择"拒绝从网络访问这台计算机"选项，如图 2-62 所示。

（2）右击该选项，选择"属性"选项，查看属性，可以发现 Guest 是被拒绝的，如图 2-63 所示，这里选择 Guest 选项，单击"删除"按钮，将其从拒绝列表中删除。

5. 在 Windows Server 2008 中启用 Guest，并设置 Guest 密码

（1）在"控制面板"窗口中打开"管理工具"窗口，选择"计算机管理"选项。

（2）启用 Guest，然后设置密码，如图 2-64 所示。

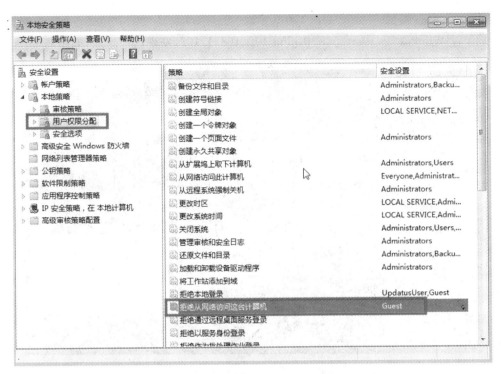

图 2-62 选择"拒绝从网络访问这台计算机"选项

图 2-63 拒绝 Guest 从网络访问计算机

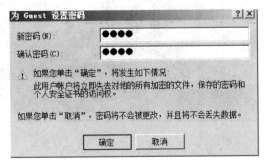

图 2-64 设置 Guest 密码

6. 进行 ping 测试

（1）在 Windows Server 2008 中 ping 192.168.1.102，发现已经连通，如图 2-65 所示。

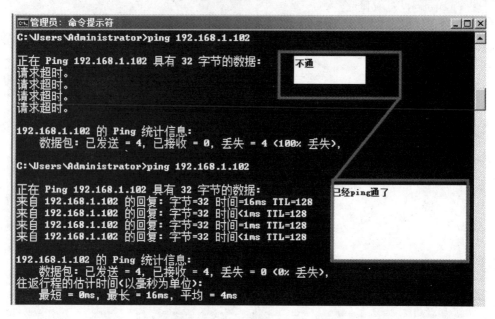

图 2-65　Windows 7 已经连通

（2）在 Windows 7 中 ping 192.168.1.100 即 Windows Server 2008，发现已经连通，如图 2-66 所示。

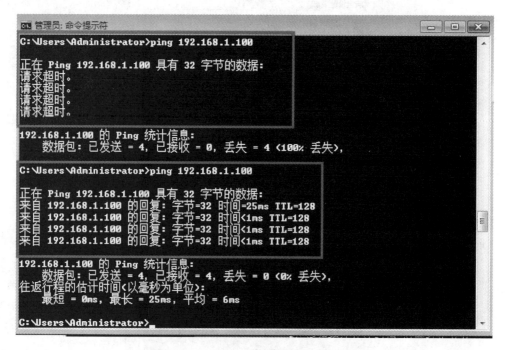

图 2-66　Windows Server 2008 已经连通

任务 2.2　管理本地的用户帐户与组帐户

小王已经完成了本工作组网络的连接,即通过设置已经能够连通设备,这是使用资源的前提,但是使用资源需要通过用户来操作。因此,需要创建工作组的帐户来共享资源。

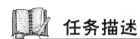 **任务描述**

小王了解到,在 Windows Server 2008 的成员服务器系统中,本地用户和组是极其重要的。因为要管理操作系统,要先进入系统,而要进入系统,必须由用户操作,所以对用户和组的有效管理就很重要。

小王完成这个任务的思路如下:首先进行图形化的本地用户和组的创建及管理,进入计算机管理控制台中找到本地用户和组即可以进行操作。其中,Windows XP/Windows 7 的用户和组的管理比较简单,下面主要是学习 Windows Server 2008 的用户的创建。

 **任务准备**

2.2.1　本地用户帐户简介

在 Windows Server 2008 操作系统中,每一个使用者都必须有一个帐户,才能登录到计算机和服务器,并且访问网络上的资源。

Windows Server 2008 所支持的用户帐户分为两种类型:本地用户帐户和域用户帐户。而组帐户在域和其他环境下有很大的不同。

当 Windows Server 2008 工作在"工作组"模式下或者作为域中的成员服务器时,在计算机操作系统中存在的是本地用户和本地组。本地用户帐户的作用范围仅限于创建该帐户的计算机,以控制用户对该计算机的资源的访问。所以当需要访问在"工作组"模式下的计算机时,在每一个需要访问的计算机上都必须有其本地帐户。其中本地帐户都存储在%SystemRoot%\system32\config\Sam 数据库中。

2.2.2　本地组的管理

在 Windows Server 2008 中,组的概念就相当于公司中部门的概念,其实在 Windows Server 2008 中的组常常就对应着公司的部门,也就是说组的名称常常就是公司部门的名称。组内的帐户就是部门的成员帐户。组的出现极大地方便了 Windows Server 2008 的帐户管理和后面将要学习的资源访问权限的设置。那么,在 Windows Server 2008 中如何管理本地组?以及都有哪些内置的本地组?这些将在下面介绍。

在 Windows Server 2008 中有如下几个内置组:Administrators 组、Users 组、PowerUsers 组、BackupOperators 组、Guests 组。

属于 Administrators 组的用户,都具备系统管理员的权限,拥有对这台计算机最大的控制权,内置的系统管理员 Administrator 就是此本地组的成员,而且无法将其从此组中删除。

Users 组权限受到很大的限制,其所能执行的任务和能够访问的资源,根据指派给其的权利而定。所有创建的本地帐户都自动属于此组。

PowerUsers 组内的用户可以添加、删除、更改本地用户帐户;建立、管理、删除本地计算机内的共享文件夹与打印机。

BackupOperators 组的成员可以利用"Windows Server 2008 备份"程序来备份与还原计算机内的文件和数据。

Guests 组包含 Guest 帐户,一般被用于在域中或计算机中没有固定帐户的用户临时访问域或计算机。该帐户默认情况下不允许对域或计算机中的设置和资源进行更改。出于安全考虑,Guest 帐户在 Windows Server 2008 安装好之后是被禁用的,如果需要,可以手动地启用。应该注意分配给该帐户的权限,该帐户也是黑客攻击的主要对象。

这些本地组中的本地用户只能访问本计算机的资源,一般不能访问网络上其他计算机的资源,除非在那台计算机上有相同的用户名和密码。也就是说,如果一个用户需要访问多台计算机上的资源,则用户需要在每一台需要访问的计算机上拥有相应的本地用户帐户,并在登录某台计算机时由该计算机验证。这些本地用户帐户存放于创建该帐户的计算机上的本地 SAM 数据库中,这些帐户在存放该帐户的计算机上必须是唯一的。

 任务实施

2.2.3 任务实施 1——本地用户帐户的创建与管理

下面学习怎样管理 Windows Server 2008 的本地用户帐户。

1. 本地用户帐户的创建

在成员服务器(没有安装活动目录,没有升级为域控制器的 Windows Server 2003 操作系统)上创建本地用户的步骤如下。

(1)启动计算机,以 Administrator 身份登录 Windows Server 2008,然后选择"开始"|"所有程序"| "管理工具"|"计算机管理"命令,如图 2-67 所示。打开"计算机管理"控制台,如图 2-68 所示。

图 2-67 选择"计算机管理"命令

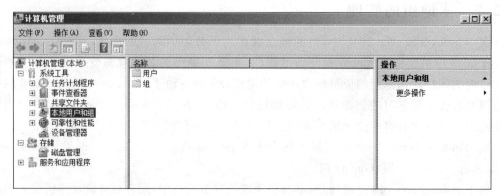

图 2-68 "计算机管理"控制台

（2）在"计算机管理"控制台中，打开"本地用户和组"界面，并选择"用户"选项，将出现系统中现有的用户信息，如图 2-69 所示。

图 2-69 现有的用户信息

（3）选择图 2-69 中的"用户"选项或在右侧的用户信息窗口中的空白位置右击，将弹出如图 2-70 所示的菜单。

（4）在图 2-70 所示的菜单中选择"新用户"命令，将弹出"新用户"对话框，如图 2-71 所示。

根据实际情况在该对话框中设置创建新用户的选项。

用户名：用户登录时使用的帐户名，如输入 cxp。

全名：用户的全名，属于辅助性的描述信息，不影响系统的功能。

描述：对于所建用户帐户的描述，方便管理员识别用户，不影响系统的功能。

密码和确认密码：用户帐户登录时需要使用的密码。

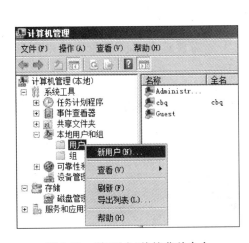

图 2-70 "新用户"快捷菜单命令

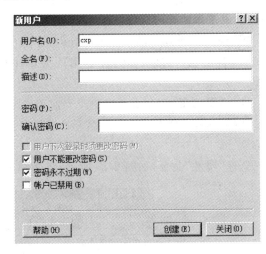

图 2-71 "新用户"对话框

用户下次登录时须更改密码：如果选中此复选框，用户在使用新帐户首次登录时，将被提示更改密码，如果采用默认设置，则选中此复选框。

取消勾选"用户下次登录时须更改密码"复选框后，"用户不能更改密码"和"密码永不过期"这两个复选框将由灰变实，如图 2-71 所示。

（5）单击"创建"按钮，成功创建新用户之后又将返回"新用户"对话框。

（6）单击"关闭"按钮，关闭该对话框，然后在"计算机管理"控制台中将能够看到新创建的用户帐户,如图 2-72 所示。

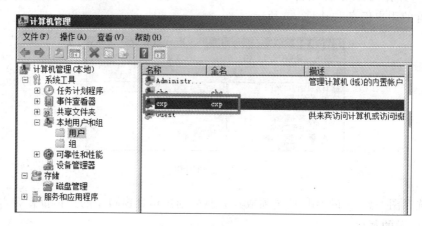

图 2-72　新创建的用户

注意:注销 Administrator,使用新创建的用户帐户 cxp 登录,登录时将弹出提示更改密码的对话框,单击"确定"按钮,将弹出"更改密码"对话框。在相应的文本框内输入新密码,然后单击"确定"按钮,将弹出提示密码更改成功的对话框,再单击"确定"按钮后,首次登录成功。

如果在创建用户帐户时,选中了"用户下次登录时须更改密码"复选框,只有首次登录时需要更改密码,以后则正常登录。

2. 设置本地帐户属性

用 Administrator 帐户登录 Windows Server 2008,参照上面的步骤打开"计算机管理"控制台,右击用户帐户 cxp,在弹出的菜单中根据实际需要选择相应的命令对帐户进行操作。

选择"设置密码"命令可以更改当前用户帐户的密码。

选择"删除"命令或"重命名"命令可以删除当前用户帐户或更改当前用户帐户的名称。

选择"属性"命令,如图 2-73 所示,将会弹出该帐户的属性对话框,如图 2-74 所示。

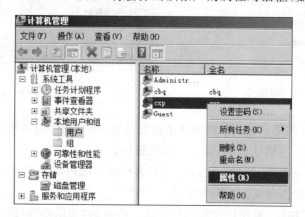

图 2-73　选择"属性"命令

图 2-74 "cxp 属性"对话框

在图 2-74 所示的对话框中可以根据要求设置 cxp 帐户的"常规"属性,例如,停用 cxp 帐户,则在"常规"选项卡中选中"帐户已禁用"复选框,然后单击"确定"按钮返回"计算机管理"控制台,停用的帐户以红色的×标记表示。

2.2.4 任务实施 2——创建本地组并将成员添加到本地组

创建本地组并将成员添加到本地组的步骤如下。

(1) 在如图 2-75 所示的"计算机管理"控制台中右击"组"选项,选择"新建组"命令,弹出"新建组"对话框,如图 2-76 所示。

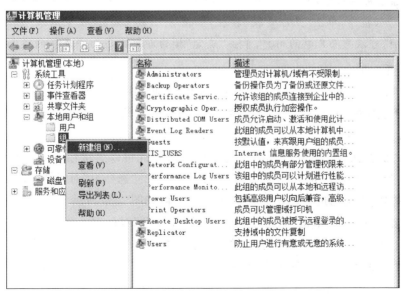

图 2-75 选择"新建组"命令

（2）在图 2-76 所示的对话框中根据实际需要在相应的文本框内输入内容，例如，在"组名"文本框中输入"网络教研室"，在"描述"文本框中输入"网络教研室"。输入完成后，可以单击"创建"按钮，完成这个用户组的创建。图 2-76 所示的对话框中"成员"区域是空白的，里面没有一个成员，即此时创建的用户组是空的，没有一个用户，所以可以单击"添加"按钮给"网络教研室"这个新建的用户组添加成员。单击"添加"按钮后，弹出如图 2-77 所示的"选择用户"对话框。

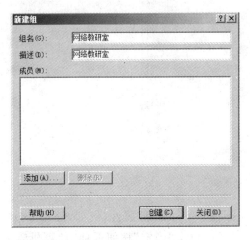

图 2-76　"新建组"对话框　　　　　图 2-77　"选择用户"对话框 1

（3）在图 2-77 所示的对话框中，可以在"输入对象名称来选择"区域中输入要添加到"网络教研室"组中的用户或其他组，例如，输入用户 cxp，然后单击"确定"按钮返回。这时，用户 cxp 将出现在图 2-77 所示的成员区域的文本框中。单击"确定"按钮，完成组的创建和设置。

> **注意**：除了用这种方法添加组成员外，还可以单击图 2-77 中的"高级"按钮，在弹出的"选择用户"对话框中，单击"立即查找"按钮，如图 2-78 所示，在"搜索结果"区域中显示所有的组和用户，可以选择其中的用户，单击"确定"按钮即可完成组中成员的添加，如图 2-79 和图 2-80 所示。

除此之外，还可以在帐户"属性"设置中将帐户添加到组，通过帐户属性的"隶属于"选项卡操作。右击选定的帐户，选择"属性"命令，在弹出的对话框上选择"隶属于"选项卡，如图 2-81 所示。

单击"添加"按钮，弹出如图 2-82 所示的对话框，在此可以直接输入需要添加的组的名称，如果不清楚组的名称，可以单击"高级"按钮，在弹出的"选择组"对话框中进行查找，单击"立即查找"按钮，将会出现本计算机所有的组的名称，如图 2-83 所示。

选择想要加入的组，单击"确定"按钮，返回"选择组"对话框。加入的组将出现在"选择组"对话框中，如图 2-84 所示。然后单击"确定"按钮，返回用户属性对话框，这时，选择的组"网络教研室"已经出现在"隶属于"区域，如图 2-85 所示。单击"确定"按钮，完成组的添加。

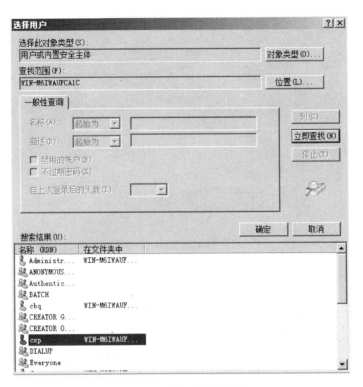

图 2-78　"选择用户"对话框 2

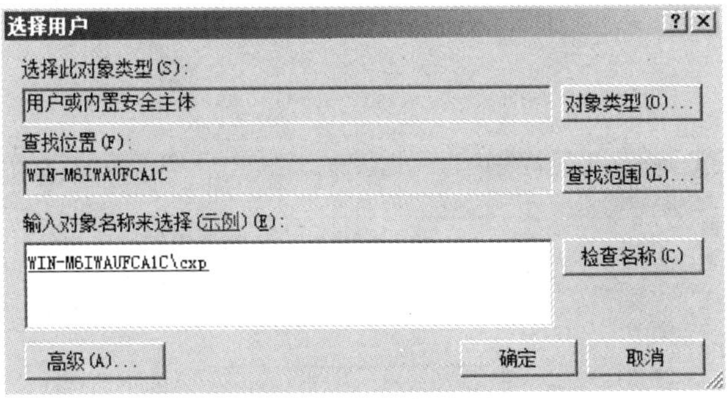

图 2-79　已经加入了成员

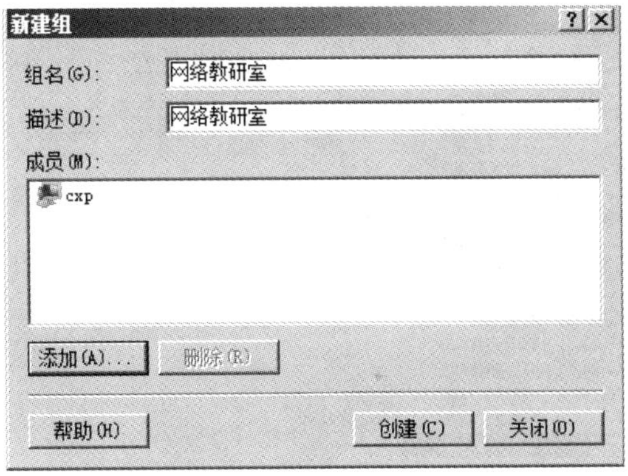

图 2-80　已经添加组成员

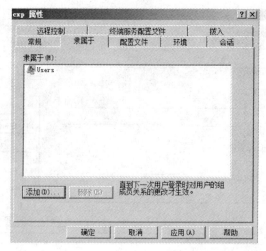

图 2-81　用户属性对话框

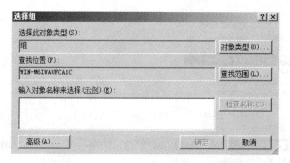

图 2-82　"选择组"对话框

图 2-83　搜索结果

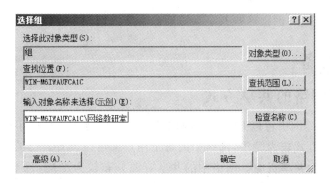

图 2-84　加入的组出现在"选择组"对话框中

图 2-85　添加组后的"隶属于"选项卡

任务 2.3　管理与使用工作组的共享资源

小王经过前面的学习和设置,组建工作组网络的任务已经完成了大半。网络已经连接成功了,使用资源的用户和组也创建了,接下来就该使用资源了。但是,小王通过查阅资料发现:在使用资源之前,各个工作组还需要先进行资源共享的设置,然后要设置各个资源的使用权限。例如,哪些人能够下载和复制资源;哪些人不能复制和下载,只能查看资源;哪些人能够修改资源等。

 任务描述

工作组组建的目的是为了给用户使用资源带来方便,如文件上传、下载的方便,文件复制、粘贴的方便,文件打印的方便。小王在完成了前面的工作后,接下来要做的就是先将各

67

计算机的资源共享,然后设置这些共享资源能由哪些人使用,如何使用。

 **任务准备**

2.3.1 对等网络的共享方式

Windows 的对等网中可以共享的资源包括硬盘驱动器、光盘、打印机、应用程序等。对等网络的资源共享方式较为简单,网络中的每个用户都可以设置自己的共享资源,并可以访问网络中其他用户的共享资源。网络中的共享资源分布较为平均,每个用户都可以设置并管理自己计算机上的共享资源,并可随意增加或删除。用户还可以为每个共享资源设置只读或完全控制属性,以控制其他用户对该共享资源的访问权限。若用户对某一共享资源设置了只读属性,则该共享资源将无法进行编辑修改;若设置了完全控制属性,则访问该共享资源的用户可对其进行编辑修改等操作。

2.3.2 设置共享资源的方法

1. Windows XP 设置共享文件夹

在对等网络中,实现资源共享是其主要目的,设置共享文件夹是实现资源共享的常用方式。在 Windows XP 中,设置共享文件夹可执行下列操作。

(1)双击"我的电脑"图标,打开"我的电脑"窗口。

(2)选择要设置共享的文件夹,在左边的"文件和文件夹任务"窗格中单击"共享此文件夹"超链接,或右击要设置共享的文件夹,在弹出的快捷菜单中选择"共享和安全"命令。

(3)选择文件夹属性对话框中的"共享"选项卡,如图 2-86 所示。

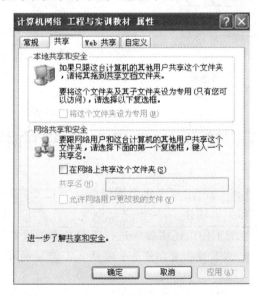

图 2-86　共享文件夹

(4)在"网络共享和安全"选项组中选中"在网络上共享这个文件夹"复选框,这时"共享名"文本框和"允许网络用户更改我的文件"复选框均变为可用状态。

(5)在"共享名"文本框中输入该共享文件夹在网络上显示的共享名称,用户也可以使用其原来的文件夹名称。

（6）若选中"允许网络用户更改我的文件"复选框，则设置该共享文件夹为完全控制属性，任何访问该文件夹的用户都可以对该文件夹进行编辑修改；若取消选中该复选框，则设置该共享文件夹为只读属性，用户只可访问该共享文件夹，而无法对其进行编辑修改。

（7）设置共享文件夹后，在该文件夹的图标中将出现一只托起的小手，表示该文件夹为共享文件夹，如图 2-87 所示。

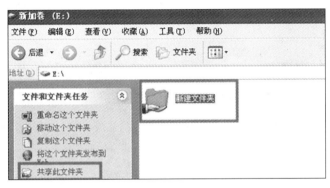

图 2-87　设置共享文件夹

2．Windows 7 设置共享文件

（1）建立共享文件夹，如图 2-88 所示。

图 2-88　建立共享文件夹

（2）右击文件夹，选择"属性"选项。

（3）在"Windows 7 共享文件夹 属性"对话框的"共享"选项卡中单击"共享"按钮，如图 2-89 所示。

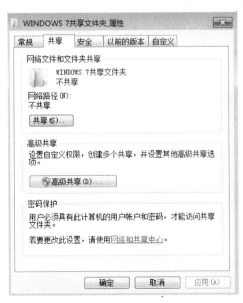

图 2-89　单击"共享"按钮

（4）选择要共享的用户，如图 2-90 所示。

图 2-90　默认的用户

（5）选择添加用户 Guest，然后创建一个新用户 cxp，再选择添加，添加用户后的对话框如图 2-91 所示。

图 2-91　添加共享的用户

（6）单击"共享"按钮，提示文件已经共享，如图 2-92 所示。

图 2-92 提示文件已经共享

3. Windows Server 2008 设置共享资源

（1）新建一个共享文件夹，如 Windows Server 2008 共享文件夹。

（2）右击设置文件夹，选择"属性"选项，在弹出的对话框中单击"共享"按钮，如图 2-93 所示。

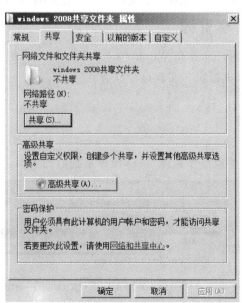

图 2-93 单击"共享"按钮

（3）查找添加 Guest 来宾用户，并共享，如图 2-94 所示。

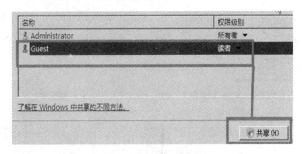

图 2-94　选择共享 Guest

（4）提示共享成功，如图 2-95 所示。

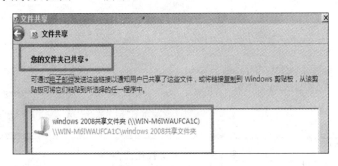

图 2-95　提示共享成功

 任务实施

2.3.3　任务实施——Windows XP 与 Windows Server 2008 工作组网络使用共享资源

下面以 Windows Server 2008 和 Windows XP/Windows 7 组成的工作组网络的环境进行资源共享。用 VMware 虚拟机来实现这个任务。

任务实施的步骤如下。

1. 设置工作组的名称

（1）启动 VMware 程序。

（2）打开已经安装的虚拟操作系统，选择操作系统后的 VMware 窗口如图 2-96 所示。

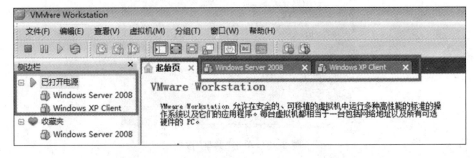

图 2-96　选择操作系统后的 VMware 窗口

（3）选择图 2-96 中的 Windows Server 2008 或者 Windows XP Client 选项卡，启动安装的虚拟机操作系统。

（4）在 Windows Server 2008 计算机中，右击桌面上的"我的电脑"图标，选择"属性"选项。

（5）在"系统属性"对话框中可以先查看计算机全名和工作组，如图 2-97 所示。如果需要更改，则单击"更改"按钮。这里工作组的名称是 WORKGROUP，和另一台计算机 Windows XP/Windows 7 的工作组名称保持相同。

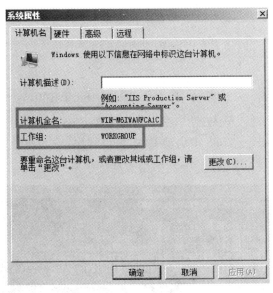

图 2-97　"系统属性"对话框

（6）设置第二台虚拟机 Windows XP 的系统属性，如图 2-98 所示。这台计算机是属于域的，需要更改为工作组，单击"更改"按钮，然后将工作组名称改为 Windows Server 2008 的工作组名称，计算机名可以保持默认，如图 2-99 所示。

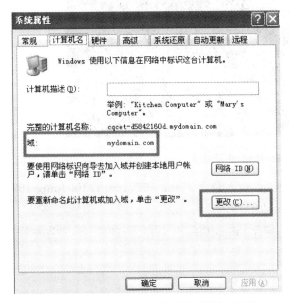

图 2-98　Windows XP 的"系统属性"对话框

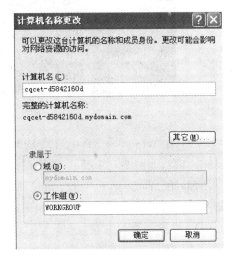

图 2-99　更改工作组名称

73

注意：此时系统会提示输入有权限更改帐户的用户名和密码，否则，不允许进行更改。

（7）设置 Windows 7 的系统属性，如图 2-100 所示。

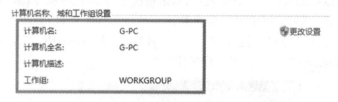

图 2-100　Windows 7 的系统属性

2. 进行网络测试

注意：Windows Server 2008 的 IP 地址为 192.168.1.100，Windows XP 的 IP 地址为 192.168.1.103，Windows 7 的 IP 地址为 192.168.1.102。

（1）在 Windows Server 2008 中启动 DOS 窗口程序，输入命令：ping 192.168.1.103，ping 192.168.1.102，如图 2-101 所示，说明网络连接是通的。

图 2-101　检测网络的连通性 1

（2）在 Windows XP 中启动 DOS 窗口程序，输入命令：ping 192.168.1.100，ping 192.168.1.102，如图 2-102 所示，说明网络连接是通的。

（3）在 Windows 7 中进行 ping 测试，输入命令：ping 192.168.1.100，ping 192.168.1.103，如图 2-103 所示，说明网络连接是通的。

3. 设置和测试共享

（1）在第二台计算机 Windows XP 中设置文件夹的共享。

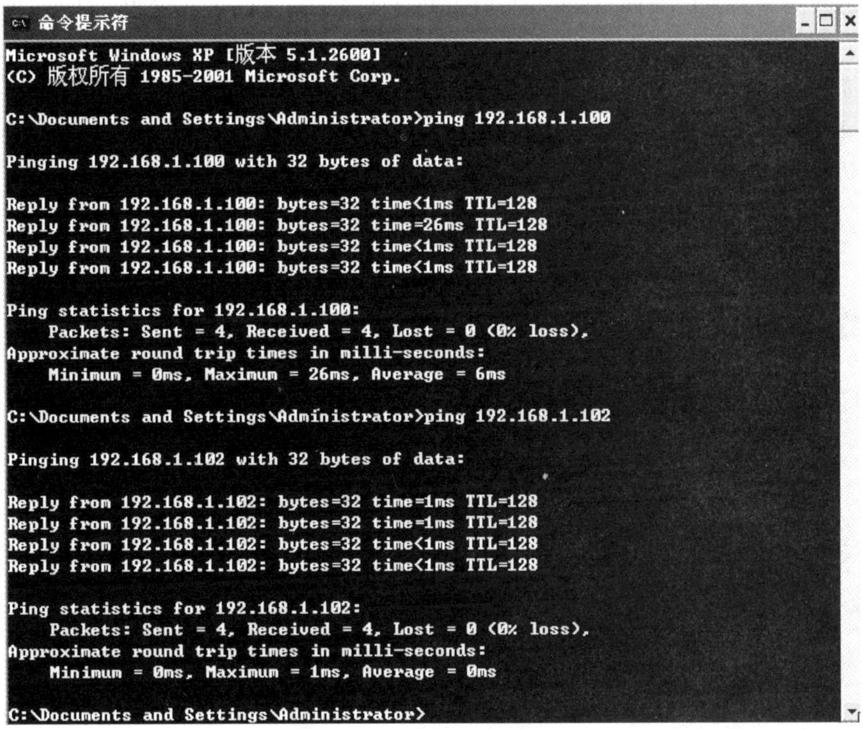

图 2-102　检测网络的连通性 2

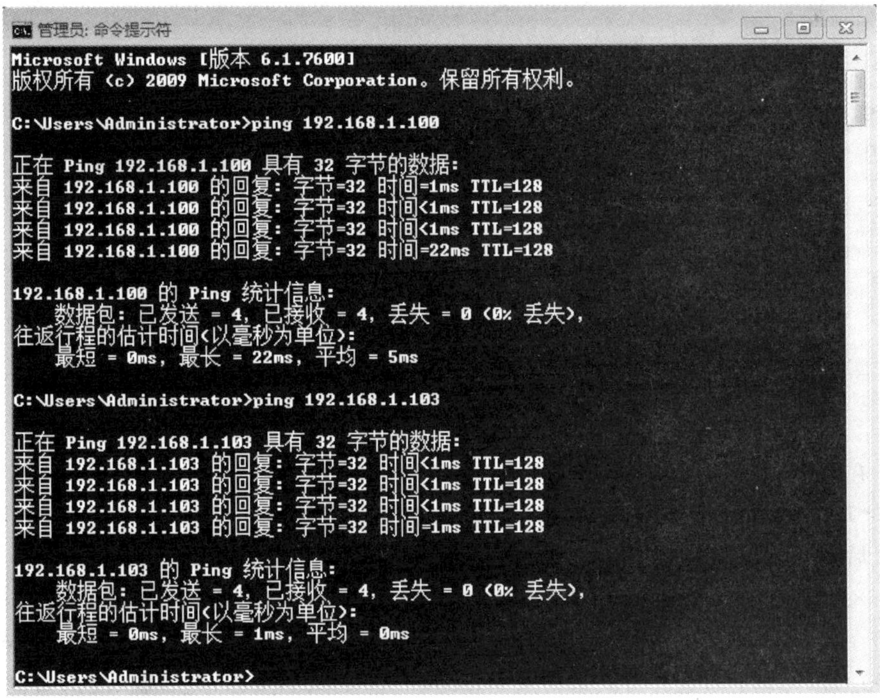

图 2-103　检测网络的连通性 3

（2）访问测试共享的文件,在第一台计算机 Windows Server 2008 中,打开"我的电脑"窗口,在地址栏中输入:\\192.168.1.103,这个是 Windows XP 的 IP 地址,可以通过这种方式来访问共享资源,提示输入用户名和密码,如图 2-104 所示,按 Enter 键,可以打开 Windows XP 的共享文件,如图 2-105 所示。还可以输入\\192.168.1.102,访问 Windows 7 的共享资源,如图 2-106 和图 2-107 所示。

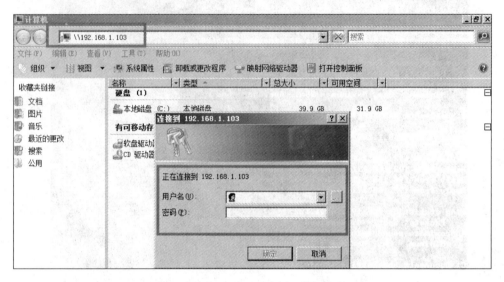

图 2-104　打开 Windows XP 输入密码

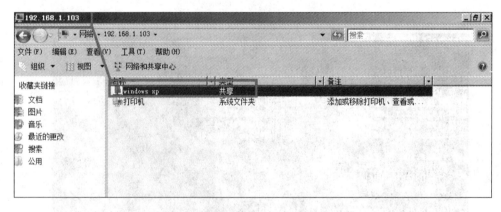

图 2-105　查看 Windows XP 的共享文件

（3）在 Windows XP 中打开"我的电脑"窗口,输入:\\192.168.1.102,这个是 Windows 7 的 IP 地址,可以通过这种方式来访问共享资源,输入用户名和密码,如图 2-108 所示,然后按 Enter 键,打开 Windows 7 的共享资源,如图 2-109 所示。然后再输入 \\192.168.1.100 访问 Windows Server 2008 的共享资源,如图 2-110 和图 2-111 所示。

（4）在 Windows 7 中打开"我的电脑"窗口,输入:\\192.168.1.103,这个是 Windows XP 的 IP 地址,可以通过这种方式来访问 Windows XP 的共享资源,然后输入\\192.168.1.100 访问 Windows Server 2008 的共享资源。

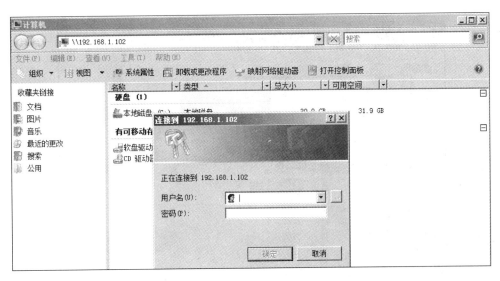

图 2-106　访问 Windows 7 需要输入密码

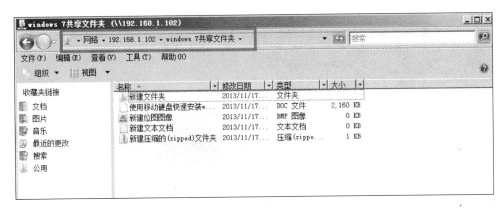

图 2-107　查看 Windows 7 的共享文件

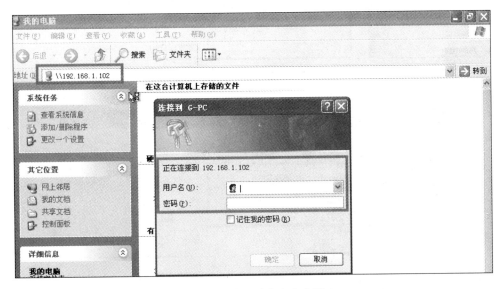

图 2-108　输入用户名和密码 1

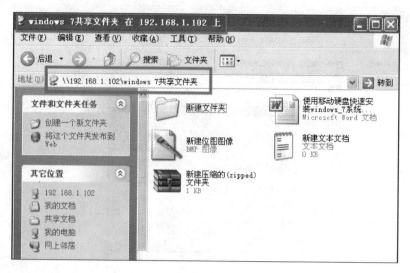

图 2-109　打开 Windows 7 的共享资源

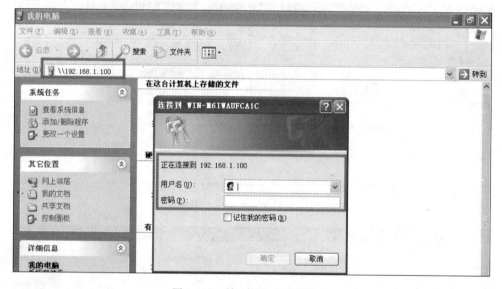

图 2-110　输入用户名和密码 2

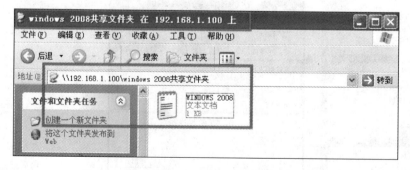

图 2-111　打开 Windows Server 2008 的共享资源

注意：到现在为止，各个操作系统之间已经能够进行资源共享使用了，由于是来宾用户，权限只是复制、粘贴文件，一般不给来宾增加修改文件的权限，因为这是不安全的，一般只给一些指定的用户增加修改的权限。

项目总结与回顾

本项目通过 3 个任务来完成：第一个任务是工作组网络的组建，是以两台 Windows XP/Windows 7/Windows Server 2008 计算机来组建对等网；第二个任务是以 Windows Server 2008 成员服务器为例来介绍本地用户和组的创建与管理。这些是最基本的知识，读者需要掌握；第三个任务是将 Windows Server 2008、Windows XP 和 Windows 7 这 3 台计算机组成工作组网络并进行资源共享，完成任务的环境是用两台虚拟机加上一台真实的 Windows 7 主机来实现的，这可以让读者在只有一台真实主机的情况下，通过安装虚拟机来完成学习任务。

习　题

1. 上机操作：完成本项目中的对等网的组建。

2. 完成工作组网络的组建，并进行资源共享，如果条件允许，可以进行共享打印机的设置。

3. 完成用户和组管理的实验。

(1) 新建用户

① 打开系统盘（即当前系统所在的分区）根目录下的 Documents and Settings 文件夹，观察文件夹的数量，打开 Administrator 文件夹，观察该文件夹的内容。

② 首先观察"计算机管理"控制台中系统默认的用户数量及相应的描述。在 Windows 2008 中建立一个新本地用户 student01，要求用户在下次登录时必须修改密码。

③ 注销当前的 Administrator 用户，重新以 student01 用户身份登录，观察登录时与原登录方式以及登录后桌面图标的变化。进入系统后，尝试对系统属性等进行修改，观察是否都能够进行；查看是否能够重新启动计算机或者关闭计算机。

④ 注销 student01 用户，重新以 Administrator 用户身份登录计算机，进入系统后，新建一个本地用户 student02，要求用户以后登录时不需要进行密码修改，再重新以 student02 的用户身份登录计算机，观察是否能够修改自己的登录密码。然后打开系统盘（即当前系统所在的分区）根目录下的 Documents and Settings 文件夹，观察文件夹的数量，比较与第① 步观察的结果有哪些区别。

⑤ 重新以 Administrator 用户身份登录，进入系统后，修改 student01 用户的密码；将 student02 用户删除。

⑥ 新建 4 个用户：user1、user2、user3 和 user4。

(2) 本地组的创建与管理

① 在"计算机管理"控制台中，观察系统默认的组的数量、属性描述等内容。

② 在系统中新建一个名为 calss01 的本地组,在创建过程中将 user1 用户加入到该组。

③ 新建一个名为 class02 的本地组。打开 user2 的用户属性,观察当前系统默认用户隶属于哪一个组,并将该 user2 用户加入到新建的 class02 组当中。

思考:在当前状态下以 user1、user2 和 user3 登录后权限有何特点。

④ 查看 Administrators 组在当前状态下包含哪些用户。并将用户 user3 加入到 Administrators 组中,然后以 user3 的用户身份登录系统,观察登录后的权限与未加入到 Administrators 组之前的权限有哪些变化。

⑤ 重新以 Administrator 的用户身份登录,将本地组 class02 加入到 Administrators 组中,然后再以 user2 的用户身份登录系统,观察登录后的权限与未将 class02 组加入到 Administrators 组之前的权限有哪些变化。

⑥ 观察在 Windows Server 2008 系统中,用户和组的图标的区别。

4. 简答题。

(1)登录时,用户名是否区分大小写? 密码是否区分大小写?

(2)启用了"密码必须符合复杂性要求"后,如果现有帐户使用了简单密码或空密码,是否需要立即更改?

(3)帐户锁定与帐户禁用有什么区别?

项目 3　域网络的组织、实现与管理

任务 3.1　活动目录的安装及部署

随着小王公司规模的扩大，一个工作组网络已经不能满足工作的需求。在工作组网络环境中，某台计算机上的帐户 cbq 希望可以访问每台计算机内的资源或者可以在每台计算机上登录。但是，在工作组环境中实现此功能，必须要在所有（如 500 台）计算机的各个 SAM 数据库中创建 cbq 这个帐户。而一旦 cbq 想要更换密码，必须要更改 500 次，这样企业管理员的负担就非常重了。如果小王的公司变成更大规模的公司，则小王的管理负担将更重。小王通过查阅资料，决定将公司网络环境升级为域的环境，而域环境的应用需要安装活动目录才能实现。因此，需要构建一个域网络。

 任务描述

在域环境中，只需要在活动目录中创建一次 cbq 帐户，就可以在 500 台计算机中的任意一台上登录 cbq。如果要为 cbq 帐户更改密码，只需要在活动目录中更改一次即可。

小王完成这个任务的思路如下。首先，选择要安装域控制器和额外域控制器的机器，然后安装域控制器。同时，为了让某些成员服务器能够加入域环境，还要对域控制器进行检查。其次，域控制器有可能出现问题，域控制器出现问题后，原来的一切数据将会丢失，重新建立域控制器将是非常困难的。因此，还需要进行域控制器的备份，以便进行恢复。

 任务准备

3.1.1　活动目录简介

活动目录是一个数据库，存放的是域中所有的用户的帐号以及安全策略。活动目录体现了一个范围，可以放大和缩小。活动目录又简称域。

域是一个安全边界。

ActiveDirectory（活动目录）是 Windows Server 2008 域环境中提供目录服务的组件。目录服务在微软平台上从 Windows 2000 开始引入，所以可以将活动目录理解为目录服务在微软平台的一种实现方式。当然，目录服务在非微软平台上都有相应的实现。

Windows Server 2008 有两种网络环境：工作组和域。默认是工作组网络环境。

工作组网络也称为"对等式"网络，因为此网络中每台计算机的地位都是平等的，它们的资源以及管理分散在每台计算机之上,所以工作组环境的特点就是分散管理,工作组环境中的每台计算机都有自己的"本机安全帐户数据库",称为 SAM 数据库。SAM 数据库的作用体现在:登录计算机时,输入帐户和密码后,系统就会到 SAM 数据库验证。如果输入的帐户存在 SAM 数据库中,同时密码也正确,SAM 数据库就会通知系统允许登录,而这个 SAM 数据库默认就存储在 C:\Windows\system32\config 文件夹中。这便是工作组环境中的登录验证过程。打开注册表也可以看到 SAM 数据库,但默认里面的用户是隐藏的。

域环境的应用是相当广泛的。例如,微软服务器级别的产品,如 MOSS、Exchange 等都需要活动目录的支持,包括目前微软宣传的 UC 平台都离不开活动目录的支持。

Windows Server 2008 的域环境与工作组环境最大的不同是,域内所有的计算机共享一个集中式的目录数据库(又称为活动目录数据库),它包含着整个域内的对象(用户帐户、计算机帐户、打印机、共享文件等)和安全信息等,而活动目录负责目录数据库的添加、修改、更新和删除。所以要在 Windows Server 2008 上实现域环境,其实就是要安装活动目录。活动目录实现了目录服务,提供对企业网络环境的集中式管理。

3.1.2 活动目录安装前的准备

安装活动目录的必备条件如下。

(1) 选择操作系统:Windows Server 2008 中除了 Web 版不支持活动目录外,其他的版本(如 Standard 版、Enterprise 版、Datacenter 版)都支持活动目录。这里用的是 Enterprise 版。

(2) DNS 服务器:活动目录与 DNS 是紧密集成的,活动目录中域的名称的解析需要 DNS 的支持。域控制器(装了活动目录的计算机就成为了域控制器)也需要把自己登记到 DNS 服务器内,以便让其他计算机通过 DNS 服务器查找到这台域控制器,所以必须准备一台 DNS 服务器。DNS 服务器与域控制器可以是同一台机器。同时 DNS 服务器也必须支持本地服务资源记录(SRV 资源记录)和动态更新功能。在域环境中工作的计算机可以相互复制,从而实现统一管理的目的,这比分散管理的工作组要更省力。

(3) 一个 NTFS 磁盘分区:安装活动目录过程中,SYSVOL 文件夹必须存储在 NTFS 磁盘分区。SYSVOL 文件夹存储着与组策略等有关的数据。所以,必须准备一个 NTFS 分区。

(4) 设置本机静态 IP 地址和 DNS 服务器 IP 地址:大多时候安装过程不顺利或者安装不成功,都是因为没有在要安装活动目录的计算机上指定 DNS 服务器的 IP 地址以及自身的 IP 地址。

3.1.3 安装活动目录的情形

安装活动目录分以下两种情况。

情况 1:在某台计算机上安装活动目录的过程中同时安装 DNS 服务器。此时,这台计算机既充当了域控制器的角色,也充当了 DNS 服务器的角色。这是用得最多的方法,但安装前必须要为这台计算机配置静态 IP 地址,同时把 DNS 服务器的 IP 地址配置为本机的 IP 地址。

情况 2:首先准备一台 DNS 服务器,可以是已经存在的 DNS 服务器或者是刚刚安装好的,即先安装好 DNS 服务器,然后再安装活动目录。此时不管是再找一台计算机安装活动目录,还是在已经是 DNS 服务器的计算机上安装活动目录,都需要在 DNS 中创建一个正向查找区域并启用"动态更新"功能。同时,这个正向查找区域的名称必须和要安装的域的名称一致。例如,要安装一个域名为 win2008.com 的域,那么这个正向查找区域的名字也必须为 win2008.com。在安装前,必须要为这台要安装活动目录的计算机配置静态 IP 地址,同时把这台计算机的 DNS 服务器的 IP 地址配置为已经存在的 DNS 服务器的 IP 地址。

3.1.4　与活动目录相关的概念

1. 命名空间

命名空间是一个界定好的区域,而 Windows Server 2008 的活动目录就是一个命名空间,通过活动目录里的对象的名称就可以找到与这个对象相关的信息。活动目录的命名空间采用 DNS 的架构,所以活动目录的域名采用 DNS 的格式来命名。可以把域名命名为 win2008.com、abc.com 等。

2. 域、域树、林和组织单元

活动目录的逻辑结构包括域(Domain)、域树(Domain Tree)、林(Forest)和组织单元(Organization Unit)。

域是一种逻辑分组,准确地说是一种环境,域是安全的最小边界。域环境能对网络中的资源进行集中统一的管理,要想实现域环境,必须要在计算机中安装活动目录。

域树是由一组具有连续命名空间的域组成的。

域树内的所有域共享一个 Active Directory(活动目录),这个活动目录内的数据分散地存储在各个域内,且每一个域只存储该域内的数据,如该域内的用户帐户、计算机帐户等,Windows Server 2008 将存储在各个域内的对象总称为 Active Directory。

林是由一棵或多棵域树组成的,每棵域树独享连续的命名空间,不同域树之间没有命名空间的连续性。林中第一棵域树的根域也是整个林的根域,同时也是林的名称。

组织单元是一种容器,它里面可以包含对象(用户帐户、计算机帐户等),也可以包含其他的组织单元。

3. 域控制器和站点

活动目录的物理结构由域控制器和站点组成。

域控制器(Domain Controller)是存储活动目录的地方,也就是说活动目录存储在域控制器内。安装了活动目录的计算机就称为域控制器,其实在第一次安装活动目录的时候,安装活动目录的那台计算机就成为了域控制器。一个域可以有一台或多台域控制器。最经典的做法是做一个主辅域控。即域是逻辑组织形式,它能够对网络中的资源进行统一管理,就像工作组环境对网络进行分散管理一样,要想实现域,必须在一台计算机上安装活动目录,而安装了活动目录的计算机就称为域控制器。

当一台域控制器的活动目录数据库发生改动时,这些改动的数据将会复制到其他域控制器的活动目录数据库内。

站点(Site)一般与地理位置相对应。它由一个或几个物理子网组成。创建站点的目的是优化域控制器之间的复制。活动目录允许一个站点可以有多个域,一个域也可以属于多个站点。

3.1.5 域网络的物理结构与逻辑结构

活动目录包括两方面：目录和目录相关的服务。目录是存储各种对象的一个物理上的容器，与平常所说的目录没有什么区别，目录管理的基本对象是用户、计算机、文件以及打印机等资源。而目录服务是使目录中所有信息和资源发挥作用的服务，如用户和资源管理、基于目录的网络服务、基于网络的应用管理，它才是 Windows Server 2008 活动目录的关键和精髓所在。目录服务是 Windows Server 2008 网络操作系统的核心支柱，也是中心管理机构，所以目录服务的引入对整个操作系统带来了革命性的变化，不仅系统平台上的各个基础模块，如网络安全机制、用户管理模块等发生了变化，而且上层应用的运作方式以及开发模式也有了相应的变化。

同时，活动目录是一个分布式的目录服务，因为信息可以分散在多台不同的计算机上，保证各计算机用户快速访问和容错；同时不管用户从何处访问或信息处在何处，对用户都提供统一的视图，使用户觉得更加容易理解和掌握 Windows Server 2008 系统的使用。活动目录集成了 Windows Server 2008 服务器的关键服务，如域名服务（DNS），消息队列服务（MSMQ），事务服务（MTS）等。在应用方面活动目录集成了关键应用，如电子邮件、网络管理、ERP 等。要理解活动目录，必须从它的逻辑结构和物理结构入手。

1. 活动目录的逻辑结构

活动目录中的逻辑单元主要包括以下几方面。

1）域、域树、域林

域既是 Windows Server 2008 网络系统的逻辑组织单元，也是对象（如计算机、用户等）的容器，这些对象有相同的安全需求、复制过程和管理，这一点对于网管人员应是相当容易理解的。

活动目录中的每个域利用 DNS 域名加以标识，并且需要一个或多个域控制器。如果用户的网络需要一个以上的域，则用户可以创建多个域。共享相同的公用架构和全局目录的一个或多个域称为域林。如图 3-1 所示，如果树林中的多个域有连续的 DNS 域名，则该结构称为域树。

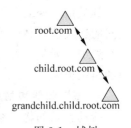

图 3-1 域树

如图 3-2 所示，如果相关域树共享相同的 Active Directory 架构以及目录配置和复制信息，但不共享连续的 DNS 名称空间，则称为域林。

域树和域林的组合为用户提供了灵活的域命名选项。连续和非连续的 DNS 名称空间都可加入用户的目录中。

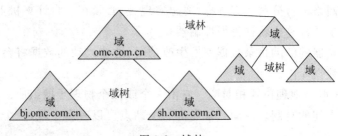

图 3-2 域林

2）组织单元

组织单元(OU)是一个容器对象,它也是活动目录的逻辑结构的一部分,可以把域中的对象组织成逻辑组,帮助用户简化管理工作。OU 可以包含各种对象,比如用户帐户、用户组、计算机、打印机等,甚至可以包括其他的 OU,所以可以利用 OU 把域中的对象形成一个完全逻辑上的层次结构。对于企业来讲,可以按部门把所有的用户和设备组成一个 OU 层次结构,也可以按地理位置形成层次结构,还可以按功能和权限分成多个 OU 层次结构。很明显,通过组织单元的包容,组织单元具有很清楚的层次结构,这种包容结构可以使管理者把组织单元切入域中以反映出企业的组织结构并且可以委派任务与授权。建立包容结构的组织模型能够帮助用户解决许多问题,同时仍然可以使用大型的域,域树中每个对象都可以显示在全局目录,从而用户可以利用一个服务功能轻易地找到某个对象而不管它在域树结构中的位置。

由于 OU 层次结构局限于域的内部,所以一个域中的 OU 层次结构与另一个域中的 OU 层次结构没有任何关系。因为活动目录中的域可以比 NT4 的域容纳更多对象,所以一个企业有可能只用一个域来构造企业网络,这时候就可以使用 OU 来对象进行分组,形成多种管理层次结构,从而极大地简化网络管理工作。组织中的不同部门可以成为不同的域或者一个组织单元,从而采用层次化的命名方法来反映组织结构和进行管理授权。顺着组织结构进行颗粒化的管理授权可以解决很多管理上的问题,在加强中央管理的同时,又不失机动灵活性。

2. 活动目录的物理结构

在活动目录中,物理结构与逻辑结构有很大的不同,它们是彼此独立的两个概念。逻辑结构侧重于网络资源的管理,而物理结构则侧重于网络的配置和优化。活动目录的物理结构主要着眼于活动目录信息的复制和用户登录网络时的性能优化。物理结构的两个重要概念是站点和域控制器。

1）站点

站点是由一个或多个 IP 子网组成的,这些子网通过高速网络设备连接在一起。站点往往由企业的物理位置分布情况决定,可以依据站点结构配置活动目录的访问和复制拓扑关系,这样能使网络更有效地连接,并且可使复制策略更合理、用户登录更快速。活动目录中的站点与域是两个完全独立的概念,一个站点中可以有多个域,多个站点也可以位于同一个域中。

活动目录站点和服务可以通过使用站点提高大多数配置目录服务的效率。可以通过使用活动目录站点和服务向活动目录发布站点的方法提供有关网络物理结构的信息,活动目录使用该信息确定如何复制目录信息和处理服务的请求。计算机站点是根据其在子网或一组已连接好的子网中的位置指定的,子网提供一种表示网络分组的简单方法,这与常见的邮政编码地址分组类似。将子网格式化成可方便发送有关网络与目录连接物理信息的形式,将计算机置于一个或多个连接好的子网中,充分体现了站点所有计算机必须连接良好这一标准,原因是同一子网中计算机的连接情况通常优于网络中任意选取的计算机。使用站点的意义主要在于以下几方面。

(1)提高了验证过程的效率。当客户使用域帐户登录时,登录机制首先搜索与客户处于同一站点内的域控制器,使用客户站点内的域控制器首先可以使网络传输本地化,加快了身份验证的速度,提高了验证过程的效率。

(2)平衡了复制频率。活动目录信息可在站点内部或站点与站点之间进行复制,但由于网络的原因,活动目录在站点内部复制信息的频率高于站点间的复制频率。这样做可以平衡对最新目录信息需求和可用网络带宽带来的限制。用户可通过站点链接来定制活动目录如何复制信息以指定站点的连接方法,活动目录使用有关站点如何连接的信息生成连接对象以便提供有效的复制和容错。

(3) 可提供有关站点链接信息。活动目录可使用站点链接信息费用、链接使用次数、链接何时可用以及链接使用频度等信息确定应使用哪个站点来复制信息,以及何时使用该站点。定制复制计划使复制在特定时间(诸如网络传输空闲时)进行会使复制更为有效。通常,所有域控制器都可用于站点间信息的交换,但也可以通过指定桥头堡服务器优先发送和接收站间复制信息的方法进一步控制复制行为。当拥有希望用于站间复制的特定服务器时,宁愿建立一个桥头堡服务器而不使用其他可用服务器。或在配置使用代理服务器时建立一个桥头堡服务器,用于通过防火墙发送和接收信息。

2) 域控制器

域控制器管理目录信息的变化,并把这些变化复制到同一个域中的其他域控制器上,使各域控制器上的目录信息处于同步。域控制器也负责用户的登录过程以及其他与域有关的操作,如身份鉴定、目录信息查找等。一个域可以有多个域控制器。规模较小的域可以只需要两个域控制器,一个实际使用,另一个用于容错性检查。规模较大的域可以使用多个域控制器。

3.1.6 安装域控制器

1. Active Directory 的规划

在安装 Active Directory 之前,用户首先要对 Active Directory 的结构进行细致的规划设计,让用户和管理员在使用时更为轻松。

1) 规划 DNS

如果用户准备使用 Active Directory,则需要先规划名称空间。DNS 域名称空间可在 Windows 2000 中正确执行之前,需要有可用的 Active Directory 结构。所以,从 Active Directory 设计着手并用适当的 DNS 名称空间支持它。经过审阅,如果检测到任何规划中有不可预见的或不合要求的结果,则根据需要进行修改。

在 Windows Server 2008 中,用 DNS 名称命名 Active Directory 域。选择 DNS 名称用于 Active Directory 域时,以单位保留在 Internet 上使用的已注册 DNS 域名后缀开始(如 root.com),并将该名称和单位中使用的地理名称或部门名称结合起来,组成 Active Directory 域的全名。

例如,root 的 sales 测试组可能称他们的域为 sales.child.root.com。这种命名方法确保每个 Active Directory 域名是全球唯一的。而且,这种命名方法一旦被采用,使用现有名称作为创建其他子域的父名称以及进一步增大名称空间以供单位中的新部门使用的过程将变得非常简单。对于仅使用单个域或小型多域模式的小型企业,可以直接进行规划并按照与以前范例相似的方法操作。在规划 DNS 和 Active Directory 名称空间时,建议使用不同组而且不重叠的可分辨名称作为内部和外部 DNS 使用的基础。例如,假定单位的父域名是 example.root.com。对于内部 DNS 名称的使用,用户可以使用诸如 internal.root.microsoft.com 的名称;对于外部 DNS 名称的使用,用户可以使用诸如 external.example.microsoft.com 的名称。保持内部和外部名称空间始终是分离且截然不同的,这样用户可以简化某些配置,如域名筛选器或排除列表的维护工作。

2) 规划用户的域结构

最容易管理的域结构就是单域。规划时,用户应从单域开始,并且只有在单域模式不能满足用户的要求时,才增加其他的域。一个域可跨越多个站点并且包含数百万个对象。站点结构和域结构互相独立而且非常灵活。单域可跨越多个地理站点,并且单个站点可包含属于多个域的用户和计算机。如果只是反映用户公司的部门组织结构,则不必创建独立的域树。在一个域中,可以使用组织单位来实现这个目标。然后,可以指定组策略设置并将用户、组和计算机放在组织单位中。

可以在域中创建组织单位的层次结构。组织单位可包含用户、组、计算机、打印机、共享文件夹以及其他组织单位。组织单位是目录容器对象。它们表现为"Active Directory 用户和计算机"中的文件夹。组织单位简化了域中目录对象的视图以及这些对象的管理。可将每个组织单位的管理控制权委派给特定的人。这样,用户就可以在管理员中分配域的管理工作,以更接近指派的单位职责的方式来管理这些管理性职责工作。

通常,应该创建能反映组织单位的职能或商务结构的单位。例如,用户可以创建顶级单位,如人事关系、设备管理和营销等部门单位。在人事关系单位中,用户可以创建其他的嵌套组织单位,如福利和招聘单位。在招聘单位中,也可以创建另一级的嵌套单位,如内部招聘和外部招聘单位。总之,组织单位可使用户以一种更有意义且易于管理的方式来模拟用户实际工作的单位,而且在任何一级指派一个适当的本地权力机构作为管理员。

每个域都可实现自己的组织单位层次结构。如果用户的企业包含多个域,则可以独立于其他域中的结构在每个域中创建组织单位的结构。

3) 何时创建域控制器

将 Windows Server 2008 计算机升级为域控制器会创建一个新域或者向现有的域添加其他域控制器。创建域控制器可以完成以下工作。

(1) 创建网络中的第一个域。

(2) 在树林中创建其他的域。

(3) 提高网络可用性和可靠性。

(4) 提高站点之间的网络性能。

要创建 Windows Server 2008 域,必须在该域中至少创建一个域控制器。创建域控制器也将创建该域。不可能有没有域控制器的域。如果确定用户的单位需要一个以上的域,则必须为每个附加的域至少创建一个域控制器。树林中的附加域可以是,新的子域、新域树的根。

4) 规划用户的委派模式

用户可以将权利下派给单位中最底层的部门,方法是在每个域中创建组织单位树,并将部分组织单位子树的权利委派给其他用户或组。通过委派管理权利,用户不再需要那些定期登录到特定帐户的人员,这些帐户具有对整个域的管理权。尽管用户还拥有带整个域的管理授权的管理员帐户和域管理员器组,仍可以保留这些帐户以备少数高度信任的管理员偶尔使用。

最后,在规划 Active Directory 结构时,除了需要认真考虑以上各项外,用户还要注意以下几点。

(1) 使用的域越少越好,因为在 Windows Server 2008 中已经大大扩展了单个域的容量。

（2）限制组织单位的层次，在 Active Directory 搜索事物的层次越深则运行效率越低。

（3）限制组织单位中的对象个数，这样便于高效地查找特定资源。

（4）用户可以将管理权限分配到组织单位级，这样提高了管理效率，降低了管理员的负荷。

2. 安装 Active Directory

运行 Active Directory 安装向导将 Windows Server 2008 计算机升级为域控制器会创建一个新域或者向现有的域添加其他域控制器。

在安装 Active Directory 前首先确定 DNS 服务正常工作，安装域控制器的步骤见后面的任务实施部分。

3.1.7 Windows XP/Windows 7 客户机登录到域

客户机加入域的条件：安装了域控制器后，如果客户机要登录到域控制器中，需要在域控制器中创建域用户，然后在客户机中通过域用户将客户计算机加入域网络中，再重新启动客户机，客户机通过域用户帐号登录到域控制器中。

客户机加入域中的步骤详细见任务实施部分。

 任务实施

3.1.8 任务实施 1——安装活动目录

上面介绍了安装活动目录的情形，这里演示情况 1 的安装过程，因为这种安装方法比较常用。

（1）准备一台安装了 Windows Server 2008 企业版的计算机，计算机名为 WIN-1HERN4IUB98。接着为这台计算机配置静态 IP 地址，并把 DNS 服务器 IP 地址指向自己，如图 3-3 所示。

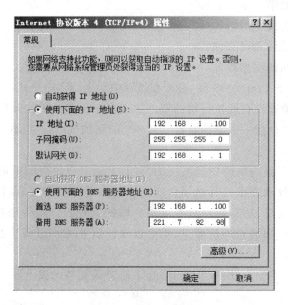

图 3-3 指定 IP 地址

（2）选择"开始"|"运行"命令,输入 dcpromo 命令,启动 Active Directory 安装向导,如图 3-4 所示。也可以输入 CMD 打开命令提示符,运行该命令。

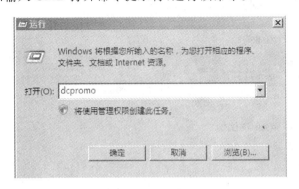

图 3-4　输入 dcpromo 命令

（3）在"Active Directory 域服务安装向导"对话框中单击"下一步"按钮。

（4）出现"操作系统兼容性"对话框,如图 3-5 所示,显示了一些安全设置,单击"下一步"按钮。

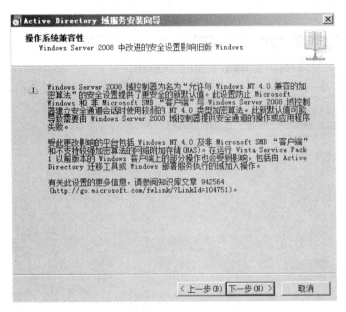

图 3-5　"操作系统兼容性"对话框

（5）选择"新域的域控制器"选项。由于是第一次创建域环境,所以必须选择这一项。单击"下一步"按钮,选择"在新林中新建域"选项,如图 3-6 所示。

（6）单击"下一步"按钮。

（7）输入新域的域名,这个域名必须符合 DNS 的命名格式,这里输入 win2008. com,如图 3-7 所示。当然也可以输入 abc. com 等,如果是企业的实际生产环境,这里最好指定在公网注册的域名。然后单击"下一步"按钮。此时会等待一段时间才会跳到下一个对话框,因为安装向导会花费时间来检查此域名是否已经存在于网络中。若存在,安装程序会要求重新设置一个新的域名。

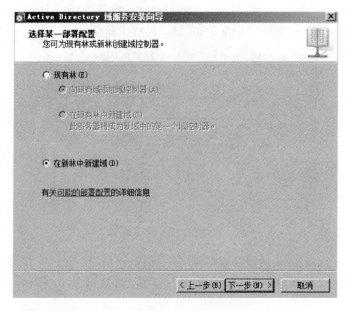

图 3-6 "选择某一部署配置"对话框

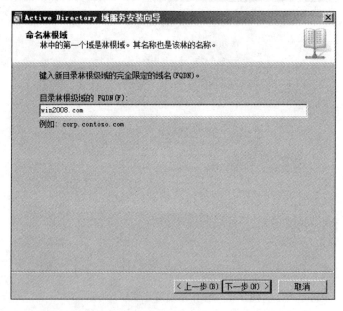

图 3-7 输入域名

(8) 单击"下一步"按钮,设置"林功能级别",如图 3-8 所示,可以选择 Windows Server 2008 选项。

(9) 检查 DNS 设置,弹出"其他域控制器选项"对话框,勾选"DNS 服务器"复选框,如图 3-9 所示。

(10) 提示无法创建 DNS 服务器委派,如图 3-10 所示,单击"是"按钮继续。

(11) 出现"NETBIOS 域名"设置对话框,安装向导自动设置 NETBIOS 名为 Win2008。它取的是域名的前半段文字。NETBIOS 名支持那些不支持 DNS 域名的早期版本的操作

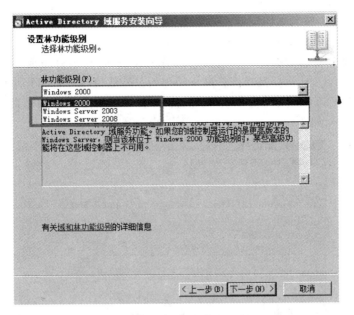

图 3-8 设置林功能级别

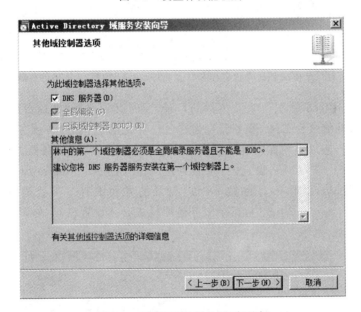

图 3-9 勾选"DNS 服务器"复选框

图 3-10 提示无法创建 DNS 服务器委派

91

系统利用 NETBIOS 域名来访问域内的资源。此名称可以修改,但不能超过 15 个字符。在将计算机加入域的时候,利用它能找到域控制器。单击"下一步"按钮。

(12) 选择活动目录数据库和日志文件的存放位置,建议最好不要存在一个地方,这样可以减少磁盘的 I/O,从而提高效率。这里使用的是默认值,如图 3-11 所示。

(13) 选择 SYSVOL 文件夹的存放位置,这里使用的是默认值。此文件夹必须位于 NTFS 磁盘分区中,如图 3-11 所示。单击"下一步"按钮。

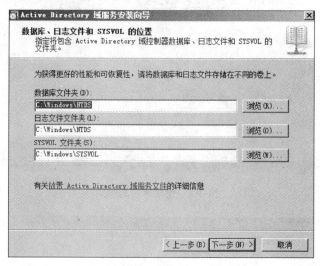

图 3-11 选择活动目录数据库和日志文件及 SYSVOL 文件夹的存放位置

(14) 由于采用的是情况 1 来安装活动目录,此时必须选择"在这台计算机上安装并配置 DNS 服务器,并将这台 DNS 服务器设为这台计算机的首选 DNS 服务器"选项。因为还没有 DNS 服务器,所以必须在安装活动目录的过程中安装 DNS 服务器。

(15) 单击"下一步"按钮,设定"目录服务还原模式的 Administrator 密码"。目录服务还原模式即计算机启动时,不停地按 F8 键,打开的界面中有一项就是"目录服务还原模式"。在 Windows Server 2008 中,目录服务还原模式必须设置密码,如图 3-12 所示,然后单击"下一步"按钮。

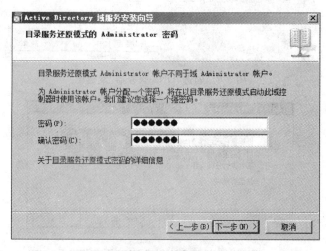

图 3-12 设置目录服务还原模式的 Administrator 密码

（16）出现"摘要"对话框，如图 3-13 所示。检查之前设置的各个值，确认无误后，单击"下一步"按钮。

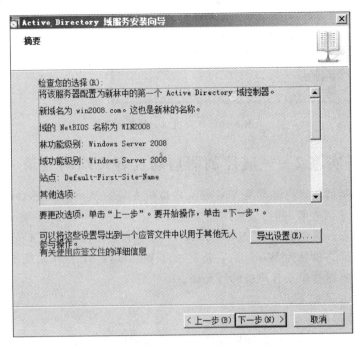

图 3-13 "摘要"对话框

（17）开始安装活动目录，如图 3-14 所示，安装过程中会出现 DNS 安装界面。

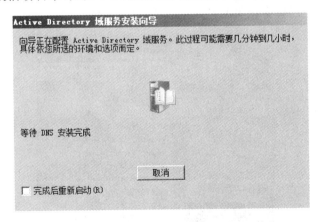

图 3-14 活动目录安装过程

（18）安装成功，单击"完成"按钮，此时会弹出重新启动对话框，单击"立即重新启动"按钮。

（19）重新启动之后，发现登录时已经是域环境了，此时就可以登录 win2008.com 域了。至此，活动目录的安装已经完成。右击"我的电脑"图标，选择"属性"选项，通过"计算机名"可以看出该计算机已经是域控制器了，如图 3-15 所示。

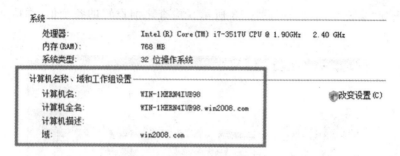

图 3-15　计算机成为域控制器

3.1.9　任务实施 2——域控制器启动及客户端的登录

说明：域控制器及客户端都是 VMware 虚拟机安装的 Windows Server 2008 企业版的操作系统。建议读者在练习时，也采用虚拟机来操作。

（1）域控制器计算机名为 WIN-1HERN4IUB98，它是在任务实施 1 安装的域控制器。

（2）客户端计算机名为 Winxp。它是另一台 Windows XP 操作系统的计算机。

（3）主域控制器登录及客户机的域登录。

任务实施的步骤如下。

1. 主域控制器的检查

首先启动域控制器 WIN-1HERN4IUB98，输入密码登录到 win2008.com 域。如果能成功登录表示域控制器正在工作，但还不能表明活动目录已经完全安装成功。所以还需要在域控制器上检查如下几项。

（1）查看"管理工具"中相关的项是否已经存在，如图 3-16 所示。

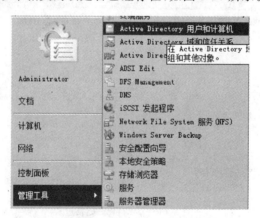

图 3-16　"管理工具"的启动项

（2）检查 Active Directory 数据库文件与 SYSVOL 文件夹。Active Directory 数据库文件会默认安装到 C：\Windows\NTDS 文件夹中，此文件夹中有 8 个文件，其中 ntds.dit 便是 Active Directory 数据库文件，.log 是日志文件，如图 3-17 所示。

SYSVOL 文件夹是安装 AD 时创建的，它用来存放 GPO、Script 等信息。同时，存放在 SYSVOL 文件夹中的信息会复制到域中所有 DC 上。而 SYSVOL 文件夹会默认安装到

C：\Windows\SYSVOL 文件夹中，此文件夹中有 4 个文件夹，其中 sysvol 是共享文件夹，里面还有一个共享文件夹 scripts，这个共享文件夹在域 win2008.com 文件夹的里面，如图 3-18 所示。

图 3-17　Active Directory 数据库文件

图 3-18　SYSVOL 文件夹

（3）检查 DNS 服务器内与 AD 相关的文件夹和 SRV 记录是否存在或完整。由于域控制器会把自己的主机名、IP 地址以及所扮演的角色等数据登记到 DNS 服务器内，以便让其他的计算机通过 DNS 服务器来寻找这台域控制器。因此必须要检查这些文件夹和 SRV 记录。这里可以通过选择"管理工具"|"DNS"命令来启动 DNS 服务，如图 3-19 所示。

图 3-19　启动 DNS 服务

发现有一个名为 win2008.com 的正向查找区域,它是安装 AD 时候自动创建的,以便让域 win2008.com 中的成员(域控制器、成员服务器、客户端)将数据登记到这个区域。如图 3-20 所示,可以看到 WIN-1HERN4IUB98 已经成功将自己的主机名称和 IP 地址登记到这个区域内。同时还有一个名为_msdcs.win2008.com 的正向查找区域,因为安装活动目录时顺便安装了 DNS 服务器,所以也创建了这个区域,此时 Windows Server 2008 域控制器会将数据登记到_msdcs.win2008.com 区域内,而不是_msdcs 文件夹中。

图 3-20　DNS 正向区域

2. 客户端加入域

(1)登录到客户端 Winxp,右击"我的电脑"图标,选择"属性"选项,更改计算机名,弹出"计算机名称更改"对话框。在"隶属于"选项组中选择"域"选项,并在文本框中输入 win2008.com,如图 3-21 所示。

(2)输入更改的用户名和密码,如图 3-22 所示。

图 3-21　客户端加入域

图 3-22　输入更改的用户名和密码

注意：此时输入在域控制器中创建的域用户名和密码。

（3）提示加入域和重新启动计算机，如图 3-23 所示。

图 3-23 提示加入域和重新启动计算机

（4）重启计算机后，发现 Windows XP 客户端的登录框已经变成如图 3-24 所示，表示这台计算机已经成功加入域。可以选择登录到本地，也可以选择登录到域。

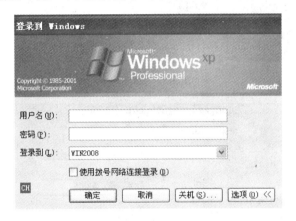

图 3-24 客户端的启动界面

3. 创建域用户为登录作准备

1）创建域用户

注意：当选择登录到域时，还必须在域控制器 WIN-1HERN4IUB98 上为客户端 Winxp 创建一个用户帐户。

例如，创建一个用户帐户 cxp，在 Windows Server 2008 的"Active Directory 用户和计算机"窗口中，右击 Users 选项，选择"新建"|"用户"命令，弹出"新建对象-用户"对话框，在其中输入姓名和用户登录名，如图 3-25 和图 3-26 所示。具体创建方法可以参见本项目中域用户的创建部分的介绍。

2）域用户的密码设置

设置域用户的密码后，如图 3-27 所示，单击"下一步"按钮。如果密码简单，系统将提示不能创建该用户，因为密码不符合复杂性要求，这时可以通过修改密码策略来实现用户的创建。

密码策略中密码默认要符合复杂度定义条件，A～Z、a～z、0～9、特殊字符等任选 3 种，同时长度必须大于等于 7 位。可以选择密码永不过期，这样可以解除默认 42 天的限制。密码策略可以在"组策略管理"对话框中进行设置，如图 3-28 所示。

（1）选择"开始"|"程序"|"管理工具"|"策略管理器"命令，打开"组策略管理"窗口。

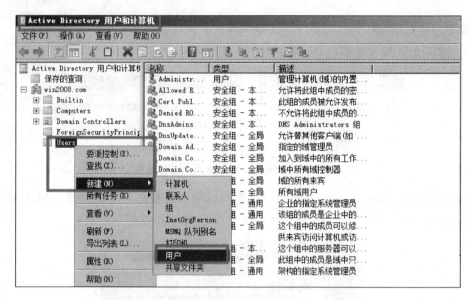

图 3-25　新建用户

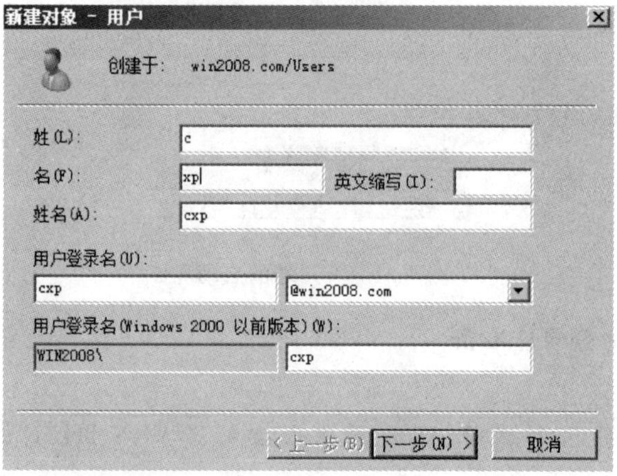

图 3-26　创建域用户

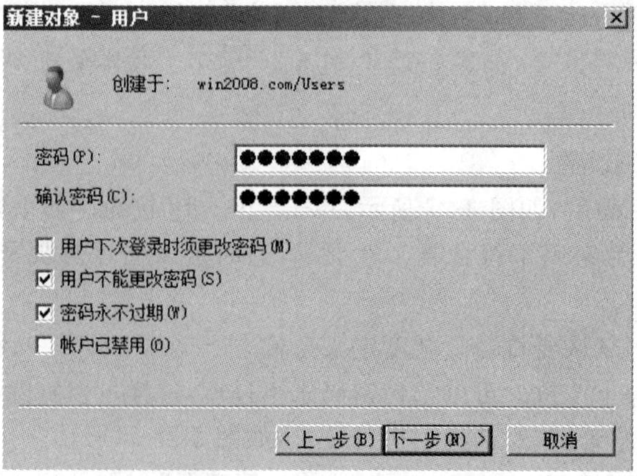

图 3-27　输入密码

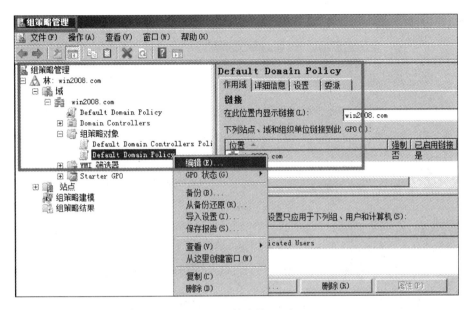

图 3-28　"组策略管理"窗口

（2）选择"林：win2008. com"｜"域"｜win2008. com｜"组策略对象"｜Default Domain Policy 命令，右击，选择"编辑"选项，选择"计算机配置"｜"策略"｜"Windows 设置"｜"安全设置"命令。

（3）禁用密码复杂性要求如下。

① 在"组策略管理编辑器"窗口中查看"密码策略"，如图 3-29 所示。可以看出密码复杂性是启用的。

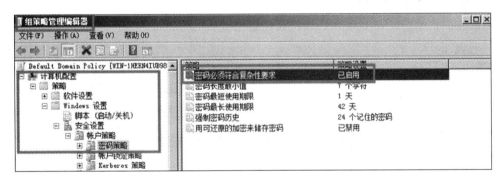

图 3-29　启用了密码复杂性

② 右击"密码必须符合复杂性要求"选项，选择"属性"选项，如图 3-30 所示。

图 3-30　选择"属性"选项

③ 在弹出的对话框中选择"已禁用"选项，单击"确定"按钮，如图 3-31 所示。

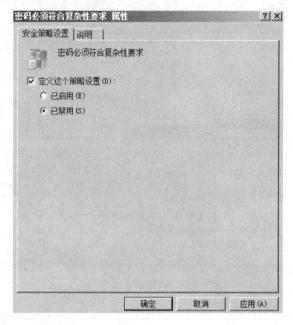

图 3-31　更改密码策略为已禁用

④ 将"密码长度最小值"设置为 0 个字符。默认是 7 个字符，这里改为 0 个字符，但不能改为"没有定义"。

注意：经过上面的设置后，选择"开始"|"运行"命令，输入："GPUPDATE"命令，刷新策略，使设置的密码策略可以快速生效。

修改密码策略后，cxp 这个用户帐户已经创建成功，如图 3-32 所示。

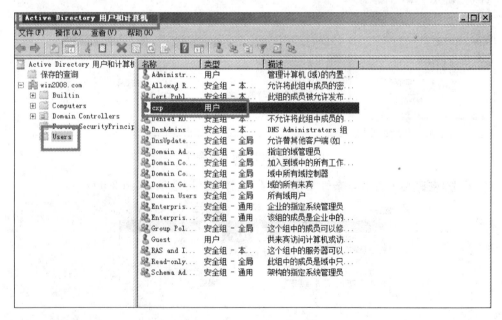

图 3-32　创建了域用户

4. 客户端用域用户来登录

用域用户 cxp 在 Windows XP 这个客户端计算机中登录域控制器 WIN-1HERN4IUB98,如图 3-33 所示,第一次登录会稍慢一些。登录成功后会创建 cxp 这个用户的桌面,如图 3-34 所示。

图 3-33 域用户登录

图 3-34 域用户登录成功

3.1.10 任务实施 3——活动目录的备份与恢复

在域控制器环境中,用户登录域后,就可以访问域中共享的所有资源。如果这个域控制器损坏了,那么用户登录时可就无法获得令牌,没有这个令牌,用户就没法向成员服务器证明自己的身份,因此用户就不能访问域中的资源了。这时可以通过额外域控制器来挽救。除此之外,还可以通过使用 Windows Server Backup 工具软件实现备份,在出现故障时,选择本台计算机或其他的成员计算机进行还原,即可恢复活动目录。

1. 安装 Windows Server Backup

Windows Server 2008 中不再集成 ntbackup 工具了,而是使用 Windows Server Backup 工具软件实现备份的,Windows Server Backup 是需要手动安装的。

(1) 选择"管理工具"|"服务器管理器"命令,如图 3-35 所示。

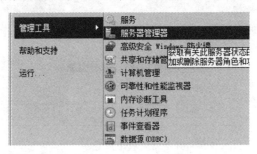

图 3-35 选择"服务器管理器"命令

(2) 选择"功能"选项,单击"添加功能"按钮,如图 3-36 所示。

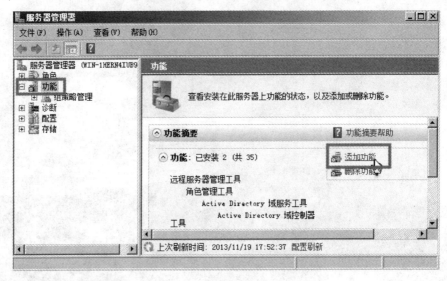

图 3-36 单击"添加功能"按钮

(3) 勾选"Windows Server Backup 功能"复选框,如图 3-37 所示。

(4) 弹出"确认安装选择"对话框,如图 3-38 所示,单击"安装"按钮开始安装。

安装完毕,就可以使用 Windows Server Backup 工具对整个 AD 进行备份了。

2. 备份活动目录

(1) 展开"服务器管理器"窗口中的"存储"选项,选中 Windows Server Backup 选项,选择右边操作栏里的"一次性备份"选项,如图 3-39 所示。

(2) 弹出"备份选项"对话框,选择"不同选项"选项,如图 3-40 所示。单击"下一步"按钮。

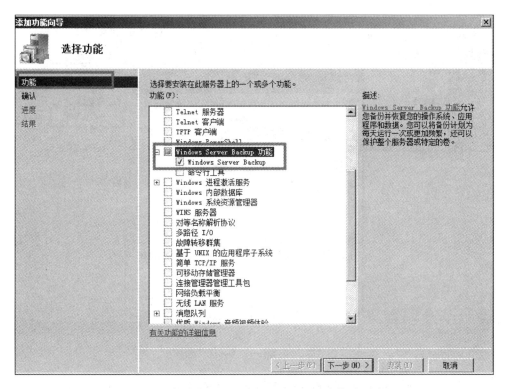

图 3-37 勾选"Windows Server Backup 功能"复选框

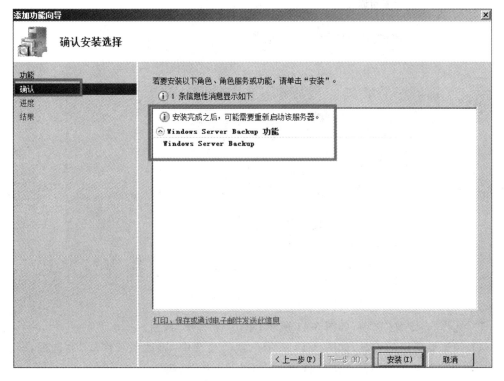

图 3-38 "确认安装选择"对话框

图 3-39　选择"一次性备份"选项

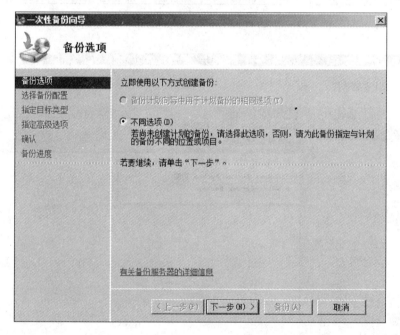

图 3-40　选择"不同选项"选项

（3）选择"自定义"选项，如图 3-41 所示，单击"下一步"按钮。

（4）勾选要备份的磁盘，如图 3-42 所示。默认会选中"启动系统恢复"复选框，即会将一些与系统启动相关的组件也进行备份。单击"下一步"按钮。

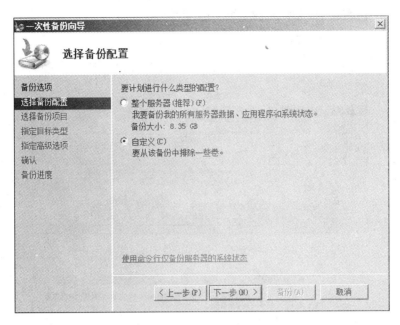

图 3-41　选择"自定义"选项

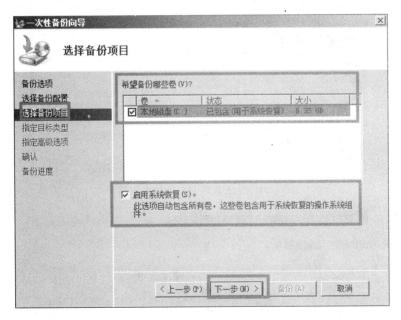

图 3-42　勾选要备份的磁盘

注意：因为现在虚拟机中只有一个 C 盘，所以，可以备份到远程共享文件夹中，如果虚拟磁盘中有几个分区，则可以备份到其他分区中。

（5）选择"远程共享文件夹"选项，如图 3-43 所示。单击"下一步"按钮。

（6）输入远程共享文件夹的路径：\\192.168.1.102\windows 7 共享文件夹，可以根据需要设置共享文件夹中备份文档的权限，如图 3-44 所示。单击"下一步"按钮。

（7）选择"VSS 副本备份"选项，如图 3-45 所示。

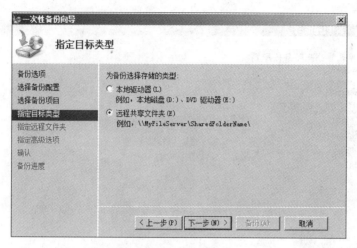

图 3-43　选择"远程共享文件夹"选项

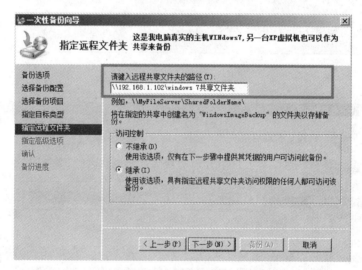

图 3-44　输入远程共享文件夹的路径

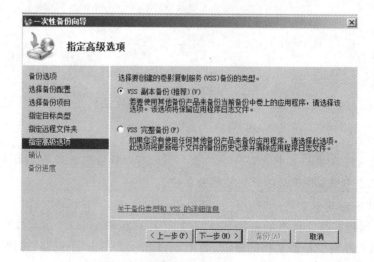

图 3-45　选择"VSS 副本备份"选项

（8）单击"下一步"按钮，弹出"确认"对话框，如图 3-46 所示，单击"备份"按钮开始备份。

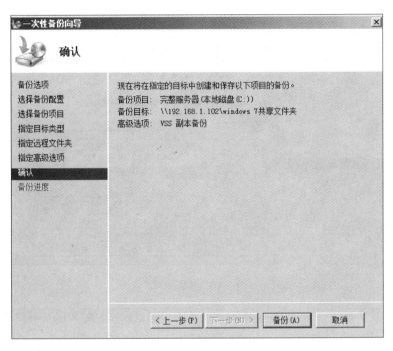

图 3-46　"确认"对话框

等待备份完成，如图 3-47 所示。

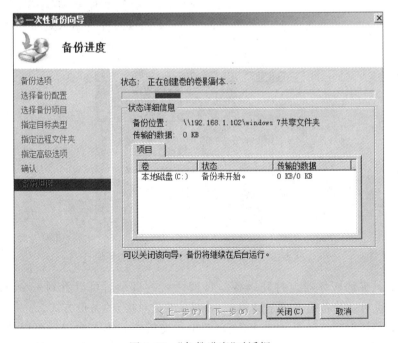

图 3-47　"备份进度"对话框

备份完成,如图 3-48 所示。

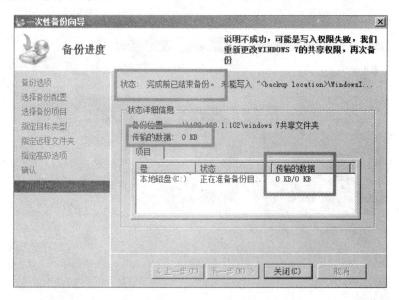

图 3-48　备份完成

注意:如果备份不成功,可能是写入权限失败,可以重新更改 Windows 7 的共享权限,再次备份。

重新更改 Windows 7 的共享权限,主要是用一个能够对 Windows 7 的共享文件夹有写入权限的帐号,在 Windows Server 2008 上创建一个域帐号 cbq,让其能够在 Windows Server 2008 本地登录,这个 cbq 对 Windows 7 的共享文件夹有写入权限,于是在 Windows Server 2008 本地登录后,重新进行备份,提示输入具有写入权限的用户的凭据,如图 3-49 所示,这时可以成功备份,如图 3-50 所示。

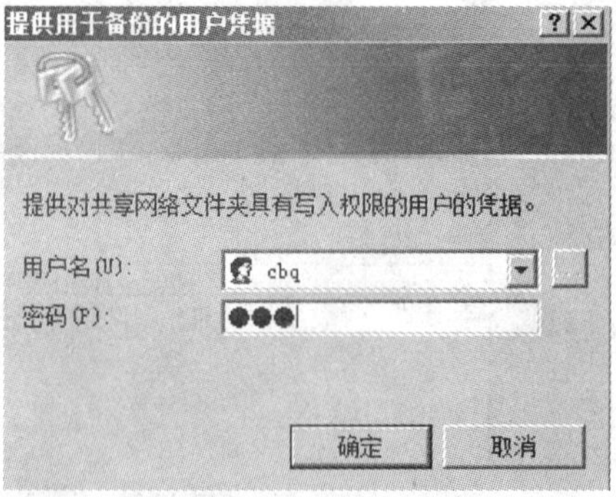

图 3-49　输入具有写入权限的用户的凭据

在共享文件夹的服务器上打开以备份日期命名的目录后可以看到一个 .vhd 文件,如图 3-51 所示,说明这种备份方式是类似于 Ghost(磁盘对拷)的备份方式。

第一次备份的时候必须使用完全备份(备份速度较慢),第二次以后可以使用增量备份(提高备份效率和存储空间利用率)。如果选择网络备份那么下次就会覆盖这次的备份内容,所以选择增量备份只能选择在本地备份的方式。

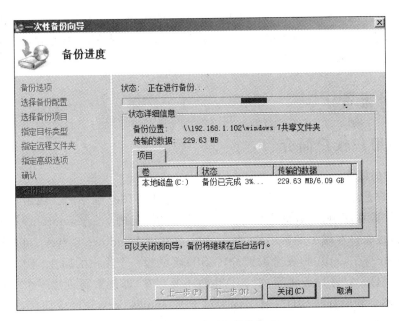

图 3-50　可以看到备份的记录

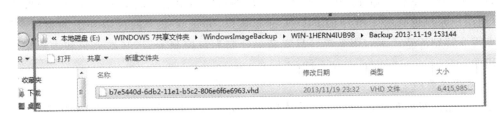

图 3-51　查看备份文件

任务 3.2　域用户帐户的管理

　　小王已经完成了域网络的搭建,但要想使用网络资源,需要创建用户帐户。只是现在在 Windows Server 2008 中创建的帐户是域用户帐户,不是本地用户和组。这些用户可以在整个域网络的所有计算机中登录,而不需要在每台计算机创建帐户。小王决定通过域用户和计算机来进行创建。

任务描述

　　小王在安装活动目录时,已经了解到当工作组模式的计算机用户数量庞大时,管理员的工作负担非常大,从而出现了域环境,即有了域控制器、成员服务器的说法,而成员服务器除了有在本地工作的本地用户和组外,为了能够访问域环境下各个服务器共享的网络资源,就需要在域控制器上创建在整个域中通行的帐户。这个帐户在域环境中的任意一台成员计算机上登录都是可以使用网络资源的。

小王完成这个任务的思路如下：首先要在创建域用户之前了解域用户类型、域组的类型、域用户和组的创建方法、组织单位、用户的配置文件等。其次，在域控制器的域用户管理控制台中创建域用户和组。

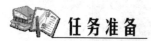
任务准备

3.2.1　域用户帐户简介

1. 域用户的概念

域用户帐户是用户访问域的唯一凭证，因此在域中必须是唯一的。域用户帐户保存在AD(活动目录)数据库中，该数据库位于 DC(域控制器)上的\％systemroot％\NTDS 文件夹下。为了保证帐户在域中的唯一性，每一个帐户都被 Windows Server 2008 签订一个唯一的 SID(Security Identifier,安全识别符)。SID 将成为一个帐户的属性，不随帐户的修改、更名而改动，并且一旦帐户被删除，则 SID 也将不复存在，即便重新创建一个一模一样的帐户，其 SID 也不会和原有的 SID 一样。因为对于 Windows Server 2008 而言，这就是两个不同的帐户。在 Windows Server 2008 中系统实际上是利用 SID 来对应用户权限的，因此只要 SID 不同，新建的帐户就不会继承原有的帐户的权限与组的隶属关系。与域用户帐户一样，本地用户帐户也有一个唯一的 SID 来标志帐户，并记录帐户的权限和组的隶属关系。这一点需要特别注意。一台服务器一旦安装 AD 成为域控制器后，其本地组和本地帐户是被禁用的。

2. 创建域用户

创建域用户帐户是在活动目录数据库中添加记录，所以一般是在域控制器中进行的，当然也可以使用相应的管理工具或命令通过网络在其他计算机上操作，但都需要有创建帐户的权限。

3. 采用复制的方式创建新的域帐户

采用复制的方式创建新的域用户时，默认情况下，只有最常用的属性(如登录时间、工作站限制、帐户过期限制、隶属于哪个组等)才传递给复制的用户。

3.2.2　域模式中的组管理

1. 域模式中的组类型

在域中有两种组的类型：安全组和通信组。

(1) 安全组。安全组(Security Groups)，顾名思义，即实现与安全性有关的工作和功能，是属于 Windows Server 2008 的安全主体。可以通过给安全组赋予访问资源的权限来限制安全组的成员对域中资源的访问。每个安全组都会有一个唯一的 SID,在 AD 中不会重复。安全组也具有通信组的功能，可以组织属于该安全组的成员的 E-mail 地址以形成E-mail 列表。

(2) 通信组。通信组(Distribution Groups)不是 Windows Server 2008 的安全实体，它没有 SID,因此也不能被赋予访问资源的权限。通信组就其本质而言是一个用户帐户的列表，即通信组可以组织其成员的 E-mail 地址成为 E-mail 列表。利用这个特性使基于 AD 的应用程序可以直接利用通信组来发送 E-mail 给多个用户,以及实现其他和 E-mail 列表相关的功能(例如,在 Microsoft Exchange 2003 Server 中使用)。

如果应用程序想使用通信组,则其必须支持 AD。不支持 AD 的应用程序将不能使用通信组的所有功能。

2. 组的作用域

组的作用域决定了组的作用范围、组中可以拥有的成员以及组之间的嵌套关系。在 Windows Server 2008 域模式下,组有 3 种组的作用域:通用组作用域、全局组作用域和本地组作用域。

通用组作用域的成员可包括域树或林中任何域中的其他组和帐户,而且可在该域树或林中的任何域中指派权限。

全局组作用域的成员可包括只在其中定义该组的域中的其他组和帐户,而且可在林中的任何域中指派权限。

本地组作用域的成员可包括 Windows Server 2008、Windows 2000 或 Windows NT 域中的其他组和帐户,而且只能在域内指派权限。表 3-1 总结了不同组作用域的行为。

表 3-1 不同组作用域的行为

通用组作用域	全局组作用域	本地组域作用域
当域功能级别被设置为 Windows 2000 本机或 Windows Server 2008 时,通用组的成员可包括来自任何域的帐户、全局组和通用组	当域功能级别被设置为 Windows 2000 本机或 Windows Server 2008 时,全局组的成员可包括来自相同域的帐户或全局组	当域功能级别被设置为 Windows 2000 本机或 Windows Server 2008 时,本地域组的成员可包括来自任何域的帐户、全局组或通用组,以及来自相同域的本地域组
当域功能级别被设置为 Windows 2000 混合时,不能创建具有通用组的安全组	当域功能级别被设置为 Windows 2000 混合时,全局组的成员可包括来自相同域的帐户	当域功能级别被设置为 Windows 2000 本机或 Windows Server 2008 时,本地域组的成员可包括来自任何域的帐户或全局组
当域功能级别被设置为 Windows 2000 本机或 Windows Server 2008 时,组可被添加到其他组并在任何域中指派权限	组可被添加到其他组并且在任何域中指派权限	组可被添加到其他本地域组并且仅在相同域中指派权限
组可转换为本地域作用域。只要组中没有其他通用组作为其成员,就可以转换为全局作用域	只要组不是具有全局作用域的任何其他组的成员,就可以转换为通用作用域	只要组不把具有本地域作用域的其他组作为其成员,就可转换为通用作用域

为了方便地控制资源的访问,Windows Server 2008 建议采用 AGDLP 策略。

A(Accounts)指的是在 Windows Server 2008 的域用户帐户。

G(Global Group)指的是将上述用户帐户添加到某个全局组中。

DL(Domain Local Group)指的是将全局组添加到某个本地组中,可以使用内置的域本地组,也可以创建一个新的域本地组来接纳全局组的成员。

P(Permission)指的是最后将访问资源的权限赋予相应的域本地组,则域本地组中的成员就可以在权限的控制下访问资源了。

AGDLP 策略很好地控制了资源访问的权限,极大方便了网络管理员的工作。对于 AGDLP 策略的应用,将在后面的章节中详细介绍。

3. 组织单位简介

包含在域中的特别有用的目录对象类型就是组织单位。组织单位是可将用户、组、计算机和其他组织单位放入其中的 Active Directory 容器。它不能容纳来自其他域的对象。组织单位中可包含其他的组织单位。可使用组织单位创建可缩放到任意规模的管理模型。正因为如此,一般在企业中大量使用组织单元来与企业的职能部门关联,然后将部门中的员工、小组、计算机以及其他设备统一在组织单位中管理。

用户可拥有对域中所有组织单位或单个组织单位的管理权限。组织单位的管理员不需要具有域中任何其他组织单位的管理权限。组织单位对于管理委派和组策略的设置非常重要,这一点将在后面的章节中详细介绍。

 **任务实施**

3.2.3 任务实施 1——创建域用户及管理

1. 创建域用户

创建域用户帐户的操作步骤如下。

(1) 选择"开始"|"程序"|"管理工具"|"Active Directory 用户和计算机"命令,打开"Active Directory 用户和计算机"窗口。也可以通过在"控制面板"窗口中双击"管理工具"图标,然后在打开的"管理工具"窗口中双击"Active Directory 用户和计算机"图标,打开"Active Directory 用户和计算机"窗口。

(2) 右击 Users 选项,选择"新建"|"用户"命令,如图 3-52 所示。弹出"新建对象-用户"对话框,在该对话框中输入用户信息,如图 3-53 所示。

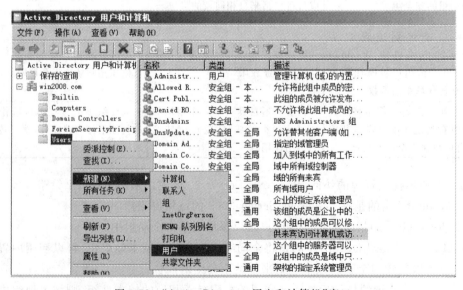

图 3-52 "Active Directory 用户和计算机"窗口

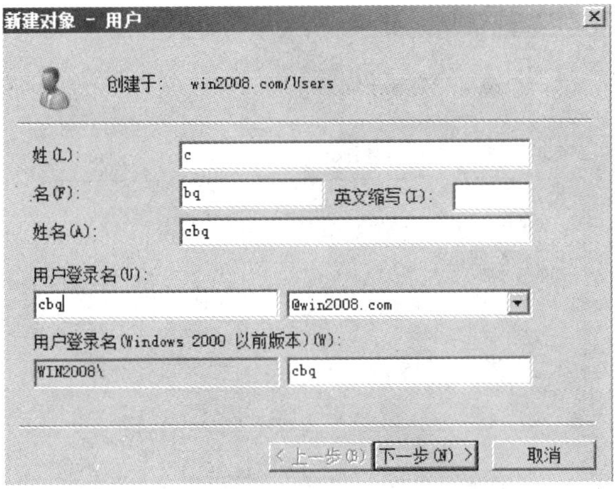

图 3-53　"新建对象-用户"对话框

（3）单击"下一步"按钮，输入用户密码，如图 3-54 所示。

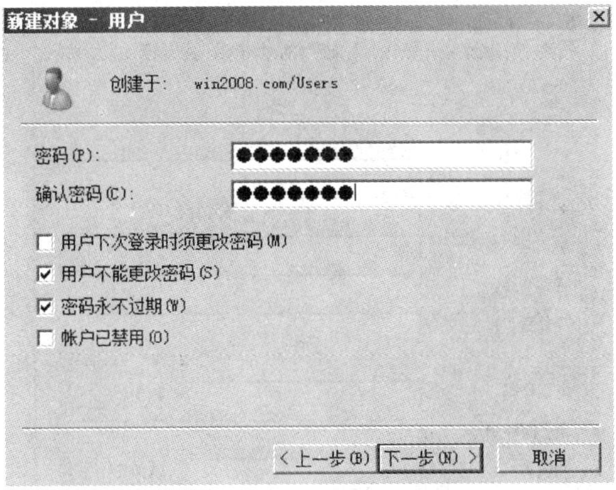

图 3-54　输入用户密码

为了域用户帐户的安全，管理员在给每个用户设置初始化密码后，最好将"用户下次登录时须更改密码"复选框选中。以便用户在第一次登录时更改自己的密码。在服务器提升为域控制器后，Windows Server 2008 对域用户的密码复杂性要求比较高，如果不符合要求，就会弹出一个警告提示框而无法创建用户。

在为用户设置好符合域控制器安全性密码设置条件的密码后，单击"下一步"按钮，然后单击"完成"按钮，至此，域用户帐户已经建立好了，如图 3-55 所示。

2. 设置域帐户属性

对于域用户帐户来说，它的属性设置比本地帐户复杂得多。以刚才创建的用户帐户为例，学习设置域帐户属性。

（1）单击帐户 cbq，选择"属性"命令，弹出对话框如图 3-56 所示。也可以通过选择 cbq 这一用户后在工具栏上打开"操作"菜单，选择"属性"命令。或者直接双击 cbq 帐户，同样可以弹出如图 3-56 所示的对话框。

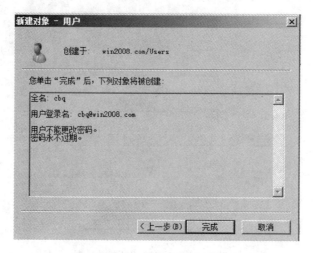

图 3-55　创建域用户

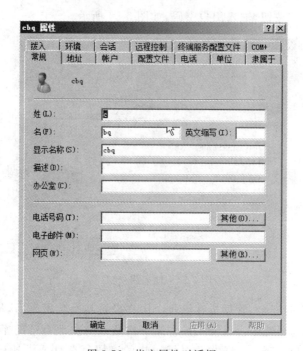

图 3-56　帐户属性对话框

（2）在"常规"选项卡中输入用户信息，如图 3-56 所示。从图 3-56 中可以看出，域用户帐户的属性明显比本地用户复杂。

（3）在"地址"选项卡中输入用户的地址和邮编，在"电话"选项卡中输入用户的各种电话号码。

（4）在"帐户"选项卡中可以更改用户登录名、密码策略和帐户策略，如图 3-57 所示。切换到"帐户"选项卡，可以控制用户的登录时间和只能登录哪些服务器或计算机。单击"登录时间"按钮，可在如图 3-57 所示的对话框中设置登录时间。同时可以通过单击"登录到"按钮，控制用户只能登录哪些服务器或计算机，如图 3-58 所示。

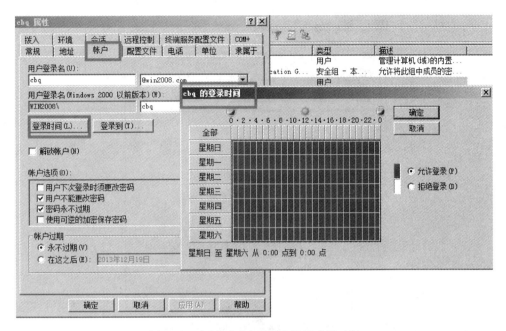

图 3-57　在"帐户"选项卡中设置登录时间

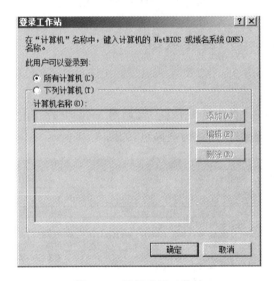

图 3-58　设置登录工作站

> **注意**：对于时间控制，如果已登录用户在域中的工作时间超过设定的"允许登录"时间，并不会断开与域的连接。但用户注销后重新登录时，便不能登录了，"登录时间"只是限定可以登录到域中的时间。控制用户可以登录到哪些计算机时，在"计算机名"下的文本框中只能输入计算机 NetBIOS 名，不能输入 DNS 名或 IP 地址。

（5）在"单位"选项卡中可以输入职务、部门、公司名称、直接下属等。

（6）在"隶属于"选项卡中，单击"添加"按钮，可以将该用户添加到组，如图 3-59 所示。用户属性对话框中的其他选项卡，将在其他部分加以介绍。

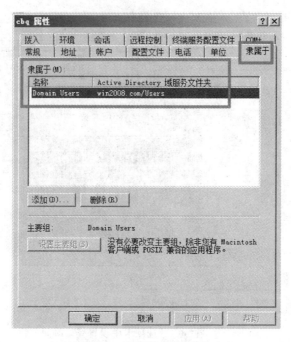

图 3-59　"隶属于"选项卡

3.2.4　任务实施 2——创建域组

下面介绍创建域组的方法。

（1）创建一个全局组

右击 Users 选项，选择"新建"|"组"命令，如图 3-60 所示。在弹出的"新建对象-组"对话框中输入用户信息，设置组作用域为全局组，如图 3-61 所示。

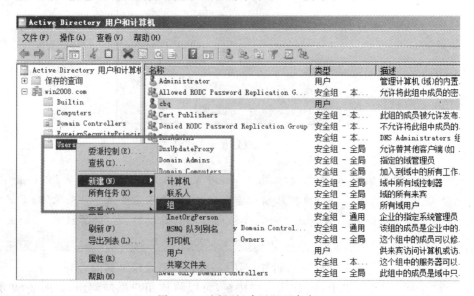

图 3-60　选择"新建"|"组"命令

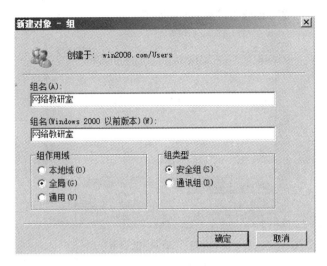

图 3-61　设置组类型

（2）将网络教研室的用户添加到创建的组中

在创建的"网络教研室"组上右击，选择"属性"命令，弹出如图 3-62 所示的对话框。

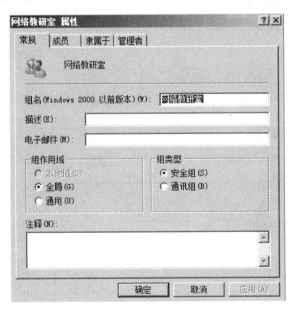

图 3-62　"网络教研室 属性"对话框

打开"成员"选项卡，如图 3-63 所示，单击"添加"按钮。

在弹出的"选择用户、联系人、计算机或组"对话框中输入用户名称（如果需要添加多个用户，则用户之间用分号隔开），然后单击"确定"按钮，用户就添加到全局组中，如图 3-64 所示。

如果忘记需要添加的用户名称，可以单击"高级"按钮，在弹出的对话框中单击"立即查找"按钮。计算机将域中所有的用户、联系人或计算机都显示在对话框中，从中选择需要添加的用户，单击"确定"按钮，如图 3-65 所示。

117

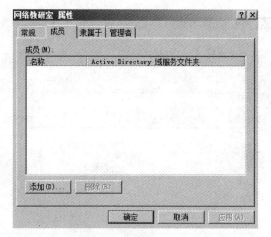

图 3-63 "成员"选项卡

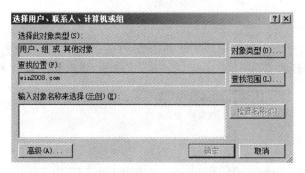

图 3-64 "选择用户、联系人、计算机或组"对话框

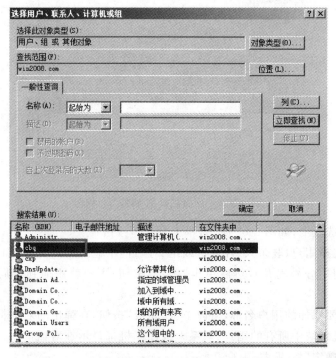

图 3-65 选择用户、联系人、计算机或组的搜索结果

在返回的对话框中,已经选择的用户出现在其中,单击"确定"按钮,如图 3-66 所示。返回"成员"选项卡,如图 3-67 所示。单击"确定"按钮,用户添加完毕。

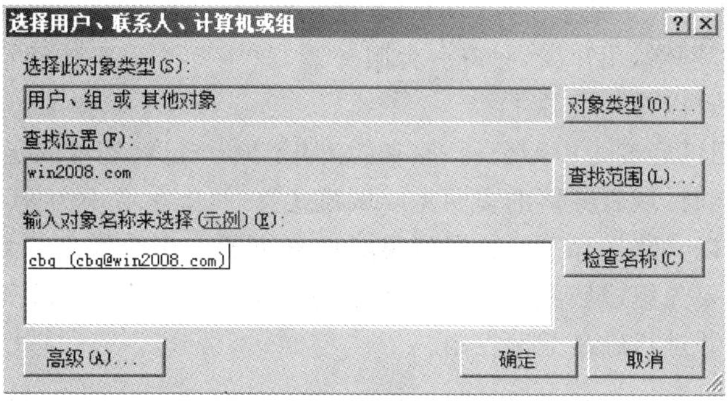

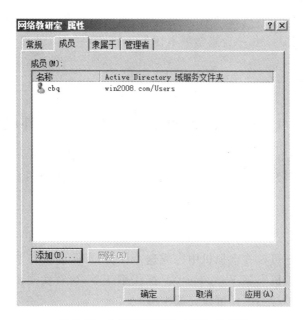

图 3-66 已经选择的用户

图 3-67 "成员"选项卡中增加了成员

任务 3.3 域网络组建及域共享文件的访问

小王经过前面的学习和设置,组建域网络的任务已经完成了大部分,网络已经连接成功了,使用域网络资源的用户和组也创建了,接下来就该使用资源了,但是小王通过查阅资料发现:在使用资源之前,域网络中的资源要先进行资源共享的设置,然后还要设置各个资源的使用权限。例如,哪些组能够使用域网络资源,哪些用户能够读取资源,哪些用户能够对自己的资源完全控制,域用户在上传资源到服务器时如何限制磁盘配额等。

任务描述

在项目 2 中小王完成了基于工作组的对等网的组建,工作组只能组建一个小型的局域网。如果是一个小型网络,用户少,只有一台服务器,只需要给需要访问资源的用户创建一个用户帐户,用户就可以访问资源了。

现在小王的公司已经变为中型公司,原来的工作组帐户已经不能满足要求了,需要用域用户来访问资源。同时,域服务器的资源需要域模式管理,先在域中为公司员工创建用户帐号,其他计算机就可以共享帐号了。这样就很好地解决了工作组帐号重复创建的问题。小王要完成这个任务,要先组建域网络,然后创建域用户,在域中创建资源,然后添加安全使用的用户帐户和权限,并进行磁盘配额控制。

任务准备

关于域网络的任务准备,可以参见本项目的任务 3.1、任务 3.2,本处不再多述。但是要注意将任务 3.1 和任务 3.2 相结合来学习本任务。

任务实施

3.3.1 任务实施 1——域控制器上用户创建及文件权限设置

任务实施的环境如下。

(1) 计算机 3 台,其中一台安装 Windows Server 2008,另外两台安装 Windows XP/Windows 7。

(2) 交换机一个。

(3) 其他组网硬件。

除了这种环境外,还可以在虚拟机中完成这个任务,即一台虚拟机安装 Windows 2008 操作系统,另外一台虚拟机安装 Windows XP 操作系统,一台真实主机为 Windows 7,通过虚拟机的网卡来连接局域网,同样可以完成本实验。

任务实施步骤如下。

(1) 将 Windows Server 2008 配置为域控制器,就可以构建以 Windows XP/Windows 7 为工作站,以 Windows Server 2008 为服务器的主从式网络。

(2) Windows Server 2008 配置为域控制器的过程见前面的相关任务。

(3) Windows Server 2008 服务器端的网络配置。Windows Server 2008 配置为域控制器后,要能够正常组建主从式网络,必须添加相关的通信协议,并设置好 TCP/IP 属性。此处还是以前面介绍的 IP: 192.168.1.100 来完成设置,由于前面已经设置了 IP,所以本处省略。

(4) 用户和工作组的创建。打开"Active Directory 用户和计算机"窗口,在控制台的目录树中,双击域结点,展开结点,在 Users 容器单位上右击,从弹出的快捷菜单中选择"新建"|"用户"命令,弹出"新建对象-用户"对话框,在该对话框中输入用户 user1,单击"确定"按钮,按照相同方法为每个实训学生创建帐号,依次为"user2"到"user40",如

图 3-68 和图 3-69 所示。

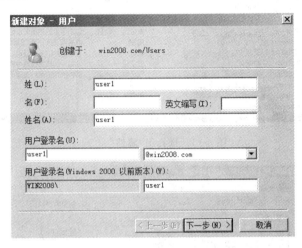

图 3-68　"新建对象-用户"对话框

图 3-69　创建的用户

（5）在所有用户创建完成后，可以在 Users 容器单位上右击，选择"新建"|"组"命令，如
网络 1(wl1)，组的作用域选择"全局"选项，组的类型选择"安全组"选项，如图 3-70 所示。

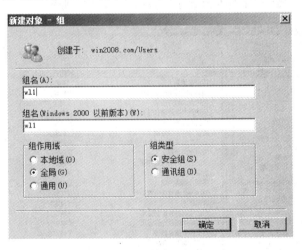

图 3-70　组创建窗口

（6）将所有的用户添加进组 wl1 中，在创建的组 wl1 上右击，选择"属性"命令，在弹出
的对话框中选择"成员"选项卡，单击"添加"按钮，弹出"选择用户、联系人、计算机或组"对话
框，将用户 user1 到 user40 全部选择并添加到 wl1 组，如图 3-71 和图 3-72 所示。

（7）本地登录权限设置方法如下。

① 选择"开始"|"程序"|"管理工具"命令，单击"组策略管理"按钮。

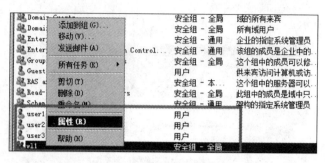

图 3-71　选择组"属性"命令

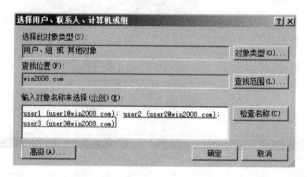

图 3-72　将用户添加进组窗口

② 双击"计算机配置"选项,在展开的项目中,双击"策略"选项,展开"Windows 设置"选项,再展开"安全设置"选项,选择"本地策略"选项,再选择"用户权限分配"选项,在窗口右面显示的详细资料中,选择"允许在本地登录"选项,如图 3-73 所示。

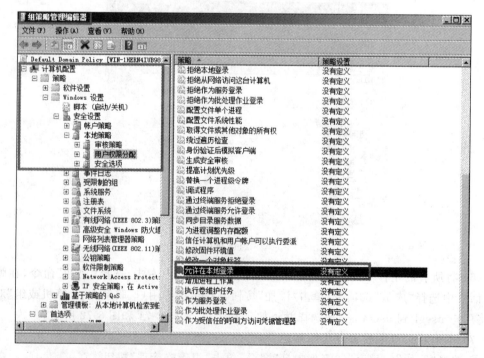

图 3-73　选择"允许在本地登录"选项

③ 右击,选择"属性"选项,弹出"允许在本地登录 属性"对话框,如图 3-74 所示,单击
"添加"按钮,弹出"选择用户、计算机或组"对话框,选择组 wl1,单击"添加"按钮,再单击"确
定"按钮,如图 3-75 所示。

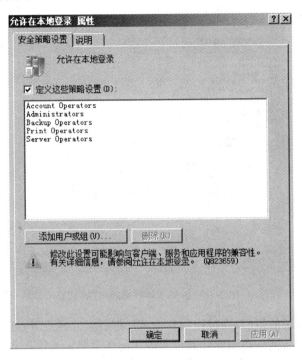

图 3-74　允许在本地登录 属性

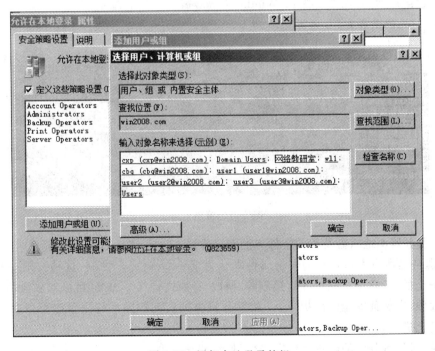

图 3-75　添加本地登录的组

定义了本地登录的策略后,需要再添加管理员组和 Users,如图 3-76 所示。

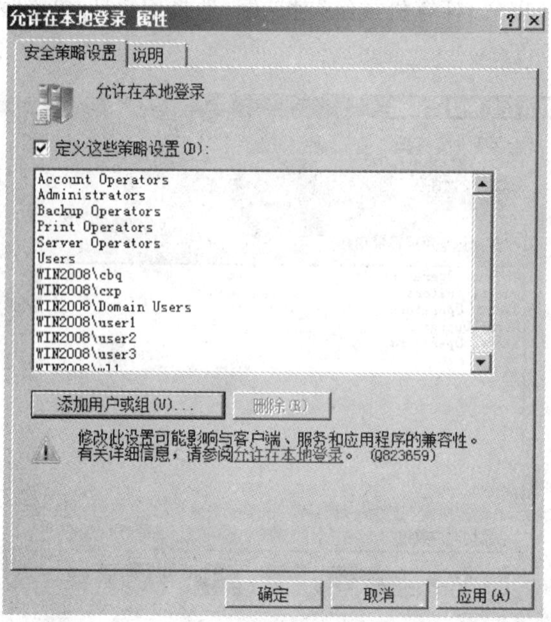

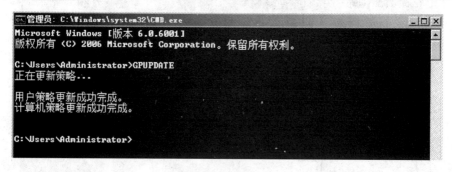

图 3-76　添加本地登录的用户和组

添加了在本地登录的组后,在域控制器上可以进行交互式登录,如果要在客户端进行登录,如果已经定义了"从网络访问此计算机",则还同样需要加入用户和组,如果没有定义,则不需要设置。

注意:设置完成后,要在 Windows Server 2008 中进行策略更新,CMD 下用 GPUPDATE 命令来更新,如图 3-77 所示。

图 3-77　策略更新

(8) 服务器本地磁盘及相关文件夹的安全设置。

① 服务器所有本地磁盘的安全属性默认为 Everyone 完全控制,这种权限对服务器来说是不安全的,所有用户都可以直接删除、修改、存取文件等。因此,可以对磁盘及文件夹重新设置权限,在保证安全的前提下,开放部分目录的访问权限。权限设置可以在 NTFS 分区的磁盘上进行。

② 在 NTFS 分区的磁盘上建立一个目录,如在 C 盘上建立一个文件夹"网络设计",在

该文件夹下又建立"user1"到"user40"共 40 个子文件夹。

③ 服务器磁盘的安全属性设置：在磁盘(C:)上右击,选择"属性"命令,弹出属性设置对话框,切换到"安全"选项卡,默认权限是 Everyone 完全控制,如图 3-78 所示,单击 Everyone 图标,单击"编辑"按钮,再在弹出的"本地磁盘(C:)的权限"对话框中单击"删除"按钮,将该权限删除,如图 3-79 所示。

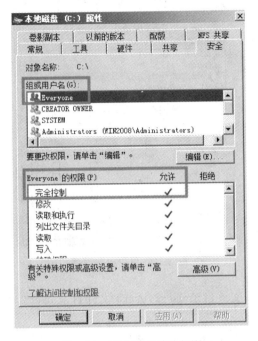

图 3-78　更改磁盘默认权限

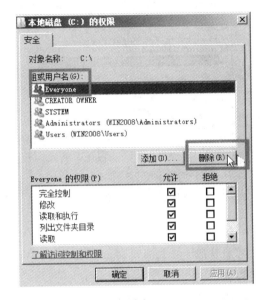

图 3-79　删除 Everyone

在图 3-79 所示的对话框中,单击"添加"按钮,弹出"选择用户、计算机或组"对话框,选择 Administrator 选项,单击"添加"按钮,在弹出的对话框中,选中 Administrators 选项,在权限列表中的"完全控制"栏中勾选"允许"复选框,如图 3-80 所示。

④ 设置目录权限：打开"我的电脑",在 NTFS 分区的磁盘上打开新建立的文件目录"网络设计",进入各个子文件目录"user1"到"user40",为各个文件目录设置权限。以设置"user1"文件夹的权限为例,方法如下。

打开 C 盘,打开"网络设计"目录,右击"user1"文件目录,选择"属性"命令,弹出设置属性的对话框,在该对话框中单击"添加"按包,弹出"选择用户、计算机或组"对话框,此时选择"wl1"这个组,单击"确定"按钮后,回到"属性"设置对话框,在对话框中为 wl1 设置读

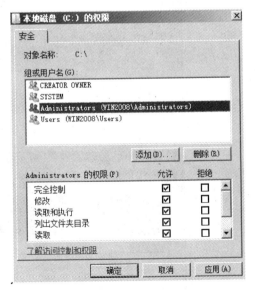

图 3-80　Administrators 权限设置

取的权限,如图 3-81 所示。

在属性设置对话框中,单击"添加"按钮,选择用户 user1 后,单击"添加"按钮,再单击"确定"按钮,然后单击 user1 图标,在权限列表中的"完全控制"栏中勾选"允许"复选框,如图 3-82 所示。

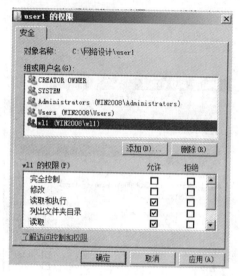

图 3-81　组权限设置

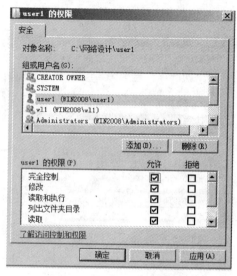

图 3-82　用户权限设置

对其他文件目录进行类似设置,即用户 user2-文件目录 user2,user3-文件目录 user3,以此类推。

还需要设置文件夹的共享,设置方法与前面章节介绍的相同,如图 3-83～图 3-85 所示。

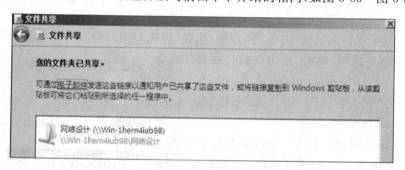

图 3-83　设置共享 1

图 3-84　设置共享 2

图 3-85　设置共享 3

> **注意**：如果权限配置成功，用户只能控制自己的文件夹，对于其他用户的文件夹只有读取的权限。

> **特别提示**：所建立的有关文件夹目录，允许管理员完全控制，允许相关用户对相应文件目录完全控制，其他用户只有读取文件目录的权限，为用户指定私人空间。Windows 2008 的这种功能可以用于企、事业单位对员工的管理。

3.3.2　任务实施 2——磁盘配额及私人空间的使用

所谓磁盘配额，就是限制用户使用磁盘空间，当用户使用磁盘空间达到限额时，则此用户不能继续使用磁盘空间，从而实现有效的磁盘管理。

私人空间是根据磁盘配额引申而来的概念。它也需要限制磁盘配额，除此之外，还要求对每个用户所指定的配额空间进行安全设置，只能由管理员和用户自己完全控制，其他用户则拒绝访问或只读。

操作步骤如下。

（1）在 NTFS 分区的磁盘上，右击磁盘图标，如右击 C 盘，选择"属性"命令，在弹出的设置属性对话框中，选择"配额"选项卡，选中"启用配额管理"及"拒绝将磁盘空间给超过配额限制的用户"复选框，如图 3-86 所示。

（2）在图 3-86 所示的对话框中，单击"配额项"按钮，在弹出的对话框中选择"配额"|"新建配额项"命令，如图 3-87 所示。

（3）在"选择用户"对话框中，选取用户 user1，单击"添加"按钮，再单击"确定"按钮，弹出"添加新配额项"对话框，将磁盘空间限制为 20MB，将警告等级设为 18MB，如图 3-88 所示。其他用户 user2 至 user40 作相同的配额设置。

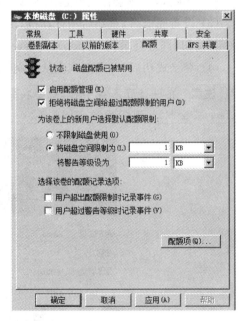

图 3-86　磁盘"配额"选项卡

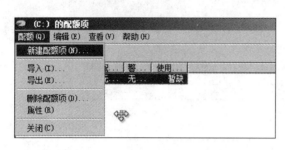

图 3-87　选择"新建配额项"命令

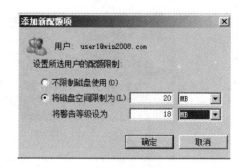

图 3-88　"添加新配额项"对话框

3.3.3　任务实施 3——Windows Server 2008 主从网组建中客户机的配置

以上详细介绍了服务器端的网络配置，以及磁盘、目录权限、磁盘配额等内容。

下面将介绍 Windows Server 2008 主从网组建中客户机的配置。

Windows XP/Windows 7 登录到 Windows Server 2008，这里以 Windows XP 为例进行说明。

(1) Windows XP 的网络设置，右击"我的电脑"图标，选择"属性"命令，然后在更改电脑的计算机名称对话框中，将计算机从属于工作组更改到域，输入 win2008.com，参见项目 3 中域客户端 Windows XP 的登录说明。

(2) 然后单击"确定"按钮，提示输入在域控制中的可以从网络访问此计算机的用户名和密码，如果成功，则会出现欢迎加入域的对话框。

(3) 设置完成后，重新启动计算机，出现一个登录窗口，输入用户名、密码、域名称，单击"确定"按钮，即可登录到 Windows Server 2008 域服务器。

(4) 登录成功后，即可实现主从式网络的功能，共享资源。如图 3-89～图 3-92 所示。

> **注意**：在进行资源共享时，需要在安装域活动目录的计算机上共享资源，并加入共享权限和安全权限，见前面的介绍。

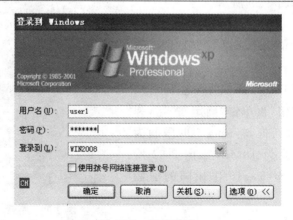

图 3-89　登录到域

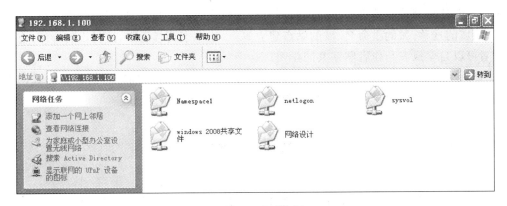

图 3-90　查看资源

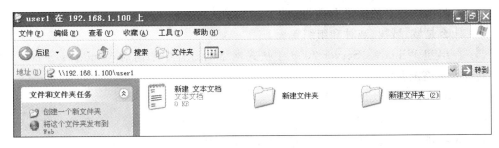

图 3-91　user1 的权限

图 3-92　user2 的权限

项目总结与回顾

本项目介绍了活动目录中最为常见的知识和技能,如活动目录的安装、域控制器的登录、域控制器成员服务器加入域、额外域控制器的安装,以额外域控制器为例介绍了域控制器的常规卸载方法。同时,还介绍了域控制器出现故障前的备份及域控制器出现故障后用成员服务器接替域控制器进行工作的技巧。活动目录的其他知识,如子域创建、域信任关系的建立、域的迁移、域的重命名、域的站点建立等,由于本书篇幅所限,这里没有介绍,有兴趣的读者可以自学或者与作者联系共同学习。

另外,本项目还介绍了域用户和组的创建及应用,通过域用户和组,组建域形式的网络(即主从式网络),并进行资源共享和设置不同文件夹的访问权限。

习　　题

(1) 什么是活动目录? 活动目录的作用是什么?

(2) 安装活动目录的准备条件有哪些?

(3) 安装活动目录的情形有哪些?

(4) 什么是域、域树、域林和组织单元?

(5) 在组建 Windows Server 2008 主从式网络的过程中如何对 Windows Server 2008 服务器进行网络配置?

(6) 如何设置磁盘及目录权限?

(7) 如何设置磁盘配额?

(8) 在组建主从式网络的过程中,如何配置客户机?

(9) 如何将客户机加入域,加入域的前提条件是什么?

(10) 创建的域用户是不是可以在任意一台计算机中登录?

(11) 上机操作,完成本项目中的所有任务。

项目 4　局域网服务器的配置

任务 4.1　DHCP 服务器的安装、配置与管理

当企业计算机数量较多时（如 1000 台计算机），如果要使用静态 IP 地址，那么网络管理员的工作量可想而知。现在小王所在的公司就是这种情况，公司的规模扩大了，如果再一台一台计算机去手工输入 IP 地址，是很麻烦的。因此，为了解决此类问题，就需要一台能够自动给客户机分配 IP 地址的服务器，这台服务器就是 DHCP 服务器，它可以为客户机动态分配 IP 地址、子网掩码、默认网关、首选 DNS 服务器。

通过分配这些信息，可以实现的功能有：减少管理员的工作量、减少输入错误的可能、避免 IP 地址冲突、当网络更改 IP 地址段时不需要重新配置每台计算机的 IP、计算机移动不必重新配置 IP 地址、提高 IP 地址的利用率。

任务描述

小王通过学习，准备按以下思路来完成这个任务：首先需要找到一台配置有 DHCP 服务器的计算机，然后安装并启用 DHCP 服务，安装启用 DHCP 服务后，在客户机上进行测试，看能否实现 DHCP 的动态分配功能。同时，为了避免 DHCP 服务器出现故障而重新配置，就需要对 DHCP 服务器进行备份与还原。另外，为了进行跨网段组网，还需要使用超级作用域和 DHCP 中继代理。

说明：由于篇幅所限，超级作用域和 DHCP 中继代理参见编者编写的《Windows Server 2003/2008 服务器配置与应用》一书。

任务准备

4.1.1　DHCP 的基本概念

1. DHCP 的含义

DHCP 是动态主机配置协议，是一个简化主机 IP 地址分配管理的 TCP/IP 标准协议。用户可以利用 DHCP 服务器管理动态的 IP 地址分配及其他相关的环境配置工作（如 DNS、WINS、Gateway 的设置）。

在使用 TCP/IP 协议的网络上，每一台计算机都拥有唯一的计算机名和 IP 地址。IP 地址及其子网掩码用于鉴别它所连接的主机和子网，当用户将计算机从一个子网移动到另一个子网时，一定要改变该计算机的 IP 地址。如采用静态 IP 地址的分配方法将增加网

络管理员的负担,而 DHCP 可以让用户将 DHCP 服务器中的 IP 地址数据库中的 IP 地址动态分配给局域网中的客户机,从而减轻了网络管理员的负担。用户可以利用 Windows Server 2008 服务器提供的 DHCP 服务在网络上自动分配 IP 地址及进行相关环境的配置工作。

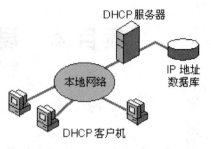

图 4-1 DHCP 分配实例

在使用 DHCP 时,整个网络至少有一台 Windows Server 2008 服务器上安装了 DHCP 服务,其他要使用 DHCP 功能的工作站也必须设置成利用 DHCP 自动获得 IP 地址。如图 4-1 所示是一个支持 DHCP 的网络实例。

2. 使用 DHCP 的作用

DHCP 避免了因手工设置 IP 地址及子网掩码所产生的错误,同时也避免了把一个 IP 地址分配给多台工作站所造成的地址冲突,降低了管理 IP 地址的负担。使用 DHCP 服务器大大缩短了配置或重新配置网络中工作站所花费的时间,同时通过对 DHCP 服务器的设置可灵活地设置地址的租期。DHCP 地址租约的更新过程将有助于用户确定哪个客户的设置需要经常更新,如使用便携机的客户经常更换地点,且这些变更由客户机与 DHCP 服务器自动完成,无须网络管理员参与。

4.1.2 DHCP 的常用术语

(1)作用域。作用域是一个网络中所有可以分配的 IP 地址的连续范围。作用域主要用来定义网络中单一的物理子网的 IP 地址范围。作用域是服务器用来管理分配给网络客户的 IP 地址的主要手段。

(2)超级作用域。超级作用域是一组作用域的集合。它用来实现同一个物理子网中包含多个逻辑 IP 子网。

(3)排除范围。排除范围是不用于分配的 IP 地址范围。它所排除的 IP 地址不能被分配给客户机。

(4)地址池。在用户定义了 DHCP 范围及排除范围后,剩下的便是一个 IP 地址池,地址池中的 IP 地址可以动态分配给网络中的客户机使用。

(5)租约。租约是指客户机获得 IP 地址可以使用的时间。租约到期后,客户机需要更新 IP 地址的租约。

4.1.3 DHCP 工具

DHCP 控制台是管理 DHCP 服务器的主要工具,在安装 DHCP 服务时加入到管理工具中。在 Windows Server 2008 服务器中,DHCP 控制台被设计成微软管理控制台(MMC)的一个插件,它与其他网络管理工具结合得更为紧密。在安装 DHCP 服务器后,用户可以用 DHCP 控制台执行以下一些基本的服务器管理功能。

(1)创建范围、添加及设置主范围和多个范围、查看和修改范围的属性、激活范围或主范围、监视范围租约的活动。

(2)为需要固定 IP 地址的客户创建保留地址。

(3)添加自定义默认选项类型。

（4）添加和配制由用户或服务商定义的选项类。

（5）另外，DHCP控制台还有新增的功能，如增强了性能监视器、更多的预定义DHCP选项类型、支持下层用户的DNS动态更新、监测网络上未授权的DHCP服务器等。

 **任务实施**

4.1.4　任务实施1——基于 Windows Server 2008 的 DHCP 的实现和应用

1. 实施环境

为了完成本任务，需要如下的实施环境：Windows Server 2008 服务器 1 台，Windows XP 计算机 1 台，计算机组成主从式网络。

2. 方案设计

部署 DHCP 之前应该进行规划，明确哪些 IP 地址用于分配给客户端（即作用域中包含的 IP 地址），哪些用于手工指定给特定的服务器。在一个私有 192.168.1.0 的网段上，子网掩码 255.255.255.0，IP 地址规划如下。

DHCP 服务器 IP 地址为 192.168.1.100，名称为 DHCP，可分配的 IP 地址为 192.168.1.10～192.168.1.220，默认网关地址为 192.168.1.1。

3. 任务实施步骤

1）配置 DHCP 服务

（1）登录目标服务器，选择"管理工具"|"服务器管理器"命令 。选择"角色"选项，单击右侧界面中的"添加角色"按钮，如图 4-2 所示。

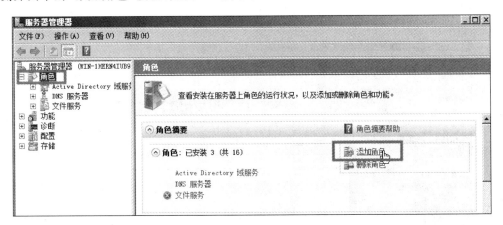

图 4-2　添加角色

（2）弹出"添加角色向导"对话框，单击"下一步"按钮，弹出"选择服务器角色"对话框，如图 4-3 所示。

（3）选择"DHCP服务器"选项，如图 4-4 所示。

（4）弹出"DHCP 服务器简介"对话框，单击"下一步"按钮，选择向客户提供服务的网络连接，如图 4-5 所示。其中，192.168.1.100 是 Windows Server'2008 服务器的 IP 地址。

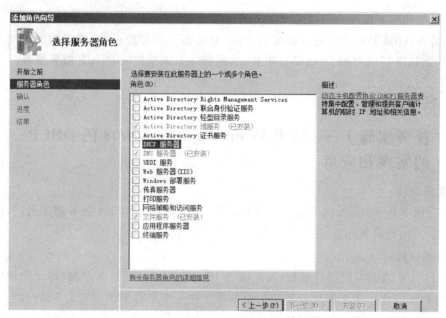

图 4-3 "选择服务器角色"对话框

图 4-4 选择"DHCP 服务器"选项

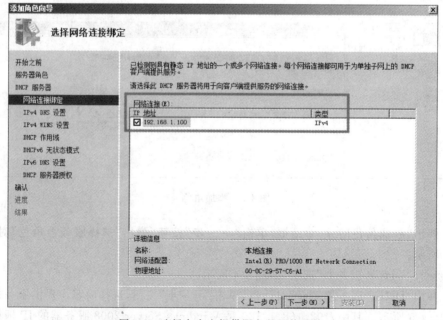

图 4-5 选择向客户提供服务的网络连接

（5）在"指定 IPv4 DNS 服务器设置"对话框中输入父域名和首选 DNS 服务器 IPv4 地址，如图 4-6 所示。

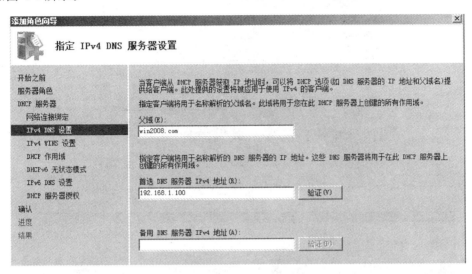

图 4-6 输入父域名和首选 DNS 服务器 IPv4 地址

（6）单击"下一步"按钮，在弹出的对话框中保持默认设置。

（7）单击"下一步"按钮，弹出"添加或编辑 DHCP 作用域"对话框，单击"添加"按钮，弹出"添加作用域"对话框，如图 4-7 所示。在其中输入作用域名称、起始 IP 地址、结束 IP 地址、子网掩码、默认网关等信息，如图 4-8 所示。

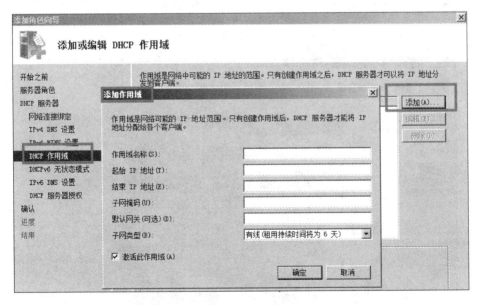

图 4-7 "添加作用域"对话框

（8）单击"确定"按钮，显示 DHCP 作用域信息，如图 4-9 所示。再单击两次"下一步"按钮，弹出"授权 DHCP 服务器"对话框，如图 4-10 所示。

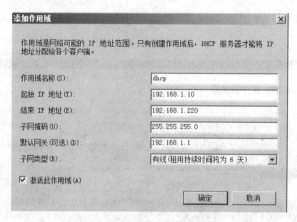

图 4-8　输入信息

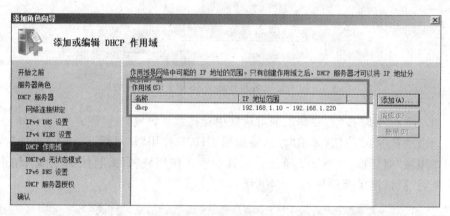

图 4-9　DHCP 作用域信息

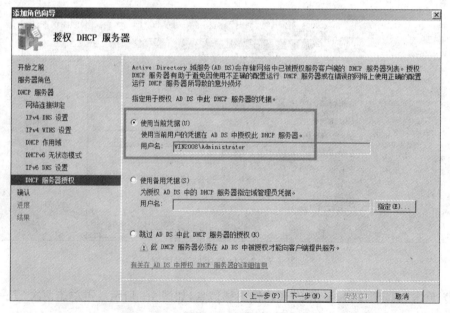

图 4-10　"授权 DHCP 服务器"对话框

（9）单击"下一步"按钮，弹出"确认安装选择"对话框，单击"安装"按钮即可完成角色添加，如图 4-11 所示。

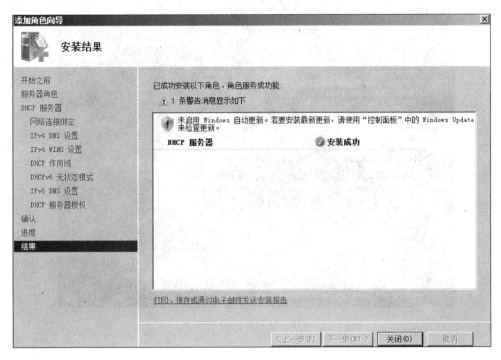

图 4-11 完成角色添加

2）配置 DHCP 客户机

（1）配置 DHCP 客户机，设置 IP 地址为自动获得，如图 4-12 所示。

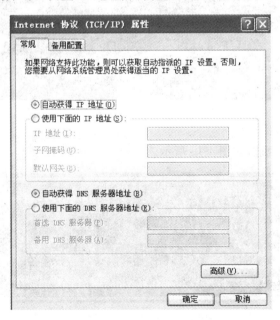

图 4-12 设置 IP 地址为自动获得

137

（2）启动 DHCP 服务端后，查看客户端 IP 地址，如图 4-13 所示。

图 4-13　查看客户端 IP 地址

（3）释放 IP 地址，IP 地址为 0.0.0.0，如图 4-14 所示。

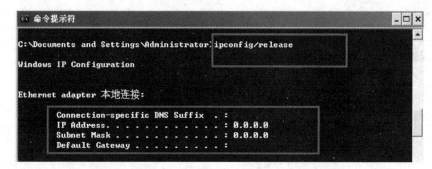

图 4-14　释放 IP 地址

（4）重新获得 IP 地址，如图 4-15 所示。

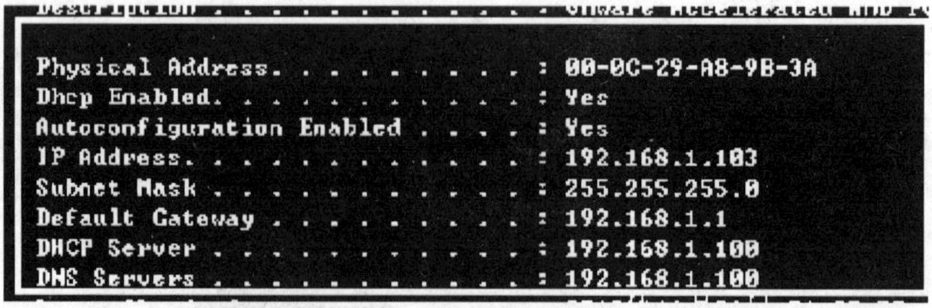

图 4-15　重新获得 IP 地址

4.1.5   任务实施 2——备份、恢复 DHCP 服务

（1）进入到 DHCP 控制台，如图 4-16 所示。

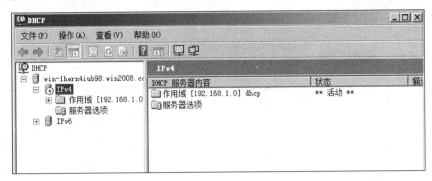

图 4-16   DHCP 控制台

（2）备份 DHCP 数据库，如图 4-17 所示。浏览选择文件夹，如图 4-18 所示。

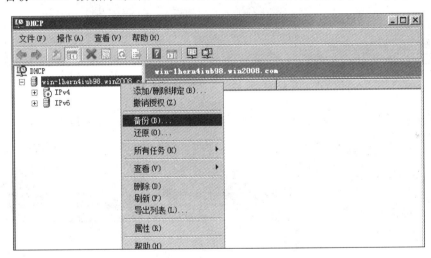

图 4-17   备份 DHCP 数据库

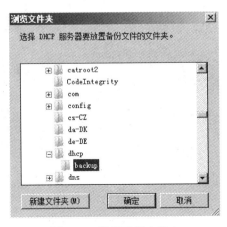

图 4-18   浏览选择文件夹

（3）使用备份数据恢复 DHCP 服务。

① 进入 DHCP 控制台，选择"还原"选项，然后选择备份时的路径，如图 4-19 所示。

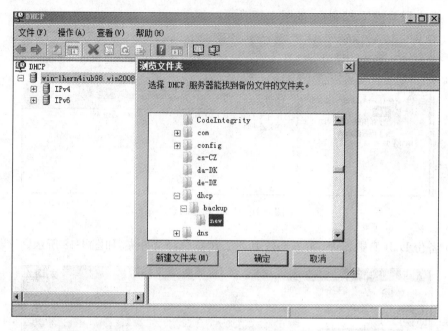

图 4-19　选择备份文件的文件夹

② 提示必须重新启动服务，如图 4-20 所示。重新启动服务后，完成 DHCP 恢复。

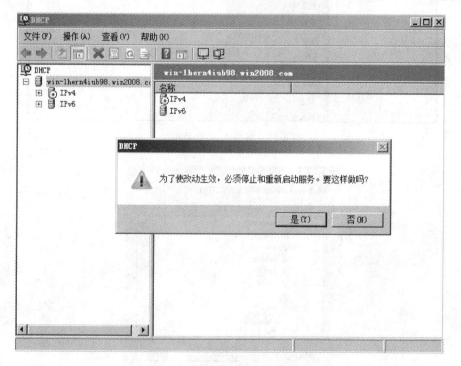

图 4-20　提示必须重新启动服务

任务 4.2　实现 DNS 服务

　　小王已经完成了域网络的组建,DHCP 服务器也搭建完成,并开始工作了,同时在前面安装活动目录时,也集成安装了 DNS。现在公司老板要求小王建立一个内部服务器,公司员工可以通过域名来访问公司的内部网站,于是小王开始着手了解和学习 DNS 服务器搭建和域名解析的相关知识。

 任务描述

　　DNS 服务器的功能体现在上网时,不再输入复杂的 IP 地址来访问某个网站和网络资源,而直接使用形如 www.××.com 的网址形式来访问站点。如输入 www.163.com,或www.CQHJW.com 等,只要网络连接没有问题,就可以直接访问对应的网站。

　　小王接手任务后,开始了解 DNS 的工作原理,然后,安装配置 DNS 服务器,并做好正向和反向区域的配置,再进行 DNS 的解析。经过以上几步,就能够完成任务了。

 **任务准备**

4.2.1　DNS 服务器的概念和原理

　　DNS 是域名系统的缩写,它是嵌套在阶层式域结构中的主机名称解析和网络服务的系统。当用户提出利用计算机的主机名称查询相应的 IP 地址请求的时候,DNS 服务器从其数据库中提供所需的数据。

　　(1) DNS 域名称空间:指定了一个用于组织名称的结构化的阶层式域空间。

　　(2) 资源记录:在域名空间中注册或解析名称时,它将 DNS 域名称与指定的资源信息对应起来。

　　(3) DNS 名称服务器:用于保存和回答对资源记录的名称查询。

　　(4) DNS 客户:向服务器提出查询请求,要求服务器查找并将名称解析为查询中指定的资源记录类型。

4.2.2　DNS 查询的工作方式

　　当 DNS 客户机向 DNS 服务器提出查询请求时,每个查询信息都包括以下两部分信息。

　　(1) 一个指定的 DNS 域名,要求使用完整名称(FQDN)。

　　(2) 指定查询类型,既可以指定资源记录类型又可以指定查询操作的类型。

　　如指定的名称为一台计算机的完整主机名称“host-a. example. microsoft. com”,指定的查询类型为名称的 A(address)资源记录。可以理解为客户机询问服务器“你有关计算机的主机名称为‘hostname. example. microsoft. com’的地址记录吗?”当客户机收到服务器的回答信息时,它解读该信息,从中获得查询名称的 IP 地址。

　　DNS 的查询解析可以通过多种方式实现。客户机利用缓存中记录的以前的查询信息直接回答查询请求,DNS 服务器利用缓存中的记录信息回答查询请求,DNS 服务器通过查询其他服务器获得查询信息并将它发送给客户机。这种查询方式称为递归查询。

另外,客户机通过 DNS 服务器提供的地址直接尝试向其他 DNS 服务器提出查询请求。这种查询方式称为反复查询。

当 DNS 客户机利用 IP 地址查询其名称时,称为反向查询。

本地查询:当在客户机中的 Web 浏览器中输入一个 DNS 域名时,则客户机产生一个查询并将查询传递给 DNS 客户服务利用本机的缓存信息进行解析,如果查询信息可以被解析则完成了查询。

本机解析所用的缓存信息可以通过以下两种方式获得。

(1) 如果客户机配置了 host 文件,在客户机启动时 host 文件中的名称与地址映射将被加载到缓存中。

(2) 以前查询时 DNS 服务器的回答信息将在缓存中保存一段时间。

如果在本地无法获得查询信息,则将查询请求发送给 DNS 服务器。查询请求首先发送给主 DNS 服务器,DNS 服务器接到查询后,首选在服务器管理的区域的记录中查找,如果找到相应的记录,则利用此记录进行解析。如果没有区域信息可以满足查询请求,服务器在本地的缓存中查找;如果找到相应的记录则查询过程结束。

如果在主 DNS 服务器中仍无法查找到答案,则利用递归查询进行名称的全面解析,这需要网络中的其他 DNS 服务器协助,默认情况下服务器支持递归查询。

为了 DNS 服务器可以正常地进行递归查询,首先需要一些关于在 DNS 域名空间中的其他 DNS 服务器的信息以便通信。信息以 root hints 的形式提供一个关于其他 DNS 服务器的列表。利用 root hints DNS 服务器可以进行完整的递归查询。

利用递归查询来查询名称为"host-b. example. microsoft. com"的计算机的过程如下:首先,主 DNS 服务器解析这个完整名称,以确定它属于哪个 top-level domain,即"com"。接着它利用转寄查询的方式向"com"DNS 服务器查询以获得"microsoft. com"服务器的地址,然后以同样的方法从"microsoft. com"服务器获得"example. microsoft. com"服务器的地址,最后它与名为"example. microsoft. com"的 DNS 服务器进行通信,由于用户所要查询的主机名称包含在该服务器管理的区域中,它向主 DNS 服务器方发送一个回答,主 DNS 服务器将这个回答转发给提出查询的客户机,到此递归查询过程结束。

4.2.3　返回多个查询响应

在前面所描述的查询都假设在查询过程结束时只有一个肯定回答信息返回给客户机,然而在实际查询时还可能返回其他回答信息。

(1) 授权回答(Authoritative Answer):在返回给客户机的肯定回答中加入了授权字节,指明信息是从查询名称的授权服务器获得的。

(2) 肯定回答(Positive Answer):由被查询的 RRs(Resource Records)或一个 RRs 列表组成,与查询的 DNS 名称和查询信息中的记录类型相匹配。

(3) 提名回答(Referral Answer):包含未在查询中指定的附加资源记录,它返回给那些不支持递归查询的客户机,这些附加信息可以帮助客户机继续进行转寄查询。

(4) 否定回答(Negative Answer):当遇到以下情况之一时,服务器发送否定回答。

① 授权服务器报告所查询的名称不在 DNS 域名空间内。

② 授权服务器报告所查询的名称在 DNS 域名空间内,但没有记录与查询指定的名称想匹配的缓存与 TTL。

当 DNS 服务器通过外界查询到 DNS 客户机所需的信息后,它会将此信息在缓存中保存一份,以便下次客户机再查询相同的记录时,利用缓存中信息直接回答客户机的查询。这份数据只会在缓存中保存一段时间,这段时间称为 TTL(Time-To-Live)。当记录保存到缓存中时,TTL 计时启动,当 TTL 时间递减到 0 的时候,记录被从缓存中清除。TTL 默认值为 3600 秒(1 小时)。

4.2.4　区域的复制与传输

由于区域(Zone)在 DNS 中所处的重要地位,用户可以通过多个 DNS 服务器提高域名解析的可靠性和容错性。当一台 DNS 服务器发生问题时,可以用其他 DNS 服务器提供域名解析。这就需要利用区域复制和同步方法保证管理区域的所有 DNS 服务器中域的记录相同。在 Windows 2000 服务器中,DNS 服务支持增量区域传输(Incremental Zone Transfer)。所谓增量区域传输就是在更新区域中的记录时,DNS 服务器之间只传输发生改变的记录,因此提高了传输的效率。在以下情况下启动区域传输。

(1) 管理区域的辅助 DNS 服务器启动时。

(2) 区域的刷新时间间隔过期后。

(3) 在主 DNS 服务器记录发生改变并设置了通告列表时。

任务实施

4.2.5　任务实施——架设单位内部 DNS 并提供域名解析服务

1. 实施环境

Windows Server 2008 服务器 1 台,Windows XP 计算机 1 台,计算机组成主从式网络。(建议在 VMware 虚拟机中安装 Windows Server 2008 服务器和客户机来进行操作。)

2. 方案设计

×××职业技术学院建立校园网后需要为单位的内部局域网提供 DNS 服务,使用户能能够使用域名访问内部的计算机和网站。要求如下。

(1) 服务器端:在计算机上安装 Windows Server 2008,设置 IP 地址为 192.168.1.100,子网掩码为 255.255.255.0;设置主机域名与 IP 地址的对应关系,www.a.com 对应 192.168.1.102,文件传输服务器 ftp.a.com 对应的 IP 地址为 192.168.1.100,邮件服务器 mail.a.com 对应的 IP 地址为 192.168.1.100。

(2) 客户端:设置 DNS 服务器为 192.168.1.100。

(3) 在 DOS 环境下,通过"ping 域名"命令可以将域名解析为 IP 地址。使用 ping 解析主机对应的 IP 地址。

3. 实施步骤

(1) 添加 DNS 服务器角色,如图 4-21 所示。由于前面已经安装了活动目录,则 DNS 已经安装了,如图 4-22 所示。

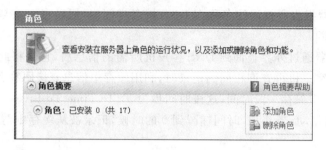

图 4-21　添加 DNS 服务器角色

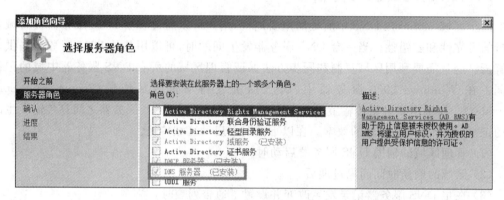

图 4-22　已经安装了 DNS

(2) 创建正向区域,添加主机记录。

① 在"DNS 管理器"窗口中,选择"正向查找区域"|"新建区域"命令,如图 4-23 所示。

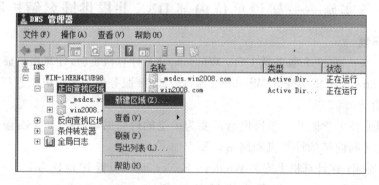

图 4-23　选择"正向查找区域"|"新建区域"命令

② 弹出"新建区域向导"对话框,单击"下一步"按钮。

③ 弹出"区域类型"对话框,选择"主要区域"选项,如图 4-24 所示。单击"下一步"按钮。

④ 在"Active Directory 区域传送作用域"对话框中选择"至此域中的所有 DNS 服务器"选项,如图 4-25 所示。单击"下一步"按钮。

⑤ 在"区域名称"对话框中输入区域名称,如 a.com,如图 4-26 所示。单击"下一步"按钮。

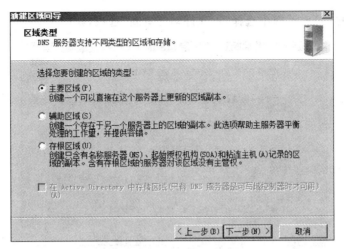

图 4-24　选择"主要区域"选项

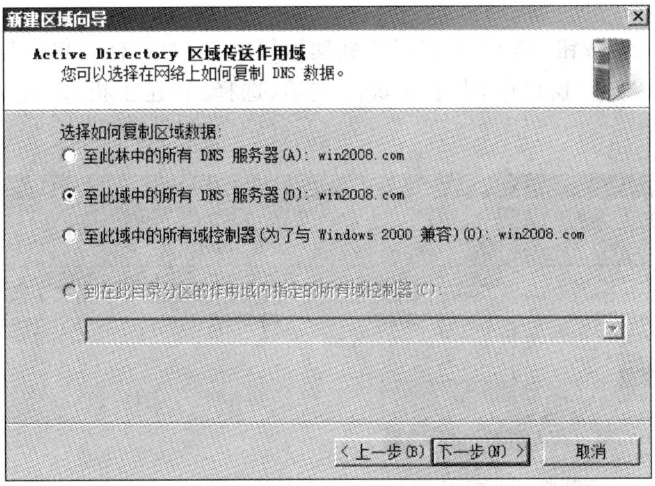

图 4-25　选择"至此域中的所有 DNS 服务器"选项

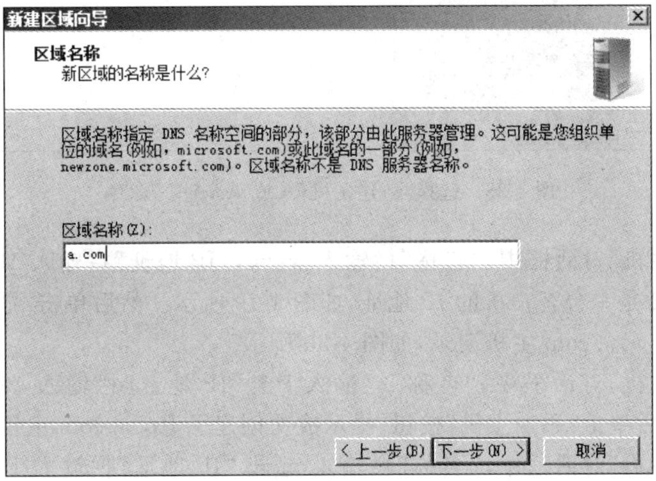

图 4-26　输入区域名称

⑥ 在"动态更新"对话框中选择"不允许动态更新"选项,如图 4-27 所示。

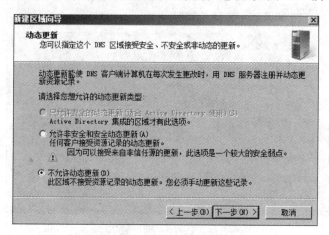

图 4-27 选择"不允许动态更新"选项

⑦ 单击"下一步"按钮,弹出"正在完成新建区域向导"对话框。单击"完成"按钮即可。

⑧ 在"DNS 管理器"窗口中,右击 a.com 选项,选择"新建主机(A 或 AAAA)"命令,如图 4-28 所示。

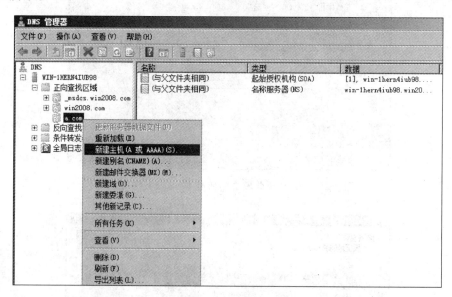

图 4-28 选择"新建主机(A 或 AAAA)"命令

⑨ 在"新建主机"对话框中,"名称"栏输入 www,"IP 地址"栏输入 192.168.1.102,这个 192.168.1.102 是一台客户机的 IP 地址,如图 4-29 所示。然后单击"添加主机"按钮,提示成功创建了 www.a.com 主机记录,如图 4-30 所示。

⑩ 在"新建主机"对话框中,"名称"栏输入 ftp,"IP 地址"栏输入 192.168.1.100,如图 4-31 所示。然后单击"添加主机"按钮,提示成功创建了 ftp.a.com 主机记录。

⑪ 在"新建主机"对话框中,"名称"栏输入 mail,"IP 地址"栏输入 192.168.1.100,如图 4-32 所示。然后单击"添加主机"按钮,提示成功创建了 mail.a.com 主机记录。

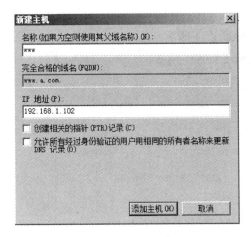

图 4-29　输入主机相关信息

图 4-30　成功创建主机记录

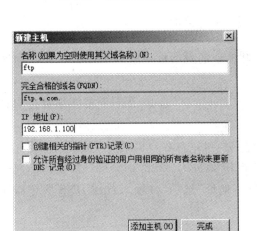

图 4-31　创建 FTP 主机

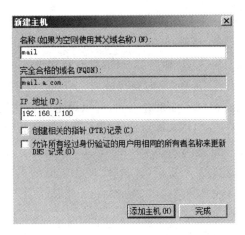

图 4-32　创建邮件主机

（3）检查设置。在控制台树中，选项"正向查找区域"分支下的 a.com 选项，在右侧的详细资料中可以看见有 3 条记录，如图 4-33 所示。

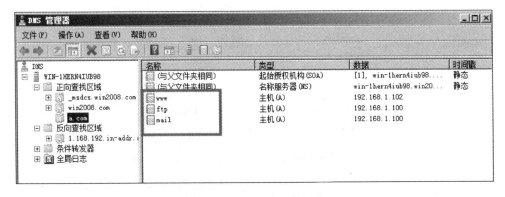

图 4-33　a.com 的 3 条记录

（4）创建反向区域。

① 选择"反向查找区域"|"新建区域"命令，如图 4-34 所示。

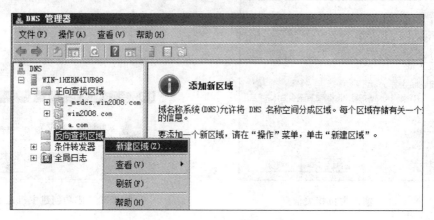

图 4-34　选择"反向查找区域"|"新建区域"命令

② 连续单击"下一步"按钮，在弹出的输入 IP 地址的对话框中输入 192.168.1，反向区域只输入 IP 地址前三位，没有错误即完成创建。

③ 选择"反向查找区域"下的分支"192.168.1 X subnet"选项，在右侧的详细资料中看到有记录。如果看不到，可以单击"刷新"图标。

（5）DNS 客户端的配置。在设置 DNS 服务器后，可以对客户机进行设置。

设置 Windows 7 的 TCP/IP 属性。设置网卡 IP 地址为：192.168.1.102，输入子网掩码 255.255.255.0。选择"使用下面的 DNS 服务器地址"选项，并输入首选 DNS 服务器地址 192.168.1.100，如图 4-35 所示。

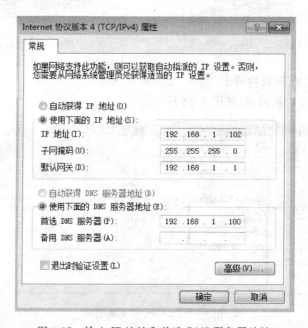

图 4-35　输入 IP 地址和首选 DNS 服务器地址

（6）DNS 测试。在 Windows Server 2008 中执行 ping 命令,方法如下。

选择"开始"|"运行"命令,在"运行"对话框中输入 ping,单击"确定"按钮。

打开命令行窗口后,可以在提示符下输入：ping www. a. com、ping ftp. a. com、ping mail. a. com,如图 4-36 所示,表明通信测试成功。

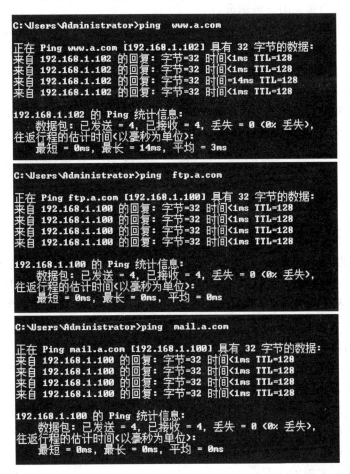

图 4-36　ping 测试界面

在客户机端重新进行 ping 命令测试,观察测试结果,并进行分析。通过测试,表明 DNS 服务器工作正常。

任务 4.3　Web 服务器的安装配置与管理

小王所在的公司已经建立了 Web 网站,同时小王也安装了 DNS 服务器,能够对网站进行解析服务,但是只有 DNS,没有 Web 站点的配置,也不能实现通过网址的形式来访问企业内部的网站,从而实现信息资料的查阅和共享。因此,小王决定了解和学习 Web 站点配置的技巧来完成这个任务。

任务描述

Web 服务器的设计不只是为了实现局域网内的网站访问,同时也是为了实现广域网的网站访问。只有安装并配置了 Web 服务器,才能够正常访问网站程序。Web 服务可以说是现在互联网上最为常见的一种服务。

小王完成这个任务的思路如下:首先找到 1 台需要配置为 Web 服务器的计算机,安装并启用 Web 服务。然后,正确配置 Web 服务后,当站点文件正常时,即可在服务器和客户机的 IE 地址栏上通过 IP 地址进行测试。最后,当需要在 IE 地址栏中输入域名来访问相关的网站时,就需要结合 DNS 服务器来完成这个任务,在 DNS 服务器中建立主机并指向网站文件夹所在的计算机的 IP 地址,只要解析成功,就可以通过域名来访问网站了。另外,当公司内部有多个企业网站时,除了做好链接外,还可以配置多个站点的访问,这就需要通过修改访问端口、IP 地址、主机头等来完现网站的访问。

 **任务准备**

4.3.1 全球信息网(WWW)

全球信息网即 WWW(World Wide Web),又被称为 3W、万维网等,是 Internet 上最受欢迎、最为流行的信息检索工具。Internet 中的客户使用浏览器只要简单地点击鼠标,即可访问分布在全世界范围内 Web 服务器上的文本文件,以及与之相配套的图像、声音和动画等,进行信息浏览或信息发布。

1. WWW 的起源与发展

1989 年,瑞士日内瓦 CERN(欧洲粒子物理实验室)的科学家 Tim Berners Lee 首次提出了 WWW 的概念,采用超文本技术设计分布式信息系统。到 1990 年 11 月,第一个 WWW 软件在计算机上实现。一年后,CERN 向全世界宣布 WWW 的诞生。1994 年,Internet 上传送的 WWW 数据量首次超过 FTP 数据量,WWW 成为访问 Internet 资源的最流行的方法。近年来,随着 WWW 的兴起,在 Internet 上大大小小的 Web 站点纷纷建立,当今的 WWW 成了全球关注的焦点。

WWW 之所以受到人们的欢迎,是由其特点所决定的。WWW 服务的特点在于高度的集成性,它把各种类型的信息(如文本、声音、动画、录像等)和服务(如 News、FTP、Telnet、Gopher、Mail 等)无缝链接,提供了丰富多彩的图形界面。WWW 特点可归纳如下。

(1) 客户可在全世界范围内查询、浏览最新信息。

(2) 信息服务支持超文本和超媒体。

(3) 用户界面统一使用浏览器,直观方便。

(4) 由资源地址域名和 Web 网点(站点)组成。

(5) Web 站点可以相互链接,以提供信息查找和漫游访问。

(6) 用户与信息发布者或其他用户相互交流信息;

由于 WWW 具有上述突出特点,它在许多领域中得到广泛应用。大学研究机构、政府机关,甚至商业公司都纷纷出现在 Internet 上。高等院校通过自己的 Web 站点介绍学院概况、师资队伍、科研和图书资料以及招生、招聘信息等。政府机关通过 Web 站点为公众提供服务、接受社会监督并发布政府信息。生产厂商通过 Web 页面用图文并茂的方式宣传自己的产品,提供优质的售后服务。

2. WWW 的工作模式

WWW 基于客户机/服务器的工作模式,客户机安装 WWW 浏览器或者简称为浏览器,WWW 服务器被称为 Web 服务器,浏览器和服务器之间通过 HTTP 协议相互通信,Web 服务器根据客户提出的需求(HTTP 请求),为用户提供信息浏览、数据查询、安全验证等方面的服务。客户端的浏览器软件具有 Internet 地址(Web 地址)和文件路径导航能力,按照 Web 服务器返回的 HTML(超文本标记语言)所提供的地址和路径信息,引导用户访问与当前页相关联的下文信息。Homepage 称为主页,是 Web 服务器提供的默认 HTML 文档,为用户浏览该服务器中的有关信息提供方便。

WWW 为用户提供页面的过程可分为以下 3 个步骤。

(1) 浏览器向某个 Web 服务器发出一个需要的页面请求,即输入一个 Web 地址。

(2) Web 服务器收到请求后,在文档中寻找特定的页面,并将页面传送给浏览器。

(3) 浏览器收到并显示页面的内容。

4.3.2   Internet 信息服务(IIS)

IIS 的含义是 Internet 信息服务,Windows Server 2008 标准版、Windows Server 2008 企业版的默认安装都带有 IIS,也可以在 Windows Server 2008 安装完毕后加装 IIS。IIS 是微软出品的架设 Web、FTP、SMTP 服务器的一套整合软件,捆绑在 Windows Server 2008 中。

IIS 默认的 Web(主页)文件存放于系统根区中的%system%\Inetpub\wwwroot 中。出于安全考虑,微软建议用 NTFS 格式化使用 IIS 的所有驱动器。

IIS 6.0 提供的 WWW 服务:一个 Web 站点是服务器的一个目录,允许用户访问。建立 Web 站点时必须为每个站点建立一个主目录,这个主目录可以是实际的,也可以是虚拟的。对目录的操作权限可以设置:读取、写入、执行、脚本资源访问、目录浏览等,在一台 Windows Server 2008 的计算机上可以配置多个 Web 站点,可以设置访问站点的同时连接的用户数,现在很多公司提供的虚拟主机服务,就要限制站点的访问数。

4.3.3   统一资源定位器 URL

在 WWW 上浏览或查询信息,必须在浏览器上输入查询目标的地址,这就是 URL(Uniform Resource Locator,统一资源定位器),也称为 Web 地址,俗称"网址"。URL 规定了某一特定信息资源在 WWW 中存放地点的统一格式,即地址指针。例如,http://www.microsoft.com 表示微软公司的 Web 服务器地址。URL 的完整格式为

协议+":∥"+主机域名(IP 地址)+端口号+目录路径+文件名

URL 的一般格式:协议+":∥"+主机域名(IP 地址)+目录路径

URL 的完整格式由以下几部分组成。

(1) 所有使用的访问协议。

(2) 数据所在的计算机。

(3) 请求数据的数据源端口。

(4) 通向数据的路径。

(5) 包含了所需数据的文件名。

其中,协议是指定服务连接的协议名称,一般有以下几种。

(1) http 表示与一个 WWW 服务器上超文本文件的连接。

(2) ftp 表示与一个 FTP 服务器上文件的连接。

(3) gopher 表示与一个 Gopher 服务器上文件的连接。

(4) new 表示与一个 Usenet 新闻组的连接。

(5) telnet 表示与一个远程主机的连接。

(6) wais 表示与一个 WAIS 服务器的连接。

(7) file 表示与本地计算机上文件的连接。

目录路径就是在某一计算机上存放被请求信息的路径。在使用浏览器时,网址通常在浏览器窗口上部的 Location 或 URL 框中输入和显示。下面是一些 URL 的例子。

(1) http://www.WIN-1HERN4IUB98world.com《计算机世界报》主页。

(2) http://www.cctv.com 中国中央电视台主页。

(3) http://www.sohu.com 搜狐网站主页。

4.3.4 HTTP 协议

HTTP 是 WWW 的基本协议,即超文本传输协议(Hyper Text Transfer Protocol)。超文本具有极强的交互能力,用户只需单击文本中的字和词组,即可阅读另一文本的有关信息,这就是超链接(Hyperlink)。超链接一般嵌在网页的文本或图像中。浏览器和 Web 服务器间传送的超文本文档都是基于 HTTP 协议实现的,它位于 TCP/IP 协议之上,支持 HTTP 协议的浏览器称为 Web 浏览器。除 HTTP 协议外,Web 浏览器还支持其他传输协议,如 FTP、Gopher 等。

HTTP 设计得简单而灵活,是"无状态"和"无连接"的基于 Client/Server 模式。HTTP 具有以下 5 个重要的特点。

(1) 以 Client/Server 模型为基础

万维网以客户机/服务器方式工作,每个万维网都有一个服务器进程。它不断地监听 TCP 的端口 80,以便发现浏览器是否向它发出连接建立请求。一旦监听到连接请求并建立了 TCP 连接之后,浏览器就向服务器发出浏览某个页面的请求,服务器接着返回所请求的页面内容。在服务器和浏览器之间请求和响应的交互必须遵循超文本传输协议 HTTP。

(2) 简易性

HTTP 被设计成一个非常简单的协议,使得 Web 服务器能高效地处理大量请求。客户机要连接到服务器,只需发送请求方式和 URL 路径等少量信息。HTTP 规范定义了 7 种请求方式,最常用的有 3 种:GET、HEAD 和 POST,每一种请求方式都允许客户以不同类型的消息与 Web 服务器进行通信,Web 服务器也因此可以是简单小巧的程序。由于 HTTP 协议简单,HTTP 的通信与 FTP、Telnet 等协议的通信相比,速度快而且开销小。

(3) 灵活性与内容—类型(content-type)标志

HTTP 允许任意类型数据的传送,因此可以利用 HTTP 传送任何类型的对象,并让客户程序能够恰当地处理它们。内容—类型标志指示了所传输数据的类型。例如,如果数据是罐头,内容—类型标志就是罐头上的标签。

（4）无连接性

HTTP 是"无连接"的协议，但值得特别注意的是，这里的"无连接"是建立在 TCP/IP 协议之上的，与建立在 UDP 协议之上的无连接不同。这里的"无连接"意味着每次连接只限处理一个请求。客户要建立连接需先发出请求，收到响应，然后断开连接，这实现起来效率十分高。采用这种"无连接"协议，在没有请求提出时，服务器就不会在那里空闲等待。完成一个请求之后，服务器即不会继续为这个请求负责，从而不用为保留历史请求而耗费宝贵的资源。这在服务器的一方实现起来是非常简单的，因为只需保留活动的连接（Active Connection），不用为请求间隔而浪费时间。

（5）无状态性

HTTP 是"无状态"的协议，这既是优点也是缺点。一方面，由于缺少状态，使得 HTTP 累赘少，系统运行效率高，服务器应答快；另一方面，由于没有状态，协议对事务处理没有记忆能力，若后续事务处理需要有关前面处理的信息，那么这些信息必须在协议外面保存；另外，缺少状态意味着所需的前面信息必须重现，导致每次连接需要传送较多的信息。

4.3.5　HTML

HTML：超文本标记语言，它是制作万维网页面的标准语言，HTML 由两个主要部分构成，首部（head）和主体（body）。HTML 用一对或者几对标记来标志一个元素。

HTML 文档的样式如下：

```
<html>
<head>
<title>新建网页 1</title>
</head>
<body>
</body>
</html>
```

Script：它是一种脚本语言，由一系列的命令组成，IIS 6.0 提供了两种脚本语言：VBScript 和 JavaScript。

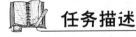 **任务描述**

1. 实施环境

（1）安装 Windows Server 2008 的 PC 1 台。

（2）DNS 服务器 1 台。

（3）测试用计算机两台（Windows XP/Windows 7 等系统均可）。

以上都可以在虚拟机中完成。

2. 设计

某单位内部局域网要提供 IIS 服务，以便用户能够方便地浏览单位网站，要求如下：在一台安装了 Windows Server 2008 的计算机（IP 地址为 192.168.1.100；子网掩码为 255.255.255.0；默认网关为 192.168.1.1）上设置一个 Web 站点，要求端口为 80。这里还建立了虚拟目录和新的网站并进行了域名解析，如 www.cqhjw.com、www.163.com。详细操作参见下面的实施部分。

 任务实施

4.3.6 任务实施1——Windows Server 2008 IIS 的安装和基本配置

1. 安装 IIS 服务器

在 Windows Server 2008 中,IIS 角色作为可选组件。默认安装的情况下,Windows Server 2008 不安装 IIS。为了能够清晰地说明问题,本任务的讲解内容建立在 Web 服务器只向局域网提供服务的基础之上。

1) 安装 IIS

(1) 启动 Windows Server 2008 时系统默认会启动"初始配置任务"窗口,如图 4-37 所示,帮助管理员完成新服务器的安装和初始化配置。如果没有启动该窗口,可以通过选择"开始"|"管理工具"|"服务器管理器"命令,打开"服务器管理器"窗口。

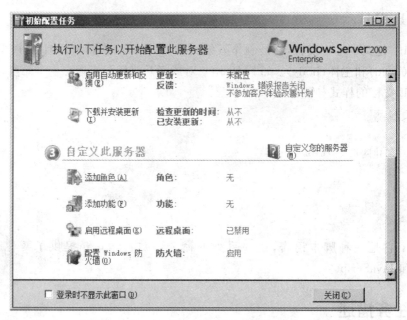

图 4-37 "初始配置任务"窗口

(2) 单击"添加角色"按钮,打开"选择服务器角色"对话框,选择"Web 服务器(IIS)"复选框,如图 4-38 所示,同时弹出提示是否添加 IIS 功能的对话框,如图 4-39 所示。

(3) 单击"下一步"按钮,弹出如图 4-40 所示的"Web 服务器(IIS)"对话框,列出了 Web 服务器的简要介绍及注意事项。

(4) 单击"下一步"按钮,弹出如图 4-41 所示的"选择角色服务"对话框,列出了 Web 服务器所包含的所有组件,用户可以手动选择。此处需要注意的是,"应用程序开发"角色服务中的几个选项尽量都选中,这样配置的 Web 服务器将可以支持相应技术开发的 Web 应用程序。"FTP 服务器"选项是配置 FTP 服务器需要安装的组件,这将在下一个任务中详细介绍。

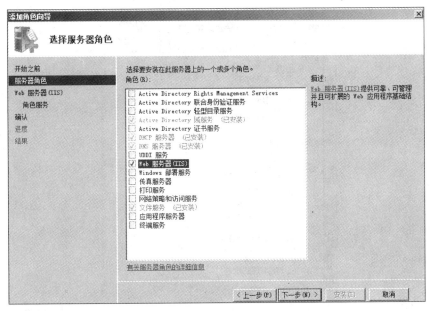

图 4-38 "选择服务器角色"对话框

图 4-39 提示是否添加 IIS 功能

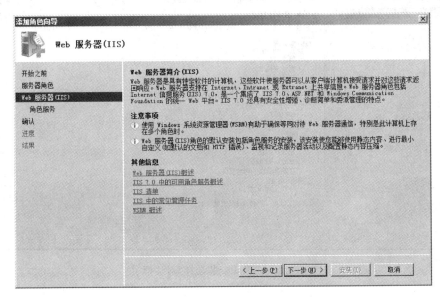

图 4-40 "Web 服务器(IIS)"对话框

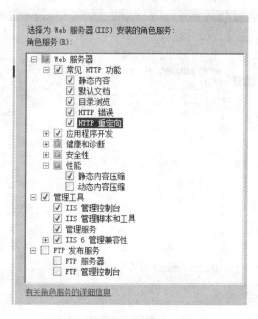

图 4-41　"选择角色服务"对话框

　　（5）单击"下一步"按钮，弹出如图 4-42 所示"确认安装选择"对话框。对话框中列出了前面选择的角色服务和功能，以供核对。

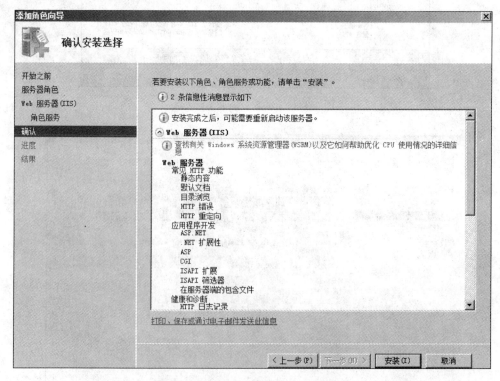

图 4-42　"确认安装选择"对话框

（6）单击"安装"按钮，即可开始安装 Web 服务器。安装完成后，弹出"安装结果"对话框。单击"关闭"按钮，Web 服务器安装完成，如图 4-43 所示。

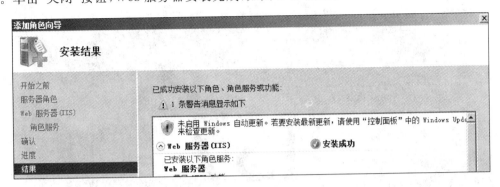

图 4-43　Web 服务器安装完成

2）进入 IIS 控制台

（1）选择"开始"|"管理工具"|"Internet 信息服务（IIS）管理器"命令，打开"Internet 信息服务"（IIS）管理器窗口。即可看到已安装的 Web 服务器，如图 4-44 所示。Web 服务器安装完成后，默认会创建一个名为"Default Web Site"的站点。为了验证 Web 服务器是否安装成功，打开浏览器，在地址栏输入 http://localhost 或者"http://本机 IP 地址"，或者单击图 4-44 中的"浏览网站"超链接。如果出现如图 4-45 所示的页面说明 Web 服务器安装成功；否则，说明 Web 服务器安装失败，需要重新检查服务器设置或者重新安装。

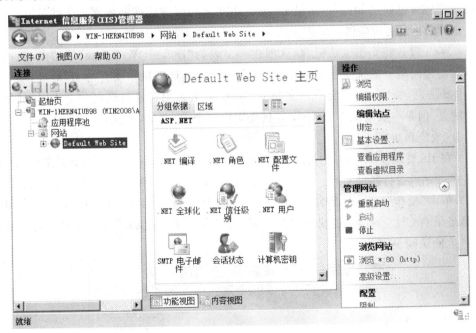

图 4-44　"Internet 信息服务（IIS）管理器"窗口

（2）到此，Web 服务器就安装成功并可以使用了。用户可以将做好的网页文件（如 Index.htm）放到 C:\inetpub\wwwroot 这个文件夹中，然后在浏览器地址栏输入 http://

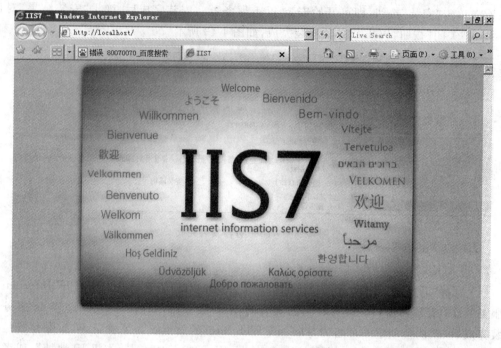

图 4-45　Web 服务器欢迎页面

localhost/Index.htm 或者 http://本机 IP 地址/Index.htm 就可以浏览做好的网页了。网络中的用户也可以通过 http://本机 IP 地址/Index.htm 方式访问该网页文件。

2. 配置 IP 地址和端口

（1）Web 服务器安装成功后，默认创建一个名为"Default Web Site"的站点，使用该站点就可以创建网站。默认情况下，Web 站点会自动绑定计算机中所有的 IP 地址，端口默认为 80，也就是说，如果一个计算机有多个 IP 地址，那么客户端通过任何一个 IP 地址都可以访问该站点，但是一般情况下，一个站点只能对应一个 IP 地址，因此，需要为 Web 站点指定唯一的 IP 地址和端口。

（2）在 IIS 管理器中，选择默认站点，在如图 4-44 所示的"Default Web Site 主页"界面中，可以对 Web 站点进行各种配置；在右侧的"操作"栏中，可以对 Web 站点进行相关的操作。

（3）单击"操作"栏中的"绑定"超链接，弹出如图 4-46 所示"网站绑定"对话框。可以看到 IP 地址下有一个" * "号，说明现在的 Web 站点绑定了本机的所有 IP 地址，可以通过所有的 IP 地址访问 Web 站点。

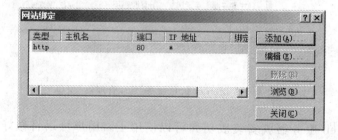

图 4-46　"网站绑定"对话框

（4）单击"添加"按钮，弹出"添加网站绑定"对话框，如图 4-47 所示。

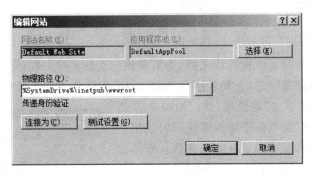

图 4-47　"添加网站绑定"对话框

（5）在"IP 地址"下拉列表框中选择要绑定的 IP 地址。这样，就可以通过这个 IP 地址访问 Web 网站了。"端口"栏表示访问该 Web 服务器要使用的端口号。这里使用 http://192.168.0.100 访问 Web 服务器。此处的主机名是该 Web 站点要绑定的主机名（域名），可以参考 DNS 章节的相关内容。

> **注意**：Web 服务器默认的端口是 80，因此访问 Web 服务器时就可以省略默认端口；如果设置的端口不是 80，如 8000，那么访问 Web 服务器就需要输入 http://192.168.1.100:8000。

3．配置主目录

（1）主目录即网站的根目录，保存 Web 网站的相关资源，默认路径为 C:\Inetpub\wwwroot 文件夹。如果不想使用默认路径，可以更改网站的主目录。打开 IIS 管理器，选择 Web 站点，单击右侧"操作"栏中的"基本设置"超链接，弹出如图 4-48 所示的对话框。

图 4-48　"编辑网站"对话框

在"物理路径"文本框中显示的就是网站的主目录。此处％SystemDrive％\代表系统盘。

（2）在"物理路径"文本框中输入 Web 站点的目录的路径，如 C:\111，或者单击"浏览"按钮选择相应的目录。单击"确定"按钮保存。这样，选择的目录就作为了该站点的根目录。

4．配置默认文档

在访问网站时，在浏览器的地址栏输入网站的域名即可打开网站的主页，而继续访问其他页面会发现地址栏最后一般都会有一个网页名。那么为什么打开网站主页时不显示主页的名字呢？实际上,输入网址的时候,默认访问的就是网站的主页,只是主页名没有显示而已。

通常,Web网站的主页都会设置成默认文档,当用户使用 IP 地址或者域名访问时,就不需要再输入主页名,从而便于用户的访问。

配置 Web 站点的默认文档步骤如下。

(1) 在 IIS 管理器中选择默认 Web 站点,在"Default Web Site 主页"界面中双击 IIS 区域的"默认文档"图标,打开如图 4-49 所示界面。

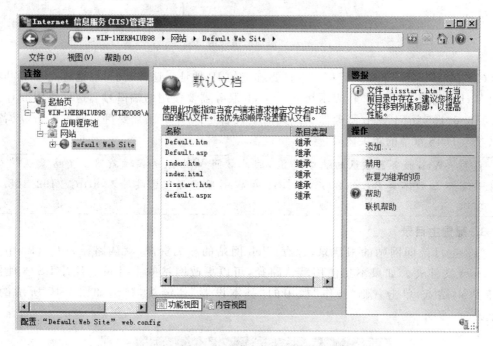

图 4-49　"默认文档"界面

可以看到,系统自带了 6 种默认文档,如果要使用其他名称的默认文档,例如,当前网站是使用 ASP 开发的动态网站,首页名称为 index.asp,则需要添加该名称的默认文档。

(2) 单击右侧的"添加"超链接,弹出如图 4-50 所示的对话框,在"名称"文本框中输入要使用的主页名称。单击"确定"按钮,即可添加该默认文档。新添加的默认文档自动排在最上面。

当用户访问 Web 服务器时,输入域名或 IP 地址后,IIS 会自动按顺序由上至下依次查找与之相应的文件名。因此,配置 Web 服务器时,应将网站主页的

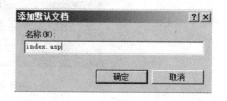

图 4-50　"添加默认文档"对话框

默认文档移到最上面。如果需要将某个文件上移或者下移,可以先选中该文件,然后通过单击图 4-51 右侧"操作"下的"上移"和"下移"按钮实现。

如果想删除或者禁用某个默认文档,只需要选择相应的默认文档,然后单击图 4-51 右侧"操作"栏中的"删除"或"禁用"按钮即可。

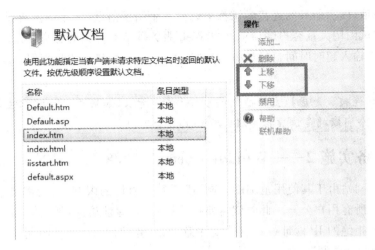

图 4-51 上移或者下移某个默认文档

注意：默认文档的"条目类型"分为该文档是从本地配置文件添加的，还是从父配置文件读取的。对于用户自己添加的文档，"条目类型"都是本地；对于系统默认显示的文档，都是从父配置读取的。

5．访问限制

配置的 Web 服务器是要供用户访问的，因此，不管使用的网络带宽有多充裕，都有可能因为同时连接的计算机数量过多而使服务器死机。所以有时候需要对网站进行一定的限制，例如，限制带宽和连接数量等。

选中 Default Web Site 站点，单击右侧"操作"栏中的"限制"超链接，弹出如图 4-52 所示的"编辑网站限制"对话框。IIS 7 中提供了两种限制连接的方法，分别为限制带宽使用和限制连接数。

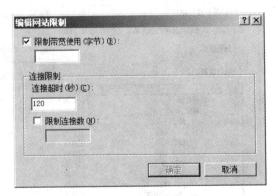

图 4-52 "编辑网站限制"对话框

选择"限制带宽使用（字节）"复选框，在文本框中输入允许使用的最大带宽值。在控制 Web 服务器向用户开放的网络带宽值的同时，也可能降低服务器的响应速度。但是，当用户 Web 服务器的请求增多时，如果通信带宽超出了设定值，请求就会被延迟。

选择"限制连接数"复选框，在文本框中输入限制网站的同时连接数。如果连接数量达到指定的最大值,以后所有的连接尝试都会返回一个错误信息,连接将被断开。限制连接数可以有效防止试图用大量客户端请求造成 Web 服务器负载过大的恶意攻击。在"连接超时(秒)"文本框中输入超时时间,可以在用户端达到该时间时,显示为连接服务器超时等信息,默认是 120 秒。

> **注意**:IIS 连接数是虚拟主机性能的重要标准,所以,如果要申请虚拟主机(空间),首先要考虑的一个问题就是该虚拟主机(空间)的最大连接数。

4.3.7 任务实施 2——Windows Server 2008 IIS 配置 IP 地址限制

有些 Web 网站由于其使用范围的限制,或者其私密性的限制,可能需要只向特定用户公开,而不是向所有用户公开。此时就需要拒绝所有 IP 地址访问,然后添加允许访问的 IP 地址(段),或者拒绝的 IP 地址(段)。需要注意的是,要使用"IP 地址限制"功能,必须安装 IIS 服务的"IP 和域限制"组件。

1. 设置允许访问的 IP 地址

(1)在"服务器管理器"(位置:"开始"|"程序"|"管理工具")的"角色"界面中,单击"Web 服务器(IIS)"区域中的"添加角色服务"超链接,如图 4-53 所示,打开如图 4-54 所示对话框,添加"IP 和域限制"角色。如果在安装 IIS 时已安装该角色,那么就不需要安装;如果没有安装,则选中该角色服务,安装即可。

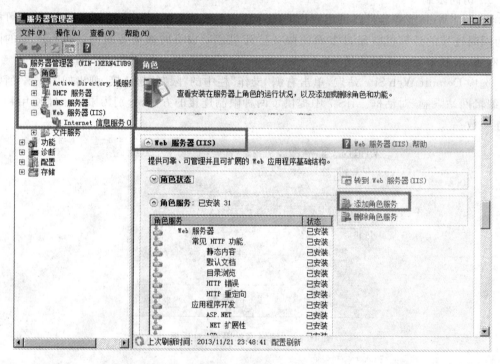

图 4-53 "角色"界面

(2)安装完成后,重新打开 IIS 管理器,选择 Web 站点,双击"IP 地址和域限制"图标,显示如图 4-55 所示的"IPv4 地址和域限制"界面。

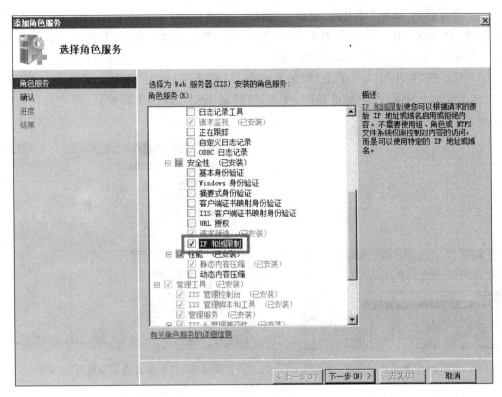

图 4-54　"添加角色服务"对话框

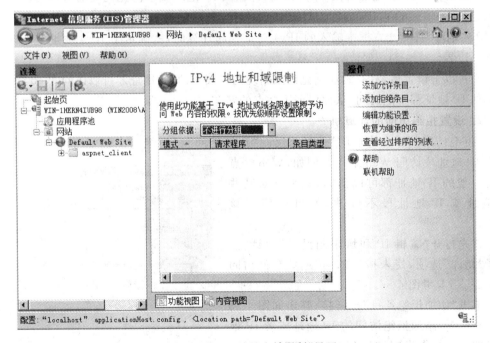

图 4-55　"IPv4 地址和域限制"界面

（3）单击右侧"操作"栏中的"编辑功能设置"超链接，弹出如图 4-56 所示"编辑 IP 和域限制设置"对话框。在下拉列表中选择"拒绝"选项，那么此时所有的 IP 地址都将无法访问站点。如果访问，将会出现"403.6"的错误信息。

（4）在右侧"操作"栏中，单击"添加允许条目"超链接，弹出"添加允许限制规则"对话框，如果要添加允许某个 IP 地址访问，可选择"特定 IPv4 地址"单选按钮，输入允许访问的 IP 地址，如图 4-57 所示。

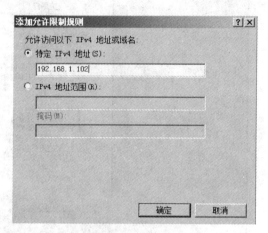

图 4-56 "编辑 IP 和域限制设置"对话框　　　　图 4-57 "添加允许限制规则"对话框

一般来说，需要设置一个站点是允许多人访问的，所以大多数情况下要添加一个 IP 地址段，可以选择"IPv4 地址范围"单选按钮，并输入 IP 地址及子网掩码或前缀即可。需要说明的是，此处输入的是 IPv4 地址范围中的最低值，然后输入子网掩码，当 IIS 将此子网掩码与"IPv4 地址范围"文本框中输入的 IPv4 地址一起计算时，就确定了 IPv4 地址空间的上边界和下边界。

经过以上设置后，只有添加到允许限制规则列表中的 IP 地址才可以访问 Web 网站，使用其他 IP 地址都不能访问，从而保证了站点的安全。

2. 设置拒绝访问的计算机

"拒绝访问"和"允许访问"正好相反。"拒绝访问"将拒绝一个特定 IP 地址或者拒绝一个 IP 地址段访问 Web 站点。例如，Web 站点对于一般的 IP 地址都可以访问，只是针对某些 IP 地址或 IP 地址段不开放，就可以使用该功能。

首先打开"编辑 IP 和域限制设置"对话框，选择"允许"选项，使未指定的 IP 地址允许访问 Web 站点，参考图 4-56。

单击"添加拒绝条目"超链接，弹出如图 4-58 所示对话框，添加拒绝访问的 IP 地址或者 IP 地址段即可。操作步骤和原理与"添加允许条目"相同，这里不再重复。

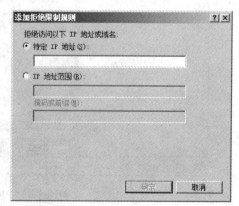

图 4-58 "添加拒绝限制规则"对话框

4.3.8 任务实施 3——Windows Server 2008 IIS 创建和管理虚拟目录

虚拟目录技术可以实现对 Web 站点的扩展。虚拟目录其实是 Web 站点的子目录,和 Web 网站的主站点一样,保存了各种网页和数据,用户可以像访问 Web 站点一样访问虚拟目录中的内容。一个 Web 站点可以拥有多个虚拟目录,这样就可以实现一台服务器发布多个网站的目的。虚拟目录也可以设置主目录、默认文档、身份验证等,访问时和主网站使用相同的 IP 地址和端口。

1. 创建虚拟目录

在 IIS 管理器中,选择欲创建虚拟目录的 Web 站点,如 Default Web Site 站点,右击并选择快捷菜单中的"添加虚拟目录"选项,弹出如图 4-59 所示的"添加虚拟目录"对话框。在"别名"文本框中输入虚拟目录的名字,"物理路径"文本框中选择该虚拟目录所在的物理路径。虚拟目录的物理路径可以是本地计算机的物理路径,也可以是网络中其他计算机的物理路径。

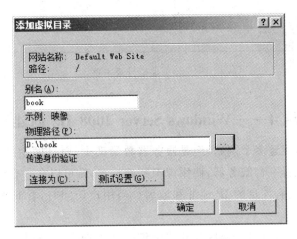

图 4-59 "添加虚拟目录"对话框

单击"确定"按钮,虚拟目录添加成功,并显示在 Web 站点下方作为子目录。按照同样的步骤,可以继续添加多个虚拟目录。另外,在添加的虚拟目录上还可以添加虚拟目录。

选中 Web 站点,在 Web 网站主页窗口中,单击右侧"操作"栏中的"查看虚拟目录"超链接,可以查看 Web 站点中的所有虚拟目录。

2. 管理配置虚拟目录

虚拟目录和主网站一样,可以在管理主页中进行各种配置管理,如图 4-60 所示,可以和主网站一样配置主目录、默认文档、MIME 类型及身份验证等。并且操作方法和主网站的操作完全一样。唯一不同的是,不能为虚拟目录指定 IP 地址、端口和 ISAPI 筛选。

配置过虚拟目录后,就可以访问虚拟目录中的网页文件,访问的方法是输入:"http:// IP 地址/虚拟目录名/网页"。针对刚才创建的 book 虚拟目录,可以使用 http://localhost/book/index.htm 或者 http://192.168.0.110/book/index.htm 访问。

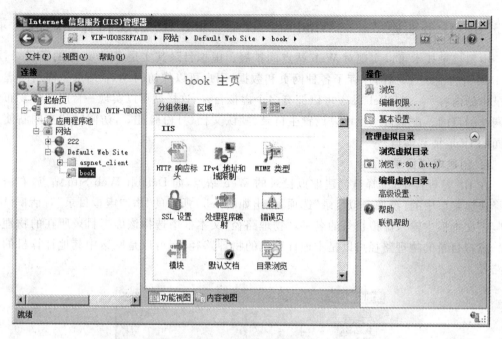

图 4-60　虚拟目录主页

4.3.9　任务实施 4——Windows Server 2008 IIS 创建和管理虚拟网站

如果公司网络中想建多个网站,但是服务器数量又少,而且网站的访问量也不是很大,无须为每个网站都配置一台服务器,使用虚拟网站技术,就可以在一台服务器上搭建多个网站,并且每个网站都拥有各自的 IP 地址和域名。当用户访问时,看起来就像是在访问多个服务器。

利用虚拟网站技术,可以在一台服务器上创建和管理多个 Web 站点,从而节省了设备的投资,是中小企业理想的网站搭建方式。虚拟网站技术具有很多优点。

(1) 便于管理:虚拟网站和真正的 Web 服务器配置和管理方式基本相同。

(2) 分级管理:不同的虚拟网站可以指定不同的人员管理。

(3) 性能和带宽调节:当计算机配置了多个虚拟网站时,可以按需求为每一个虚拟站点分配性能和带宽。

(4) 创建虚拟目录:在虚拟 Web 站点同样可以创建虚拟目录。

1. 创建虚拟网站的方式

在一台服务器上创建多个虚拟站点,一般有 3 种方式,分别是 IP 地址法、端口法和主机头法。

(1) IP 地址法:可以为服务器邦定多个 IP 地址,这样就可以为每个虚拟网站都分配一个独立的 IP 地址。用户可以通过访问 IP 地址来访问相应的网站。

(2) 端口法:端口法指的是使用相同的 IP 地址、不同的端口号来创建虚拟网站。这样在访问的时候就需要加上端口号。

(3) 主机头法:主机头法是最常用的创建虚拟 Web 网站的方法。每一个虚拟 Web 网站对应一个主机头,用户访问时使用 DNS 域名访问。主机头法其实就是经常见到的"虚拟主机"技术。

2. 使用 IP 地址创建

如果服务器的网卡绑定有多个 IP 地址,就可以为新建的虚拟网站分配一个 IP 地址,用户利用 IP 地址就可以访问该站点。

(1)首先,为服务器添加多个 IP 地址,打开"本地连接属性"窗口,选中"Internet 协议版本 4"选项,单击"属性"按钮,再单击"高级"按钮,再单击"添加"按钮,即可为服务器再添加 IP 地址。如图 4-61 所示,为 Windows Server 2008 新增加一个 IP 地址为:192.168.1.101。

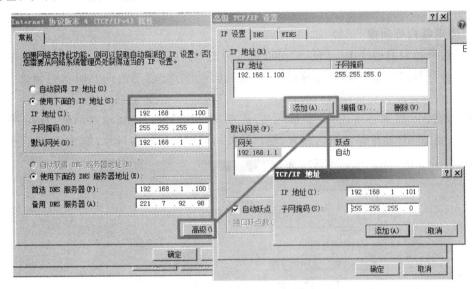

图 4-61　为 Windows Server 2008 新增加一个 IP 地址

(2)在 IIS 管理器的"网站"界面中,右击"网站"选项并选择菜单中的"添加网站"选项,或者单击右侧"操作"栏中的"添加网站"超链接,弹出如图 4-62 所示的"添加网站"对话框。

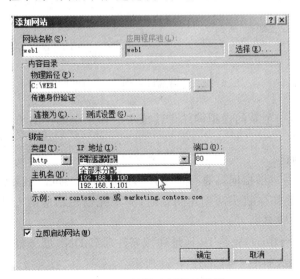

图 4-62　"添加网站"对话框

① 网站名称：即要创建的虚拟网站的名称。

② 物理路径：即虚拟网站的主目录。

③ IP 地址：为虚拟网站配置的 IP 地址，IP 地址为 192.168.1.100，是已经添加的 IP 地址。

设置完成后单击"确定"按钮，一个新的虚拟网站创建完成。使用分配的 IP 地址就可以访问 Web 网站了。

用同样的方法可以添加 web2 站点，IP 地址使用后来添加的 IP 地址：192.168.1.101。这样，一台服务器使用不同的 IP 地址创建了多个虚拟网站。

需要说明的是，使用多 IP 地址创建 Web 网站，在实际应用中存在很多问题，不是最好的解决方案。

3. 使用端口号创建

如果服务器只有一个 IP 地址，就可以通过指定不同的端口号的方式创建 Web 网站，实现一台服务器搭建多个虚拟网站的目的。用户访问此方式创建的网站时就必须加上端口号，如"http://192.168.1.100:81"。

同样，在 IIS 管理器中选择"添加网站"选项，弹出如图 4-63 所示对话框。输入网站名称，设定主目录，IP 地址保留默认设置，端口号处填写要使用的端口号，如 81。

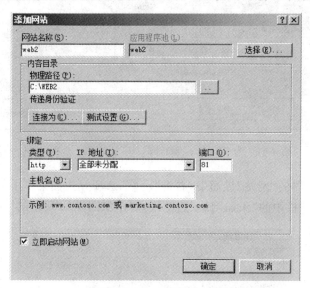

图 4-63　使用端口号创建虚拟网站

单击"确定"按钮，一个新的虚拟网站创建成功。如果需要再创建多个虚拟网站，只需设置不同的端口即可。

4. 使用主机头创建

使用"主机头法"创建虚拟网站是目前使用最多的方法。可以很方便地实现在一台服务器上架设多个网站。使用主机头法创建网站时，应事先创建相应的 DNS 名称，而用户在访问时，只要使用相应的域名即可。

（1）在 DNS 控制台中，需先将 IP 地址和域名注册到 DNS 服务器中。需要先添加 DNS 域名的正向和反向区域，如图 4-64 和图 4-65 所示。

在图 4-64 和图 4-65 中，添加了两个域名：www.cqhjw.com 和 www.163.com。

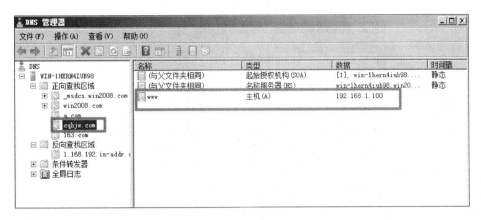

图 4-64　在 DNS 服务器中设置域名 1

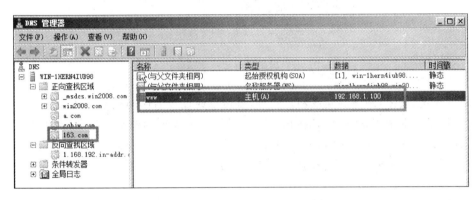

图 4-65　在 DNS 服务器中设置域名 2

（2）在 IIS 管理器中的"网站"界面中，右击"网站"选项并选择快捷菜单中的"添加网站"选项，弹出"添加网站"对话框，在其中设置网站名称、物理路径，IP 地址保留默认设置，在"主机名"文本框中输入规划好的主机头名即可，如图 4-66 和图 4-67 所示。

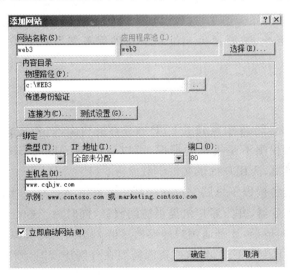

图 4-66　使用主机头法添加网站 1

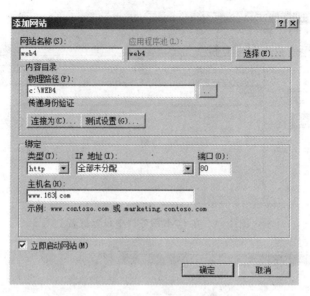

图 4-67　使用主机头法添加网站 2

单击"确定"按钮,网站创建成功。这样,就可以通过域名访问相应的站点。

虚拟目录和虚拟网站是有区别的,利用虚拟目录和虚拟网站都可以创建 Web 站点,但是,虚拟网站是一个独立的网站,可以拥有独立的 DNS 域名、IP 地址和端口号;而虚拟目录则需要挂在某个虚拟网站下,没有独立的 DNS 域名、IP 地址和端口号,用户访问时必须带上主网站名。

任务 4.4　FTP 服务器的安装、配置与管理

小王所在的公司已经成功建立域网络,Web 和 DNS 服务也配置完成,员工们可以通过网址来访问公司内部的网站。但是,这种形式的信息量是不大的,也就是说这种形式实现的文件的量是有限的。因此,需要通过架设一个文件服务器来提供员工的资料上传和下载功能。

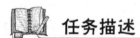 **任务描述**

在 Windows Server 2008 中集成了 FTP 服务器的功能,如果只是需要一个简单的文件下载功能,对于文件的权限不是很高的情况,可以利用 Windows Server 2008 集成的 FTP 功能来配置 FTP 服务器,为用户提供文件下载服务。

小王经过学习,准备按以下思路完成这个任务:采用 Windows Server 2008 自带的 IIS 服务器来配置 FTP 服务器,并为客户机提供访问服务,同时为了进行访问控制,建立隔离用户和不隔离用户的访问情形,让普通用户能够通过匿名访问实现资源下载,隔离用户则通过 FTP 登录进行文件的上传和下载,当这些资源需要在外网访问时,则进行 DNS 解析即可。

 **任务准备**

4.4.1　FTP 的基本概念

FTP 服务器就是支持 FTP 协议的服务器。FTP 协议就是文件传输协议。

FTP 的上传就是把文件从本地计算机中复制到远程主机上；下载就是把文件从远程主机复制到本地计算机。

FTP 服务器的登录方式包含有以下两种：①匿名登录；②使用授权帐号与密码登录。

4.4.2　架设 FTP 服务器的流程

（1）申请 FTP 服务器地址或域名。

（2）使用 FTP 服务器程序架设 FTP 服务器。

（3）对 FTP 服务器进行相关的帐户与信息配置。

（4）在客户端登录并访问 FTP 服务器资源。

4.4.3　新建 FTP 服务器

右击"FTP 服务器"选项，选择"新建"|"FTP 站点"命令，按照向导进行设置。

下面介绍 3 种用户隔离的方法。

（1）不隔离用户：指所有用户登录到 FTP 站点后，访问的是同一个目录（即 FTP 站点的主目录）中的文件。

（2）隔离用户：指在 FTP 站点的主目录中为每一个用户创建一个子文件夹（文件夹的名称必须与用户的登录名相同），用户登录到 FTP 站点后，只能访问自己的子文件夹，不能访问其他用户的文件夹，实现不同用户的隔离。

（3）用 Active Directory 隔离用户：要实现用 Active Directory 隔离用户，首先要求管理员在 Active Directory 中为每一个用户指定其专用的主目录，用户必须用域用户帐号登录此 FTP 站点，登录后只能访问自己主目录中的内容，不能访问其他用户的主目录。

4.4.4　建立隔离 FTP 站点的目录规则

在 NTFS 分区建一个目录作为 FTP 站点的主目录，在其中创建一个名为"LocalUser"的子文件夹，再在"LocalUser"子文件夹下创建一个"Public"子目录和以每个用户帐号为名的个人文件夹。

通过匿名方式登录 FTP 站点时，只能浏览到"Public"子目录中的内容，若用个人帐号登录 FTP 站点，则只能访问自己的子文件夹。

4.4.5　FTP 访问方式

（1）直接在浏览器中输入 ftp://IP 地址（或域名）。

（2）用 cuteftp 或者其他 FTP 下载和上传软件进行验证。

（3）使用 DOS 命令行登录 FTP 服务器。

① 选择"开始"|"运行"命令，依次输入"cmd"、"ftp"、"openIP 地址（或域名）"命令，输入

用户名和密码。

②　输入"dir"命令,可查看当前FTP站点的文件目录。

③　输入"get 文件名"命令,可下载该文件。

④　输入"disconnect"命令,可切断与服务器的连接。

任务实施

利用IIS架设单位内部FTP服务器

1. 实验所需要的环境

(1) VMware Workstation 虚拟机软件。

(2) Windows Server 2008 企业版原版光盘镜像。

(3) 虚拟机已安装 Windows Server 2008。

2. 方案设计

架设一台基于Windows Server 2008的计算机(IP地址为192.168.1.100;子网掩码为255.255.255.0;网关为192.168.1.1)上设置两个FTP站点,端口为21,FTP站点标示为"FTP"和"隔离用户";其中"FTP"是不隔离用户,对应的IP地址是192.168.1.100,"隔离用户"名称对应的是隔离用户,对应的IP地址是192.168.1.101,连接限制为10000个,连接超时为120s;日志采用W3C扩展日志文件格式,新日志时间间隔为每天;启动带宽限制,最大网络使用为1024KBps;不隔离用户的主目录为C:\ftp,允许用户读取和下载文件。允许匿名访问(Anonymous)。匿名用户登录后进入的将是C:\ftp目录;隔离用户登录后进入的是C:\FTP1目录;如果用user1进入后将是user1的文件,cxp用户进入后将是cxp的文件。

客户端:在IE浏览器的地址栏中输入ftp://192.168.1.100来访问刚才创建的FTP站点。这是不隔离用户,另外,还可以输入ftp://192.168.1.101来访问,这是隔离用户,需要进行登录访问。如果客户机不能访问,可以通过关闭Windows Server 2008计算机的防火墙和添加例外来解决。

4.4.6　任务实施1——Windows Server 2008 FTP服务器的安装

经过上面的简单介绍,已经了解了Windows Server 2008的FTP服务器功能,下面将进行实际操作。

(1) 选择"开始"|"管理工具"|"服务器管理器"命令,打开"服务器管理器"窗口。

(2) 单击"窗口"左上角的"角色"选项,在窗口右上角单击"添加角色"按钮,弹出"添加角色向导"对话框。单击"下一步"按钮。

(3) 在"添加角色向导"对话框中选择"Web 服务器(IIS)"选项,在弹出的对话框中选择"添加必需的功能"选项,则自动关闭该对话框,这时"Web 服务器(IIS)"复选框处于选中状态。单击"下一步"按钮,则打开Web服务器(IIS)介绍信息,单击"下一步"按钮。

(4) 在"选择角色服务"对话框中的"角色服务"下拉列表中选中"FTP 发布服务"复选框,在弹出的对话框中单击"添加必需的角色服务"按钮,如图4-68所示。对话框自动关闭,"FTP 发布服务"复选框处于选中状态,如图4-69所示。

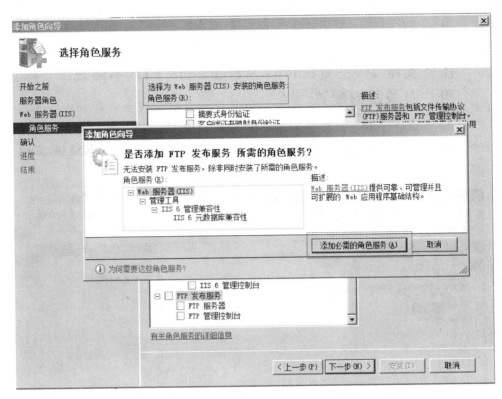

图 4-68　单击"添加必需的角色服务"按钮

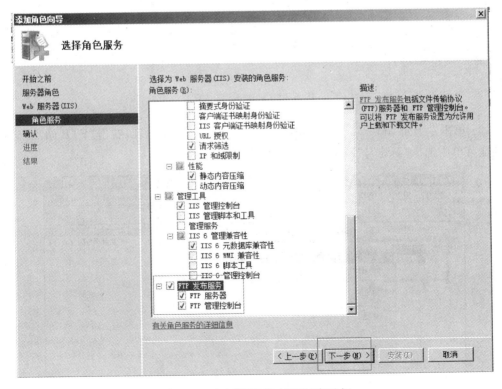

图 4-69　选中"FTP 发布服务"复选框

（5）单击"下一步"按钮。弹出"确认安装选择"对话框，单击"安装"按钮，开始安装直到完成。

4.4.7 任务实施 2——Windows Server 2008 FTP 不隔离用户服务器的配置

（1）选择"开始"|"管理工具"|"Internet 信息服务（IIS）管理器"命令，单击左上角的加号展开列表，选中"FTP 站点"选项，再单击中间页面的"单击此处启动"超链接，如图 4-70 所示。

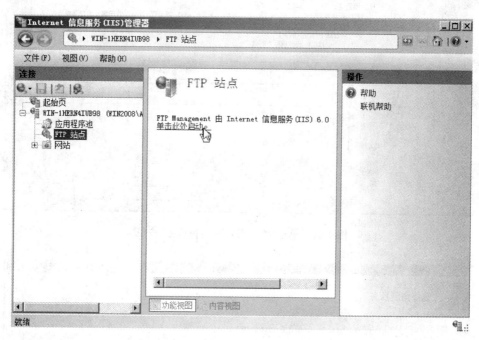

图 4-70　启动 FTP 站点

（2）单击左上角"Internet 信息服务"图标下的加号，展开列表，右击"FTP 站点"选项。在快捷菜单中选择"新建"|"FTP 站点"命令，如图 4-71 所示。

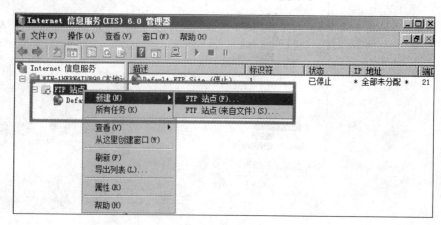

图 4-71　选择"新建 FTP 站点"命令

174

（3）弹出"FTP 站点创建向导"对话框，如图 4-72，单击"下一步"按钮。

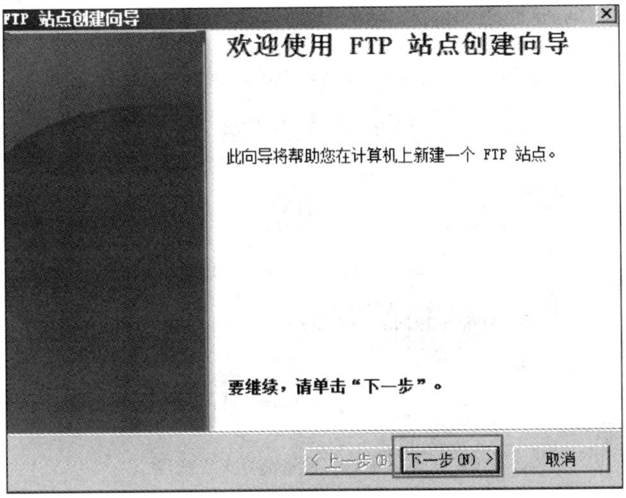

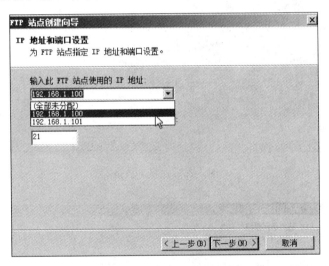

图 4-72　"FTP 站点创建向导"对话框

（4）设置 FTP 站点描述，设置完毕单击"下一步"按钮。

（5）设置 IP 地址和端口，如图 4-73 所示，设置完毕，单击"下一步"按钮。

图 4-73　设置 IP 地址和端口

（6）在"FTP 用户隔离"对话框中，选择"不隔离用户"选项，如图 4-74 所示，单击"下一步"按钮。

（7）设置站点主目录，如图 4-75 所示，可以直接输入路径（或单击"浏览"按钮选择路径），设置完毕后，单击"下一步"按钮。

（8）设置访问权限（读取：用户只能访问、下载文件；写入：用户可以上传文件），一般设为"读取"。如图 4-76 所示，设置完毕，单击"下一步"按钮，最后单击"完成"按钮，安装完毕，并且启动服务。

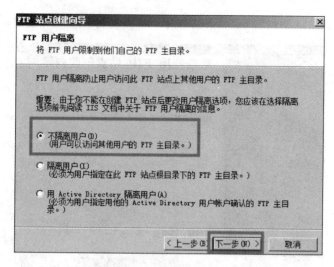

图 4-74　选择"不隔离用户"选项

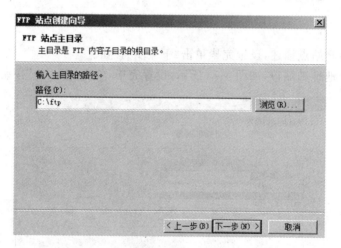

图 4-75　选择主目录

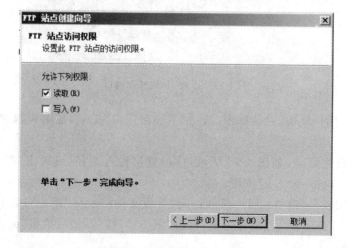

图 4-76　设置"读取"权限

（9）测试。可以在浏览器地址栏中输入"ftp://192.168.1.100"进行 FTP 匿名登录。能够访问 FTP 上的资源，如图 4-77 所示。

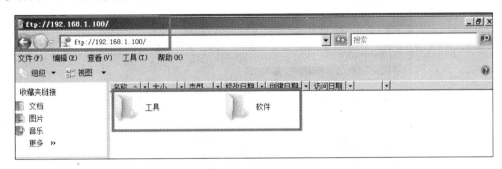

图 4-77 访问 FTP 资源

4.4.8 任务实施 3——Windows Server 2008 FTP 隔离用户服务器的配置

（1）选择"开始"|"管理工具"|"Internet 信息服务（IIS）管理器"命令，单击左上角的加号展开列表，选中"FTP 站点"选项，再单击中间页面的"单击此处启动"超链接。

（2）单击左上角"Internet 信息服务"图标下的加号，展开列表，右击"FTP 站点"选项，在快捷菜单中选择"新建"|"FTP 站点"命令，弹出"FTP 站点创建向导"对话框。

（3）单击"下一步"按钮。

（4）设置 FTP 站点描述，如图 4-78 所示，设置完毕单击"下一步"按钮。

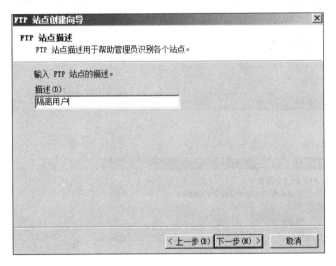

图 4-78 FTP 隔离用户描述

（5）设置 IP 地址和端口，如图 4-79 所示，设置完毕单击"下一步"按钮。

注意：IP 地址设置为另一个 IP 地址：192.168.1.101。

（6）在"FTP 用户隔离"对话框中，选择"隔离用户"选项，如图 4-80 所示，单击"下一步"按钮。

（7）设置站点主目录，如图 4-81 所示，可以直接输入路径（或单击"浏览"按钮选择路径），设置完毕，单击"下一步"按钮。

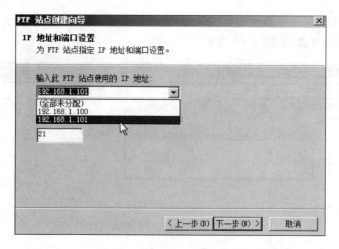

图 4-79　设置 IP 地址和端口

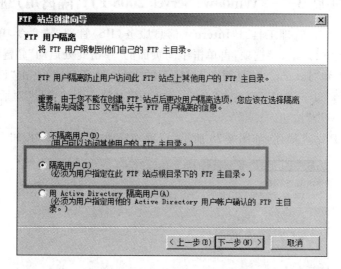

图 4-80　选择"隔离用户"选项

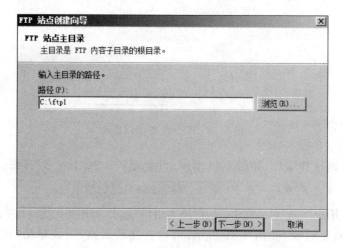

图 4-81　设置站点主目录

(8) 设置访问权限(读取:用户只能访问、下载文件,写入:用户可以上传文件),一般设为"读取"。设置完毕,单击"下一步"按钮,最后单击"完成"按钮,安装完毕,并且启动服务。

> **注意**:设置登录帐户(FTP 站点主目录在 C:\ftp1 目录中,假设要让用户 user1 登录 FTP 站点,则应该在主目录下为用户创建子文件夹 C:\ftp1\win2008\user1,而且文件夹名必须与用户名相同),并在管理工具下创建用户 user1。其中 win2008 是域网络的 NetBIOS 的名称,因为是域网络所以要输入 win2008 的 NetBIOS 名称,即需要在 C:\ftp1 下面再输入一个 win2008 的名称,再在下面输入用户的名称,这样域上的客户才能在网络上通过域网络访问;如果 Windows Server 2008 没有安装活动目录,即不是域网络的情况,则只需要在 C:\ftp1 下面输入一个本地文件夹名称:localuser,如图 4-82 和图 4-83 所示。

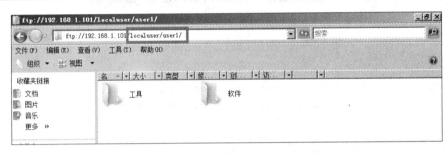

图 4-82 不是域网络的文件夹输入

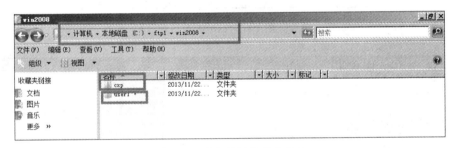

图 4-83 建立域网络的文件夹

(9) 测试。可以在浏览器地址栏中输入 ftp://192.168.1.101 进行 FTP 匿名登录。分别用 user1 和 cxp 登录,能够访问不同的文件夹。测试如图 4-84~图 4-87 所示。

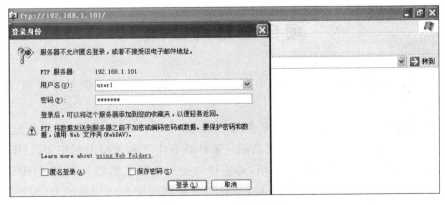

图 4-84 user1 登录访问

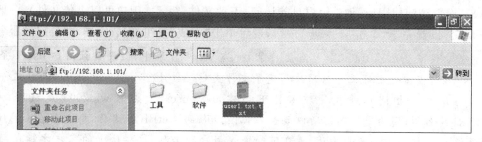

图 4-85　进入 user1 文件夹

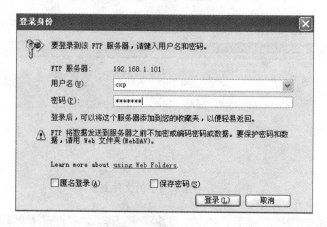

图 4-86　cxp 登录

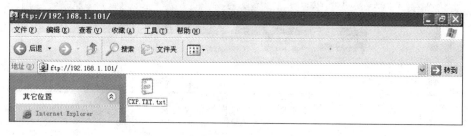

图 4-87　进入 cxp 文件夹

项目总结与回顾

　　本项目通过几个任务介绍了 DHCP 服务器、DNS 服务器、Web 服务器、FTP 服务器的配置与使用技巧。

　　DHCP 服务器中介绍了 DHCP 服务器的概念，DHCP 服务器的安装及配置方法，DHCP 的备份及还原，DHCP 服务器的功能主要体现在中型和大型的网络中。DHCP 服务器的超级作用域的功能项目中没有介绍，希望读者进行上机实验以便熟悉，DHCP 的超级作用域和路由器、交接机进行结合，则可以让计算机得到几个不同网段的 IP 地址。读者可以查阅相关资料进行练习。

DNS 服务器部分简单地介绍了 DNS 服务器的安装及配置情况,DNS 服务器需要和 Web 服务器结合起来,其功能才能完全显示出来,通过本任务的学习,应该能够正确安装和配置 DNS 服务器,读者可以将这个任务和 Web 服务器的配置综合起来学习。相信读者经过本任务的学习,已经能掌握 DNS 服务器的最为重要的知识和技能。

Web 服务器部分通过 Web 服务器实验任务的实施,介绍 Web 站点的创建和配置,利用 IP 地址、TCP 端口号和主机头名称分别架设 3 个网站 www.a.com、www.cqhjw.com、www.163.com。

在 FTP 服务器部分,介绍了 Windows Server 2008 架设 FTP 服务器的方法,本任务中介绍了 Windows Server 2008 自带的 FTP 功能,这个功能可以满足一般用户的文件使用需求,特别是隔离用户和不隔离用户的建立,比原来的单纯的匿名访问,可以实现较多的功能,这样用户可以进行登录访问,并且可以访问自己的文件夹。

习　题

1. DHCP 部分

(1) DHCP 服务器的 IP 地址可以使用动态地址吗? 为什么?

(2) DHCP 使用域的含义是什么? 如何配置使用域?

(3) 在 DHCP 服务器和客户机两者之间,应先启动哪一个? 当客户机不能从 DHCP 服务器获得 IP 地址时,如何解决?

(4) 在"本地连接"窗口中,服务器端安装了哪些网络组件?

(5) 客户机重新获得的 IP 地址每次都不一样吗?

(6) 为了让 DHCP 服务器能够正常提供 IP 地址,而客户机又可以获得 IP 地址,应如何在客户机和服务器上进行配置?

(7) 上机操作:上机进行 DHCP 服务器的安装及配置训练。

2. DNS 部分

(1) DNS 服务器的 IP 地址可以是动态的吗? 为什么?

(2) 在客户端为了测试 DNS,必须要指定 DNS 服务器的地址吗?

(3) 简述正向查找区域和反向查找区域之间的关系。

(4) w2k.com 是域吗?

(5) 资源记录有哪几种类型?

(6) 简述在服务器端测试 DNS 的软件及测试步骤。

(7) 在客户端"TCP/IP 属性"对话框中"域后缀搜索顺序"的设置有什么作用?

(8) 在 DNS 服务器上和客户机上如何设置才能完成 DNS 服务器的解析工作?

(9) 上机操作

3. Web 服务器部分

环境:假设公司用一台 Windows Server 2008 服务器提供虚拟主机服务,地址是 192.168.1.100,在这台服务器已经安装了 IIS。

现在公司要求网管在服务器上使用一个 IP 地址为 A、B、C、D 这 4 家公司建立独立的网站,每个网站拥有自己独立的域名。四个网站域名分别为:www.a.com、www.b.com、www.c.com 和 www.d.com。

通过使用主机头,站点只需要一个 IP 地址即可维护多个站点。客户可以使用不同的域名访问各自的站点,根本感觉不到这些站点在同一主机上。

具体操作如下。

① 在 Windows Server 2008 服务器中为 4 家公司建立文件夹,作为 Web 站点主目录:

Web 站点主目录	Web 站点
d:\web\a	A 公司网站
d:\web\b	B 公司网站
d:\web\c	C 公司网站
d:\web\d	D 公司网站

② 使用 Web 站点管理向导,分别为 4 家公司建立独立的 Web 站点,四者最大的不同是使用了不同的主机头名。

IP 地址全部为 192.168.1.100。

TCP 端口全部为 80。

权限全部为读取和运行脚本。

主机头名分别为 www.a.com、www.b.com、www.c.com、www.d.com。

站点主目录分别为 d:\web\a、d:\web\b、d:\web\c、d:\web\d。

在 DNS 中注册这 4 个域名,均指向同一地址:192.168.1.100,这样,客户端就可以通过:

http://www.a.com 访问 A 公司站点;

http://www.b.com 访问 B 公司站点;

http://www.c.com 访问 C 公司站点;

http://www.d.com 访问 D 公司站点。

(1)实验思考题

① 在同一个 WWW 服务器上能否建立多个 Web 网站? 若能建立,在配置时有哪些注意事项?

② WWW 虚拟目录的执行和脚本权限的含义各是什么? 其使用有何区别?

(2)上机完成下面的操作实验

实验一

站 点 1	站 点 2
站点说明:考试1	站点说明:考试2
端口号:80	端口号:80
IP 地址:192.168.11.2××	IP 地址:192.168.11.2××-100
主目录:c:\test1	主目录:c:\test2
主目录中有 index.htm 文件,内容为 test1	主目录中有 default.htm 文件,内容为 default
默认主页名:index.htm	默认主页名:default.htm

验证:在 IE 浏览器中输入 http://IP 地址 1 和 http://IP 地址 2 可以分别访问这两个不同的站点。

实验二

站　点　1	站　点　2
站点说明：第一个站点 IP 地址：192.168.11.2×× 端口号：80 主目录：c:\zhan1 主目录中有 index. htm 文件,内容为 zhan1 默认主页名：index. htm	站点说明：第二个站点 IP 地址：192.168.11.2×× 端口号：8080 主目录：c:\zhan2 主目录中有 default. htm 文件,内容为 zhan2 默认主页名：default. htm

验证：在 IE 浏览器中输入 http://IP 地址:端口 1 和 http://IP 地址:端口 2 可以分别访问这两个不同的站点。

实验三

站　点　1	站　点　2
站点说明：主页 1 IP 地址：192.168.11.2×× 端口号：80 主机名：www. sohu. com 主目录：c:\home1 主目录中有 index. htm 文件,内容为 home1 默认主页名：index. htm	站点说明：主页 2 IP 地址：192.168.11.2×× 端口号：80 主机名：www. cqhjw. com 主目录：c:\home2 主目录中有 default. htm 文件,内容为 home2 默认主页名：default. htm

验证：在 IE 浏览器中输入 http://主机名 1 和 http://主机名 2 可以分别访问这两个不同的站点。

实验四

目的：建立一个名称为"我的个人网站"的站点,根目录为 C 盘上的 myweb 目录,网站默认网页为 index. htm 和 index. html,把 C 盘根目录的 aa 目录设置为网站的虚拟目录 bb。

验证：在 myweb 目录中放一个网页文件,在 IE 浏览器中输入 http://IP 地址,应该能够访问该网页。在 aa 目录中放一个网页文件,用 http://IP 地址/bb 应该能够访问该网页。

4. FTP 服务器部分

(1) 新建域一定要输入 IP 地址吗?

(2) 如何建立新用户并对用户进行目录访问及配额设置?

(3) 如何建立组并将用户添加进组?

(4) FTP 客户端如何访问 FTP 服务器?

(5) 上机操作

① 建立一个 FTP 服务器,建立匿名、普通用户(两个:一个是 user;一个是 admin),设置不同的权限。

② 3 个用户分别指向不同的文件夹,并且 admin 这个用户可以浏览 user 的文件夹,而 user 不能浏览 admin 的文件夹(具体要求:匿名用户访问 C:\匿名用户文件夹;user 访问 C:\匿名用户文件夹及 C:\user 文件夹;admin 访问 D:\匿名用户文件夹及 C:\user 文件夹,同时还可以访问 D:\)。

项目 5　组建无线局域网

任务 5.1　无线网络的组建

　　某网络营销公司由于业务需求新招聘了 5 名员工,公司为他们配备了办公计算机,但是由于前期综合布线设计时留下的网线接口均已被其他计算机使用,因此这 5 台计算机无法在办公室内进行联网完成电子邮件的收发工作和正常的网络销售工作,也无法完成办公室局域网的资源共享。针对这一问题,部门经理与技术部协商后决定新购一批无线上网设备来解决这一问题。此外,部门经理还要求,希望自己以及其他员工的笔记本电脑和平板电脑等移动设备也可以在办公室范围内通过无线方式连接到互联网。针对上述问题,需要完成无线设备的选购、无线局域网的架构以及相关的用户计算机的设置等任务。

　　为了完成上述任务,必须掌握以下内容。

　　(1) 了解无线局域网。

　　(2) 了解无线局域网的便利性。

　　(3) 了解无线局域网安全概念和配置。

 任务描述

　　无线局域网(WLAN,Wireless Local Area Network)是一种利用无线技术,提供无线对等(如 PC 对 PC)和点到点(如 LAN 到 LAN)链接的数据通信系统。无线局域网因具有架设灵活、移动方便和受环境影响小等优点,作为传统有线网络的补充和延伸,使得办公、生活更加便捷和灵活。因此,即便是普通的计算机用户,对于掌握无线网络的组建也很有必要。

 任务准备

5.1.1　无线局域网的便利性

　　与有线局域网相比,无线局域网的应用范围更加广泛,而且开发运营成本低、时间短、投资回报快、易扩展、受自然环境和地形以及灾害的影响小,组网灵活快捷。

　　无线局域网主要应用在以下 8 个方面。

　　(1) 固定网络间的无线连接。

　　(2) 移动用户接入固定网络。

　　(3) 移动无线网络。

（4）接入 Internet。

（5）难以布线的环境。

（6）特殊项目或行业专用网。

（7）连接较远的分支机构。

（8）科学技术监控。

5.1.2 无线局域网的硬件

常见的无线局域网的硬件设备主要包括 3 种，即无线网卡、无线接入点（AP，Access Point）和无线天线。一般情况下只需要几块无线网卡就可以组件一个小型的对等式无线网络。如果需要建立大规模无线网络或者需要将无线网络与传统的局域网连接起来，就需要使用无线 AP。如果需要实现 Internet 接入就需要无线路由器。无线设备本身的天线都有一定距离的限制，如果超出这个限制的距离，就需要通过外接天线来增强无线信号，达到延伸传输距离的目的。

1．无线网卡

无线网卡是无线信号的接收设备，是无线网络的接口，安装于用户计算机中，实现用户计算机之间的无线连接，并连接到无线接入点。其作用与有线网卡类似，主要分为 PCI 卡、USB 卡和笔记电脑专用的 PCMCIA 卡三类，除了 PCI 卡，其他两种无线网卡都内置有无线天线，以实现信号的接收。三者中的 PCMCIA 无线网卡仅适合于笔记本电脑，支持热插拔，可以方便地实现移动式无线接入。PCI 接口的无线网卡主要适用于台式计算机使用，USB 接口的无线网卡既适合台式计算机也适合笔记本电脑。图 5-1 所示为 PCI 无线台式计算机网卡，图 5-2 所示为 USB 无线网卡，图 5-3 所示为 PCMCIA 无线笔记本电脑网卡。

图 5-1 TP-LINK TL-WN851N   图 5-2 Mercury MW150U WCB-G   图 5-3 SMC

2．无线中心接入点

无线中心接入点是基本模式的中心设备，主要负责无线信号的分发及各无线终端的互联。无线中心接入点（无线 AP）是一个统称，可以是单纯性无线 AP，也可以是无线路由器。

（1）单纯性无线 AP。单纯性无线 AP 也称无线接入器，主要提供无线工作站对有线局域网和有线局域网对无线工作站的访问，在访问接入点覆盖范围内的无线工作站可以通过它进行相互通信。在无线网络中，AP 就相当于有线网络的集线器，它能够把各个无线客户端连接起来，无线客户端所使用的网卡是无线网卡，传输介质是空气，它只是把无线客户端连接起来，但是不能通过它共享上网，如图 5-4 和图 5-5 所示。

185

图 5-4　CISCO AIR-LAP1041N-E-K9

图 5-5　华为 AP3010DN-AGN

（2）无线路由器。无线路由器是单纯型 AP 与宽带路由器的一种结合体。借助于无线路由器的功能，可实现家庭无线网络中的 Internet 连接共享，实现 ADSL 和小区宽带的无线共享接入；另外，无线路由器可以把通过它进行无线和有线连接的终端都分配到一个子网，这样子网内的各种设备交换数据就非常方便，换句话说，它除了具有无线 AP 的功能之外，还能通过它让所有的无线客户端共享上网，如图 5-6 和图 5-7 所示。

图 5-6　NETGEAR WNDR3700

图 5-7　D-Link DIR-619

3. 无线天线

无线网络设备如无线网卡、无线路由器等虽然自身都带有无线天线，但还需要单独的无线天线设备。因为无线设备本身的天线都有一定距离的限制，如果超出这个限制的距离，就需要通过这些外接天线来增强无线信号，达到增加无线网络的覆盖范围和延伸无线传输距离的目的。无线天线一般包括定向天线和全向天线两类。

（1）定向天线。对某个特定方向传来的信号特别灵敏，并且发射信号时也是集中在某个特定方向上，如图 5-8 所示。

（2）全向天线。可以接受水平方向上来自各个角度的信号和向各个角度辐射信号，如图 5-9 所示。

图 5-8　宏光 16DBi 定向天线

图 5-9　斯普莱 WFS-5800AD8
　　　　全向天线

5.1.3 任务实施——组建小型无线局域网实现共享上网

要实现小型无线局域网的多机共享上网,需要选择的无线网络设备主要包括无线网卡、无线 AP 或无线路由器。因为无线路由器在支持无线 AP 功能的基础上还具备了宽带路由器的各种功能,所以一般来说还是选择无线路由器为好。小型无线局域网实现共享上网的结构如图 5-10 所示。

图 5-10 小型无线局域网实现共享上网的结构示意图

1. 连接设备

如果是小区宽带则直接将网线接到无线路由器的 WAN 口;如果是 ADSL 宽带接入方式,则首先接好 ADSL Modem 的电话线和电源线,然后用 ADSL Modem 自带的网线从 ADSL Modem 连接到无线路由器的 WAN 口。用无线路由器自带的网线从任一 LAN 口连接到台式机的有线网卡接口或笔记本电脑的有线网卡接口上,这是因为需要先用网线连接无线路由器的后台管理进行相关的设置。安装示意图如图 5-11 所示。

这里需要注意的是,用网线连接无线路由器的计算机的 IP 地址必须与无线路由器的 IP 地址保持在同一网段中,用户可以在路由器的说明书上查看路由器的默认 IP 地址,然后设置计算机的 IP 地址。一般无线路由器默认开启了 DHCP 功能,因此也可以把网卡的属性设置为“自动获得 IP 地址”,这样计算机的 IP 地址就会由无线路由器自动分配,自动与无线路由器的 IP 地址网段保持一致。

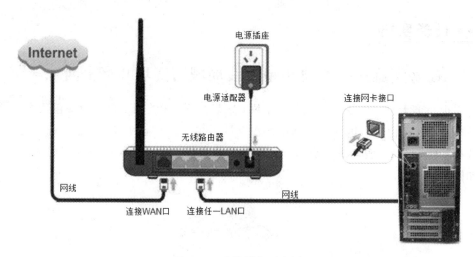

图 5-11   连接设备示意图

2. 配置无线路由器

（1）在 Windows Server 2008 操作系统下，右击任务栏托盘处的"网络连接"图标，在弹出的快捷菜单中选择"连接到网络"选项，如图 5-12 所示。

（2）在弹出的"网络连接"对话框中，单击最下方的"打开网络和共享中心"超链接，如图 5-13 所示。

（3）在打开的"网络和共享中心"窗口中，单击最右侧中间的"查看状态"超链接，如图 5-14 所示。

图 5-12   选择"连接到网络"选项

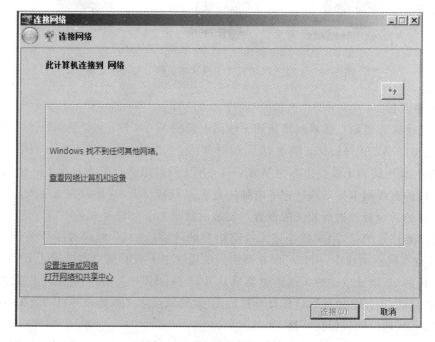

图 5-13   "连接网络"对话框

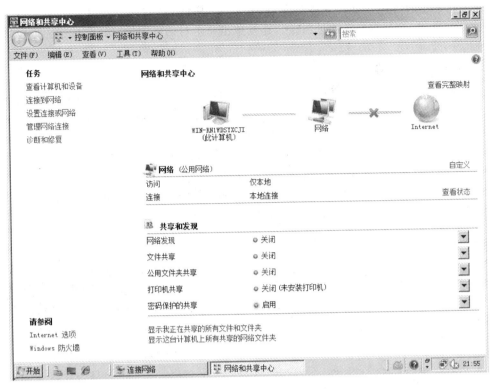

图 5-14 "网络和共享中心"窗口

（4）在弹出的"本地连接 状态"对话框中，单击"属性"按钮，如图 5-15 所示。

（5）在弹出的"本地连接 属性"对话框中，双击列表中的"Internet 协议版本 4（TCP/IPv4）"选项，如图 5-16 所示。

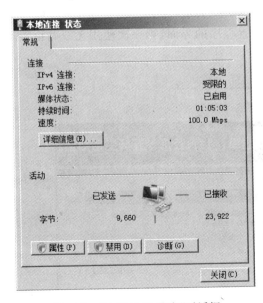

图 5-15 "本地连接 状态"对话框

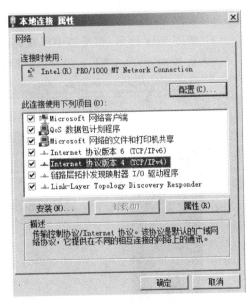

图 5-16 "本地连接 属性"对话框

（6）在弹出的"Internet 协议版本 4（TCP/IPv4）属性"对话框中，选择"自动获得 IP 地址"和"自动获得 DNS 服务器地址"选项，连续单击每个对话框中的"确认"按钮完成设置，如图 5-17 所示。

3. 设置无线路由器

接通无线路由器的电源，等待它的状态灯闪动稳定后无线路由器就会开始工作。此时可以启动通过网线连接无线路由器的台式计算机，通过 IE 浏览器对无线路由器进行设置。下面以 TP-LINK WR740N 型号无线路由器为例进行说明。

（1）启动 IE 浏览器，在地址栏内输入无线路由器的默认管理 IP 地址"192.168.0.1"（一般可以在无线路由器的底部标签上找到），按 Enter 键。

（2）如图 5-18 所示，IE 浏览器弹出一个对话框，要求输入用户名和密码，这里输入默认的用户名"admin"，密码输入"admin"。单击"确定"按钮。

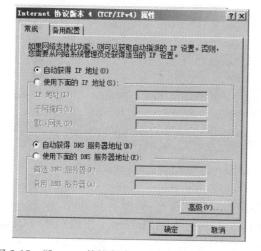

图 5-17　"Internet 协议版本 4（TCP/IPv4）属性"对话框

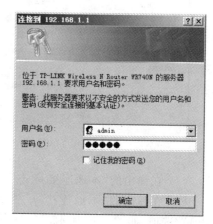

图 5-18　输入用户名和密码

（3）如图 5-19 所示，浏览器中出现路由器配置程序的界面，第一次使用无线路由器则直接进入设置向导，单击"下一步"按钮继续。

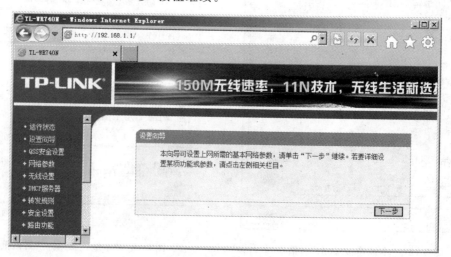

图 5-19　无线路由器设置向导

（4）如图 5-20 所示，如果不清楚将要设置的上网方式，可以在"设置向导-上网方式"界面中选择"让路由器自动选择上网方式"选项，单击"下一步"按钮继续。

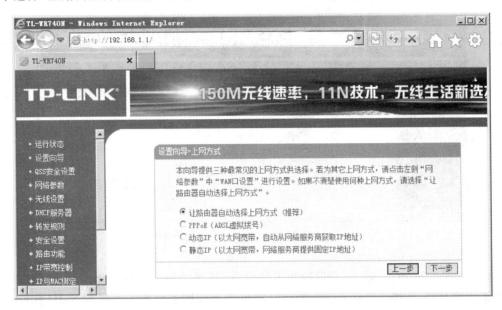

图 5-20　选择上网方式

如图 5-21 所示，无线路由器自动检测网络环境，智能选择上网方式。

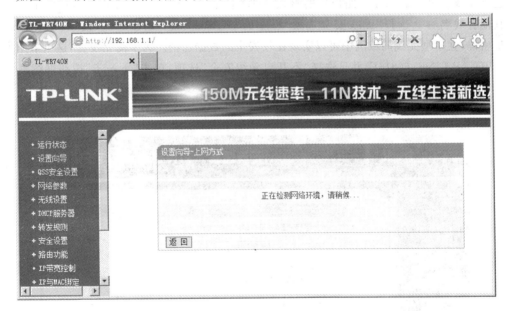

图 5-21　自动检测上网方式

（5）如图 5-22 所示，无线路由器自动检测到当前网络的上网方式为"PPPoE（ADSL 虚拟拨号）"，要求输入"上网帐号"和"上网口令"，根据网络供应商提供的帐号和密码输入完毕后，单击"下一步"按钮继续。

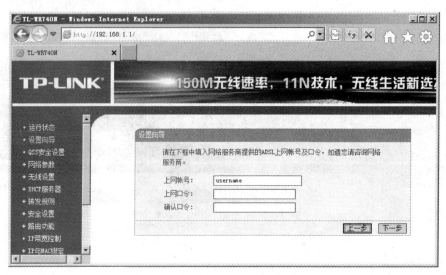

图 5-22　输入"上网帐号"和"上网口令"

（6）如图 5-23 所示，进入"设置向导无线设置"界面，SSID（Service Set Identifier）用来区分不同的网络，最多可以有 32 个字符，计算机的无线网卡设置了不同的 SSID 就可以进入不同网络，通过计算机自带的无线网络的扫描功能可以查看当前搜索区域内的 SSID。简单地说，SSID 就是无线局域网的名称，只有设置了名称相同 SSID 值的计算机才能互相通信建立无线局域网。该无线路由器的默认 SSID 值为"TP-LINK_60816E"，也可以手动修改为其他有效名称。选择"无线安全选项"栏中的"WPA-PSK/WPA2-PSK"选项，设置相应的PSK 密码，在小型无线局域网中可以实现比较安全的数据加密。为了简化设置，这里采用默认的 SSID（TP-LINK_60816E）并且选择"不开启无线安全"选项，单击"下一步"按钮继续。

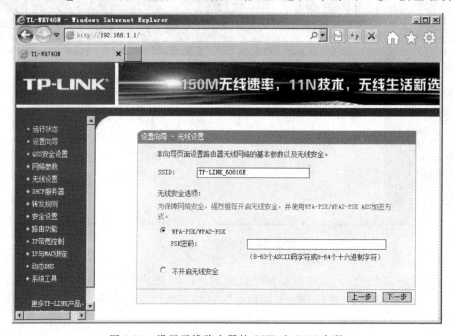

图 5-23　设置无线路由器的 SSID 和 PSK 密码

（7）设置完成，如图 5-24 所示，单击"重启"按钮，路由器将重启以便设置生效。

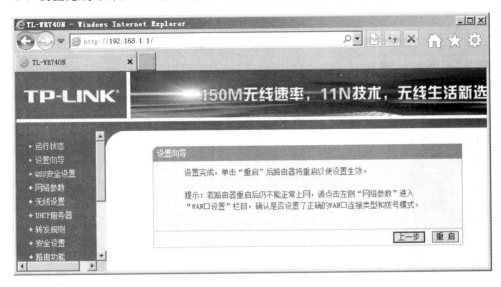

图 5-24　设置完成

（8）如图 5-25 所示，弹出确认重启的对话框，单击"确定"按钮继续。

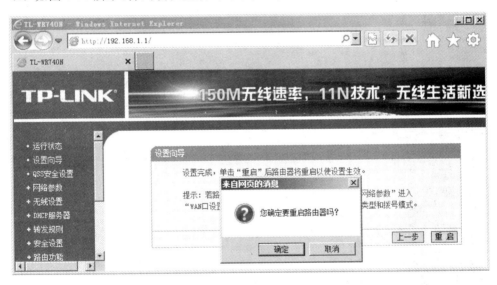

图 5-25　确定是否重启无线路由器

如图 5-26 所示，路由器配置保存成功，等待重新启动。

如图 5-27 所示，路由器重启完成。

如图 5-28 所示，IE 浏览器刷新后自动进入无线路由器的运行状态页面。在该页面中可以查看当前的 LAN 口状态、无线状态、WAN 口状态等信息，通过这些状态信息可以检查刚才的设置是否运行正常。至此，无线路由器已经配置完毕。

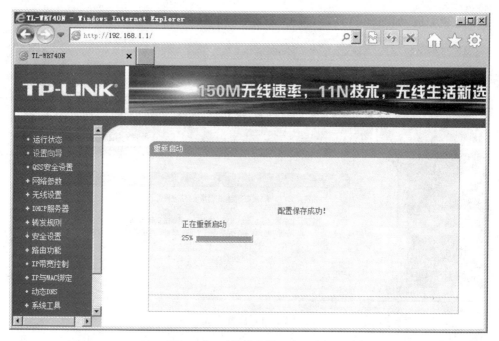

图 5-26　无线路由器正在重启

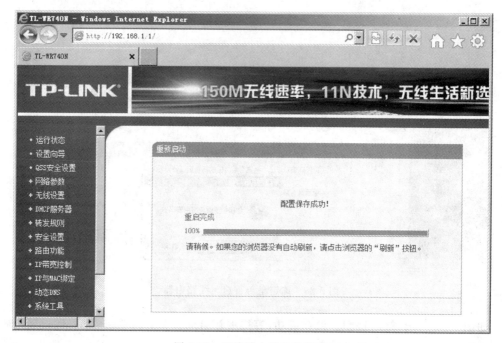

图 5-27　无线路由器重启完成

4. 连接无线网络

无线路由器的无线网络功能配置完成并启动后，就可以通过安装了 USB 无线网卡的台式计算机连接无线网络进行测试和使用了。台式计算机要使用无线网络需要具备以下条件：①安装无线网卡硬件；②安装无线网卡驱动程序。

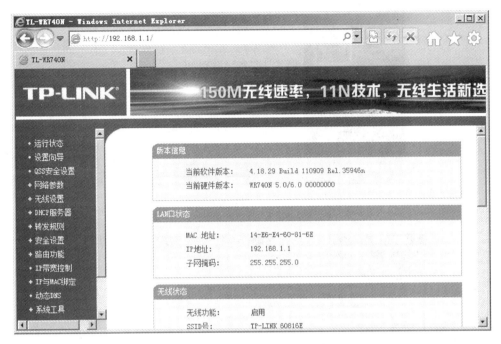

图 5-28　无线路由器运行状态

　　以下是 Realtek RTL8188CU 无线网卡安装驱动程序和连接无线网络的详细过程。

　　(1) 将无线网卡插入台式计算机的 USB 接口,运行无线网卡的驱动程序(在购买无线网卡时配送的光盘中可以找到或者在连接有线网络的情况下使用"驱动精灵"软件联网自动安装驱动程序),如图 5-29 和图 5-30 所示。无线网卡安装完成后,右击"我的电脑"图标,在弹出的快捷菜单中选择"属性"选项,在"系统"面板中选择"设备管理器"选项,打开"设备管理器"窗口。在下方的硬件设备列表中选择"网络适配器"选项,可以看到无线网卡 Realtek RTL8188CU Wireless LAN 802.11n USB 2.0 Network Adapter 已经安装成功,如图 5-31 所示。

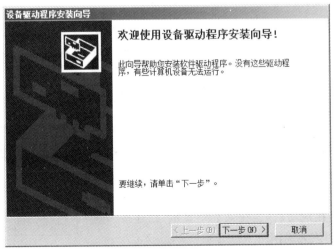

图 5-29　安装无线网卡驱动程序

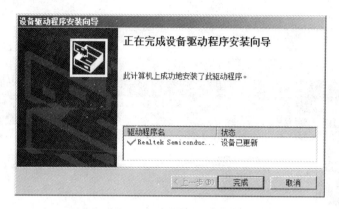

图 5-30　无线网卡驱动程序安装完成

图 5-31　在"设备管理器"窗口查看无线网卡安装结果

（2）单击任务栏托盘中的"网络连接"图标,直接弹出当前可以搜索出来的无线网络列表,选择 SSID 为刚刚设置的"TP-LINK_60816E"无线网络。如图 5-32 所示,勾选"自动连接"复选框,单击"连接"按钮,将连接到刚刚建立的无线网络。

（3）如果设置了网络登录密码,则会弹出如图 5-33 的"输入网络安全密钥"对话框。在"安全关键字"文本框中输入之前设置的无线路由器的 PSK 密码,单击"确定"按钮。

如图 5-34 所示,无线网络连接成功。无线网络"TP-LINK_60816E"连接成功后,会在列表中显示"已连接",这时就可以正常使用该无线网络了。

图 5-32　查看和连接无线网络

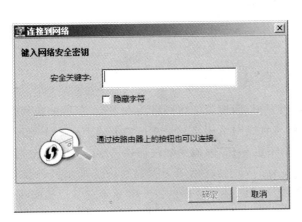

图 5-33　输入网络安全密钥

图 5-34　无线网络连接成功

任务 5.2　无线网络安全设置

　　小孙是个上班族,白天在外工作,晚上回家后他喜欢玩网络游戏。可是最近上网时却总是遇到塞车,游戏卡壳,甚至邮件也发不了,网页有时都难以打开。难道是家里的无线宽带出问题了? 小孙查看了计算机,原来是网速变慢了,本来能达到 400 多 Kbps 的速度,现在居然只有几 Kbps 了,路由器上网没有问题,线路也正常,计算机上的杀毒软件和防木马软件也都换了好几个,并进行了全盘检测,甚至还重装了好几次不同的操作系统,可是网速依然慢如蜗牛,甚至会出现网络断线。给电信部门打电话进行远程监测,对方也说网络一切正常,让过几天再看看。小孙想到了在互联网上求助,映入眼帘的是两个字——蹭网! 在朋友的帮助下,小孙发现,的确有两台无线设备连接到了自己的无线路由器上。小孙家只有一台计算机,用的人也只有他一个,怎么还会有别人登录呢? 看来,自己的确被蹭网了。

　　那么,如何防止非法的帐号入侵无线路由器呢? 很多用户为此犯了难,认为安全防护操作太复杂,不好设置。其实真的是这样吗? 答案当然是否定的,对于普通家庭用户来说,只需要简单的几个操作就能将家中的无线网络安全水平提升一个档次。

　　为了完成上述任务,必须掌握以下内容。

　　(1)了解无线网络的安全。

　　(2)了解无线路由器的安全设置。

 ## 任务描述

　　由于 WLAN 通过无线电波在空中传输数据,不能采用类似有线网络那样通过保护通信线路的方式来保护通信安全,所以在数据发射机覆盖区域内的几乎任何一个 WLAN 用户都能接触到这些数据,要将 WLAN 发射的数据仅仅传送给一名目标接收者是不可能的。

而防火墙对通过无线电波进行的网络通信无法起作用,任何人在视距范围之内都可以截获和插入数据。因此,无线网络给网络用户带来了自由,同时带来了新的挑战,这些挑战其中就包括安全性。如何确保无线网络的安全性,普通用户也不容忽视。

任务准备

5.2.1 无线网络的安全

无线局域网技术在发展的过程中不断完善,但作为一种网络接入手段,在带来便利性的同时,也存在很多的安全隐患。无线网络与有线网络相比只是在传输方式上有所不同,所有常规有线网络存在的安全威胁在无线网络中也存在,因此要继续加强常规的网络安全措施,但无线网络与有线网络相比还存在一些特有的安全威胁,因为无线网络是采用射频技术进行网络连接及传输的开放式物理系。无线局域网必须考虑的安全要素有 3 个:信息保密、身份验证和访问控制。如果这 3 个要素都没有问题了,就不仅能保护传输中的信息免受危害,还能保护网络和移动设备免受危害。如何使用一个简单易用的解决方案,同时获得这 3 个安全要素是用户必须面对的直接问题。以下就从 3 个方面来介绍无线局域网所面临的安全威胁。

1. IEEE 802.11 标准本身的安全问题

无线局域网具有接入速率高、传输移动数据方便、组网灵活等优点,因此发展迅速。但由于无线局域网是基于空间进行传播的,因此传播方式具有开放性,这使无线局域网的安全设计方案与有线网络相比有很大的不同。无线网络不但要受到基于传统 TCP/IP 架构的有线网络方式的攻击,而且因为无线局域网的主流标准为 IEEE 802.11,其本身设计方面也存在缺陷,安全漏洞很多,并且缺少密钥管理的方案,所以通过 IEEE 802.11 标准本身的漏洞也能够对无线局域网进行攻击。

2. 非法接入无线局域网导致的安全问题

公共的电磁波是无线局域网传播的载体,而电磁波能够穿越玻璃、墙、天花板等物体,因此在一个无线接入点(Access Point,AP)所覆盖的区域中,包括未授权的客户端都可以接收到此 AP 的电磁波信号。所以必须在无线局域网引入全面的安全措施,才能够阻止这些非授权用户访问无线局域网络。

3. 数据传输的安全性问题

由于公共的电磁波是无线局域网传播的载体,在传输信息的覆盖区域中,其覆盖范围并不确定,因此对窃听和干扰等行为很难控制。具体分析,无线局域网数据传输存在以下两种主要的安全性缺陷:一是静态 WEP 密钥的安全缺陷。适配卡中的非易失性存储器是静态分配的 WEP 密钥的一般保存场所,因此非法用户可以通过盗取适配卡,然后利用此卡非法访问网络。如果用户丢失适配卡后没有及时告知管理员,将产生严重的安全问题。二是访问控制机制的安全缺陷。无线局域网的管理消息中都包含网络名称或服务设置标志号(SSID),这些消息被接入点和用户在网络中不受到任何阻碍地广播。结果是网络名称很容易被攻击者嗅探和获取,从而得到共享密钥,非法连接到无线局域网络中。

为了防止非法用户接入无线局域网,可以采取以下保障措施。

(1) 隐藏服务集标识(SSID)

服务集标识 SSID 是用来标识一个网络的名称,以此来区分不同的网络,无线工作站必须提供与无线访问点 AP 相同的 SSID 才能访问 AP,否则 AP 将拒绝它通过本服务区上网。因此可以认为 SSID 是一个简单的口令,从而提供口令认证机制,阻止非法用户的接入,保障无线局域网的安全。通常 AP 具有默认 SSID 且广播发送,客户端可接收并自动设置成与 AP 相同的 SSID。出于安全考虑,可修改默认 SSID 并禁止 AP 广播 SSID,这样无线工作站端就必须知道并主动提供正确的 SSID 号才能与 AP 进行关联。从而一定程度上避免了不熟悉本网络且缺少相关知识和工具的客户的接入。

(2) MAC 地址过滤

和有线网卡一样,无线工作站的网卡也有唯一的 MAC(Media Access Control)地址,很多 AP 可以利用 MAC 地址列表来阻止未经授权的无线工作站接入,确保只有经过注册的设备才能进入网络。这也是级别较低的授权认证,因为 MAC 地址可以伪造,而且这种方式要求 AP 中的 MAC 地址列表必须以手工方式更新,扩展能力差,灵活性不够,因此只适合于小型网络规模。

(3) 采用 802.1x 认证技术

如果网络规模较大,AP 数量太多,则管理工作将很大,可以使用 802.1x 端口认证技术配合后台的 RADIUS 认证服务器来对用户的身份进行认证,无线工作站与无线访问点 AP 关联后,是否可以使用 AP 的服务要取决于 802.1x 的认证结果。如果认证通过,则 AP 为无线工作站打开这个逻辑端口,否则不允许用户上网,从而杜绝未经授权的用户接入网络。

5.2.2 无线网络路由器的安全设置

目前主流的无线局域网设备是无线路由器,无线路由器的安全设置如下。

1. 禁用 DHCP 功能

DHCP 是 Dynamic Host Configuration Protocol(动态主机分配协议)的缩写,主要功能就是帮助用户随机分配 IP 地址,省去了用户手动设置 IP 地址、子网掩码以及其他所需要的 TCP/IP 参数的麻烦。这本来是方便用户的功能,但却被很多别有用心的人利用。一般的路由器 DHCP 功能是默认开启的,这样所有在信号范围内的无线设备都能自动分配到 IP 地址,这就留下了极大的安全隐患。攻击者可以通过分配的 IP 地址轻易得到很多路由器的相关信息,所以禁用 DHCP 功能非常必要。

2. 无线加密

现在基本上所有的无线路由器都拥有了无线加密功能,这是无线路由器的重要保护措施,通过对无线电波中的数据加密来保证传输数据信息的安全。一般的无线路由器或 AP 都具以下几种加密功能。

(1) WEP(有线等效加密)。WEP 标准在无线网络的早期创建,目标是成为无线局域网 WLAN 的必要的安全防护层,但是 WEP 的表现令人非常失望。它的根源在于设计上存在缺陷。在使用 WEP 的系统中,在无线网络中传输的数据是使用一个随机产生的密钥来加密的。但是,WEP 用来产生这些密钥的方法很快就被发现具有可预测性,这样对于潜在的入侵者来说,就可以很容易地截取和破解这些密钥。即使是一个中等技术水平的无线黑客也可以在两分钟到三分钟内迅速地破解 WEP 加密。

（2）WPA-PSK（TKIP）。WiFi 联盟在标准推出之前，在 802.11i 草案的基础上，制订了一种称为 WPA（WiFi Protected Access）的安全机制，它使用 TKIP（临时密钥完整性协议），它使用的加密算法还是 WEP 中使用的加密算法 RC4，所以不需要修改原来无线设备的硬件，WPA 针对 WEP 中存在的问题：IV 过短、密钥管理过于简单、对消息完整性没有有效的保护，通过软件升级的方法提高网络的安全性。

WPA 的出现给用户提供了一个完整的认证机制，AP 根据用户的认证结果决定是否允许其接入无线网络；认证成功后可以根据多种方式动态地改变每个接入用户的加密密钥。另外，对用户在无线网络中传输的数据包进行 MIC 编码，确保用户数据不会被其他用户更改。

WPA 考虑到不同的用户和不同的应用安全需要，例如，企业用户需要很高的安全保护（企业级），否则可能会泄露非常重要的商业机密；而家庭用户往往只是使用网络来浏览 Internet、收发 E-mail、打印和共享文件，这些用户对安全的要求相对较低。为了满足不同用户的安全要求，WPA 中规定了两种应用模式：企业模式、家庭模式（包括小型办公室）。

根据这两种不同的应用模式，WPA 的认证也分别有两种不同的方式。对于大型企业的应用，常采用"802.1x＋EAP"的方式，用户提供认证所需的凭证。但对于一些中小型的企业网络或者家庭用户，WPA 也提供一种简化的模式，它不需要专门的认证服务器。这种模式称为"WPA 预共享密钥（WPA-PSK）"，它仅要求在每个 WLAN 节点（AP、无线路由器、网卡等）预先输入一个密钥即可实现。

这个密钥仅仅用于认证过程，而不用于传输数据的加密。数据加密的密钥是在认证成功后动态生成的，系统将保证"一户一密"，不存在像 WEP 那样全网共享一个加密密钥的情形，因此大大地提高了系统的安全性。

（3）WPA2-PSK（AES）。在 802.11i 颁布之后，WiFi 联盟推出了 WPA2，它支持 AES（高级加密算法），因此它需要新的硬件支持，它使用 CCMP（计数器模式密码块链消息完整码协议）。在 WPA/WPA2 中，PTK 的生成依赖 PMK，而 PMK 的获得有两种方式，一种是 PSK 的形式，即预共享密钥，在这种方式中 PMK＝PSK，而另一种方式中，需要认证服务器和站点进行协商来产生 PMK。

目前最广为使用的就是 WPA-PSK（TKIP）和 WPA2-PSK（AES）两种加密模式。

3. 关闭 SSID 广播或更改 SSID 默认名称

简单来说，SSID 是用户给自己的无线网络所取的名字。在搜索无线网络时，用户的网络名字就会显示在搜索结果中。一旦攻击者利用通用的初始化字符串来连接无线网络，极容易入侵到用户的无线网络中。

需要注意的是，由于特定型号的访问点或路由器的默认 SSID 在网上很容易就能搜索到，如 netgear、TP-Link_60816E 等，因此一定要尽快更换。对于一般家庭来说选择差别较大的命名即可。

关闭 SSID 广播后再搜索无线网络会发现由于没有进行 SSID 广播，该无线网络被无线网卡忽略了，尤其是在使用 Windows XP 管理无线网络时，可以达到"掩人耳目"的目的，使无线网络不被发现。关闭 SSID 广播会使网络效率稍有降低，但安全性会大大提高，因此关闭 SSID 广播还是非常值得的。

4. 设置 IP 地址过滤和 MAC 地址列表

由于每个网卡的 MAC 地址是唯一的,所以可以通过设置 MAC 地址列表来提高安全性。在启用了 IP 地址过滤功能后,只有 IP 地址在 MAC 列表中的用户才能正常访问无线网络,其他不在列表中的用户自然就无法连入网络了。

另外需要注意在"过滤规则"中一定要选择"仅允许已设 MAC 地址列表中已生效的 MAC 地址访问无线网络"选项,否则无线路由器就会阻止所有用户连入网络。对于家庭用户来说这个方法非常实用,家中有几台计算机就在列表中添加几台即可,这样既可以避免邻居"蹭网"也可以防止攻击者的入侵。

 **任务实施**

5.2.3　任务实施 1——设置无线上网的安全密码

使用家用无线路由器接入上网,首先要做的就是完成无线路器的基本设置。在用户选择好网络的接入方式后,必须要做的就是给无线网络加密,这是保护无线网络最基本的设置,同样也是最重要的设置。否则任何可以搜索到该无线路由器信号的无线网卡都可以直接连接后上网甚至登录到该无线路由器进行设置,这样会带来很大的安全隐患。无线上网的安全密码的设置步骤如下。

(1) 首先打开"无线网络链接"列表。连接上自己的路由器,并且打开 IE,然后在地址栏中输入"192.168.1.1",按 Enter 键,弹出要求输入路由器用户名和密码的对话框,输入默认的登录用户名和密码后,单击"确定"按钮,进入无线路由器的设置界面,如图 5-35 所示。

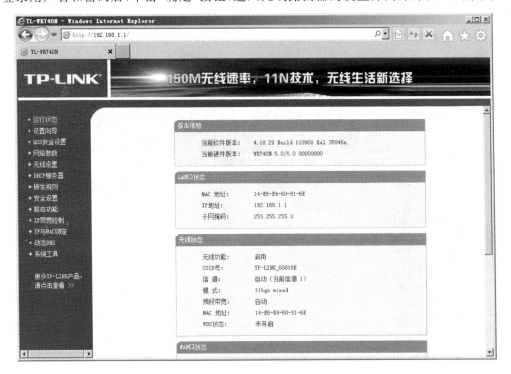

图 5-35　无线路由器设置界面

（2）选择左侧设置菜单中的"系统工具"选项，在展开的子列表中选择"修改登录口令"选项，打开"修改登录口令"界面，如图 5-36 所示。输入原用户名和原口令后，可以设置新的用户名和口令，这样就可以有效防止他人使用系统默认用户名和口令登录自己的无线路由器设置页面。

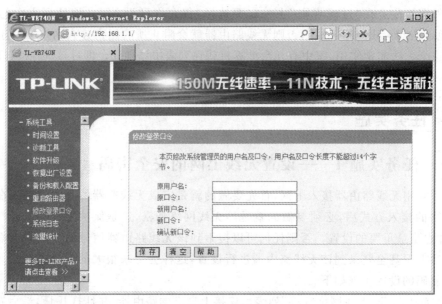

图 5-36 "修改登录口令"界面

（3）但这并不能阻止其他用户直接搜索到无线路由器的信号后直接连接上网。因此还要设置无线路由器信号的连接密码。在界面左侧的菜单中选择"无线设置"选项，直接进入无线网络"基本设置"界面，如图 5-37 所示。

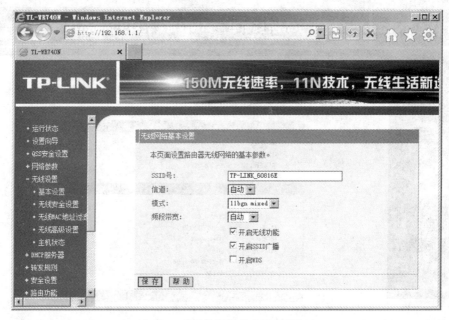

图 5-37 "无线网络基本设置"界面

（4）如果取消选择"开启 SSID 广播"复选框，则会关闭 SSID，在无线路由器信号覆盖的范围内将无法搜索到当前无线路由器的 ID。但可以通过设置计算机无线网络属性，预先对指定的计算机进行无线网络设置使其自动连接未广播名称的无线网络，让无线路由器的信号对其他用户隐藏，提高网络的安全性。单击"网络连接"图标，右击无线网络连接中的本地无线路由器的 SSID 名称，选择"属性"选项，如图 5-38 所示。

在弹出的"TP-LINK_60816E 无线网络属性"对话框中，勾选"连接"选项卡中的"即使网络未广播其名称也连接(SSID)"复选框，如图 5-39 所示。

如图 5-40 所示，"安全"选项卡下的"网络安全密钥"也就是无线路由器信号连接密码文本框中必须已经填写了正确内容。

图 5-38　网络连接

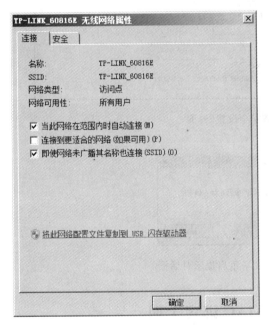

图 5-39　"TP-LINK_60816E 无线网络属性"
对话框的"连接"选项卡

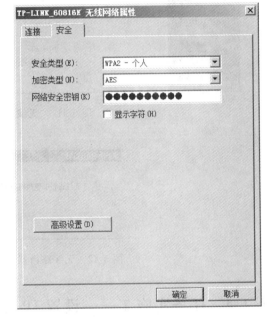

图 5-40　"TP-LINK_60816E 无线网络属性"
对话框的"安全"选项卡

（5）要想设置无线网络的连接密码，选择"无线设置"选项下的子菜单选项"无线安全设置"，如图 5-41 所示。选择加密强度最高且系统推荐的 WPA-PSK/WPA2-PSK 加密方法对网络进行加密。在"认证类型"下拉列表框中选择 WPA2-PSK 选项，在"加密算法"下拉列表框中选择 AES 选项，PSK 密码设置为一个相对复杂的字母、数字和特殊符号组成的字符串。单击"保存"按钮，弹出如图 5-42 所示的对话框，单击"确定"按钮，重新启动路由器完成无线路由器信号连接密码的设置。这样，没有密码的用户即便搜索到无线路器的信号也无法连接了。

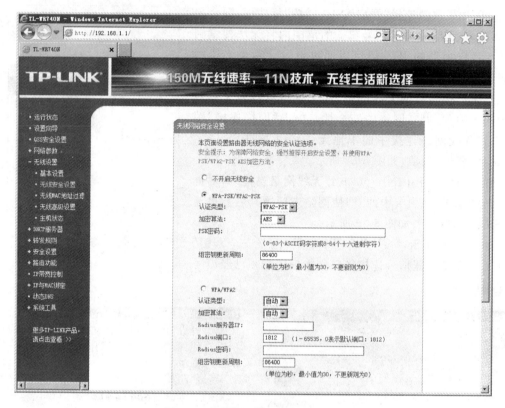

图 5-41 "无线网络安全设置"界面

图 5-42 无线路由器设置完毕重启提示对话框

5.2.4 任务实施 2——设置 IP 与 MAC 绑定上网

如果在使用无线网络的过程,计算机突然掉线,重启无线路由器后可以恢复正常,有时候甚至重启无线路由器都无效,但是计算机查不出任何病毒,路由器也正常,电信部门也不承认宽带故障。这个时候就要考虑,无线网络是不是遭到了 ARP 攻击。通过设置 MAC 地址与 IP 地址绑定上网,即 ARP 绑定设置可以防止 ARP 攻击。因为 ARP 病毒可以伪装成路由器的 IP 地址(无法伪装 MAC 地址),如果没有绑定,无线局域网内的设备会不停地访问中了 ARP 病毒的设备,从而所有设备都不能上网了。如果绑定了 MAC 地址和 IP 地址就使其一一对应,可以有效防止 ARP 攻击。设置方法如下。

(1)首先,一般使用无线路由器上网,都会设置开启 DHCP 服务器,让无线路由器自动为连接上的设备分配合法的 IP 地址,避免手动设置连接设备的 IP 地址。进入无线路由器的设置界面后选择左侧菜单列表中的"DHCP 服务器"选项,打开"DHCP 服务"界面,可以查看当前合法地址池中的 IP 地址的起始地址和结束地址的范围。也就是说,无线路由器可以自动地将地址池内的 IP 地址分配给连接到无线路由器上的设备,如图 5-43 所示。

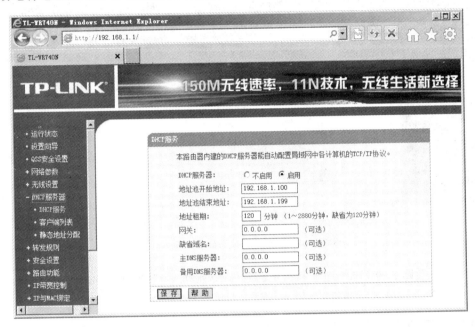

图 5-43 "DHCP 服务"界面

（2）选择"静态地址分配"选项,出现"静态地址分配"界面,如图 5-44 所示。单击"添加新条目"按钮,如图 5-45 所示。在该界面下,可以手动将无线局域网内的某设备的 MAC 地址和需要指派的 IP 地址对应输入后绑定,这样在 DHCP 服务器自动分配下,指派的 IP 地址只能分配给对应 MAC 地址的设备而不能分配给其他任何设备。

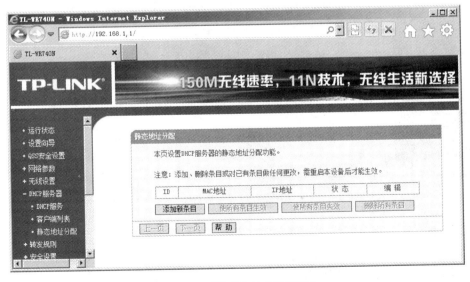

图 5-44 "静态地址分配"界面

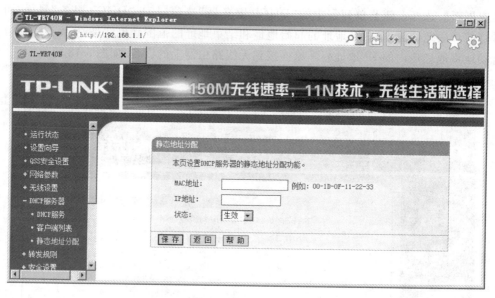

图 5-45　设置 DHCP 服务器静态地址分配功能

（3）输入某设备的 MAC 地址和指定的对应 IP 地址后选择"生效"状态，单击"保存"按钮直接返回如图 5-46 所示界面，重启无线路由器后设置的内容将生效。

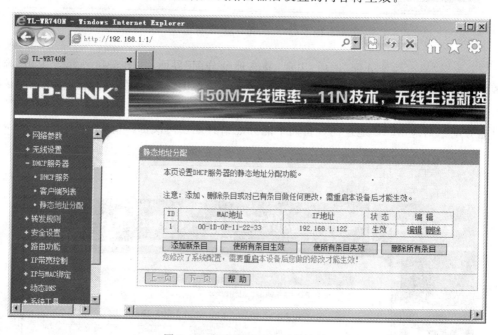

图 5-46　保存设置重启后将生效

（4）选择"IP 与 MAC 绑定"选项，出现"静态 ARP 绑定设置"界面，如图 5-47 所示。单击"添加单个条目"按钮，如图 5-48 所示。在该界面下，可以手动将无线局域网内的某设备的 MAC 地址和需要指派的 IP 地址对应输入后绑定，这样只有在 MAC 地址与 IP 地址对应的情况下，连接到无线路由器中的设备才能够上网，有效防止 ARP 攻击，确保了网络的安全性。

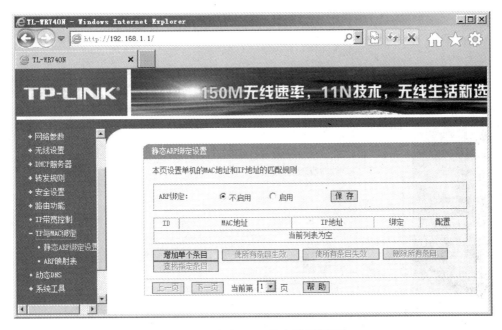

图 5-47　"静态 ARP 绑定设置"界面

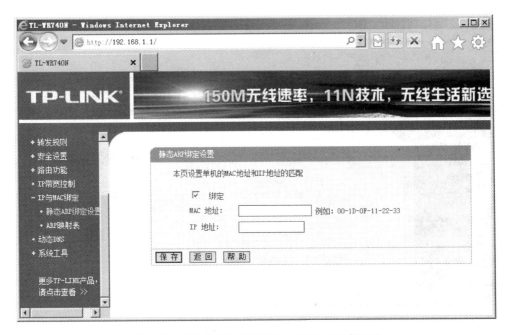

图 5-48　设置单机的 MAC 地址和 IP 地址的匹配

（5）输入某设备的 MAC 地址和指定的对应 IP 地址后单击"保存"按钮返回如图 5-49 所示界面，选择"启用"选项，进行 ARP 绑定并保存，设置完毕。这时选择"ARP 映射表"选项可以看到如图 5-50 所示界面。这里可以发现刚刚指定的 MAC 地址与对应的 IP 地址已经被绑定。

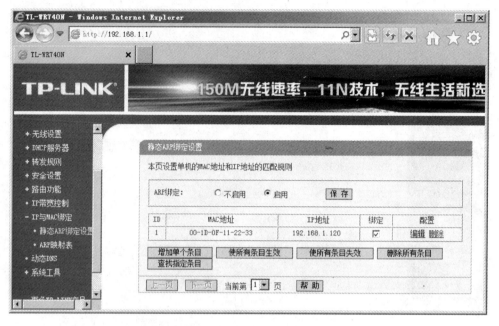

图 5-49　启用 ARP 绑定

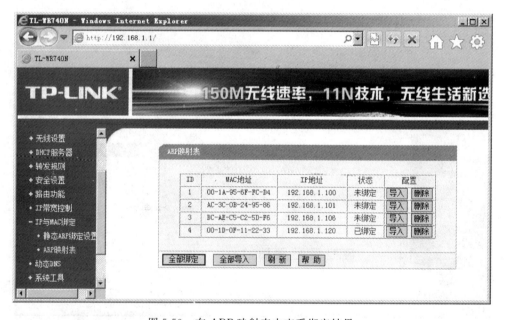

图 5-50　在 ARP 映射表中查看绑定结果

　　如果想要将其他所有 ARP 映射表中的 MAC 地址与 IP 地址对应的映射关系全部绑定，直接单击"全部绑定"按钮和"全部导入"按钮即可，如图 5-51 所示。这样再返回步骤(2)将映射关系的 MAC 地址和 IP 地址对应关系全部添加到"静态地址分配"中，如图 5-52 所示。至此 MAC 地址与 IP 地址绑定设置完毕。

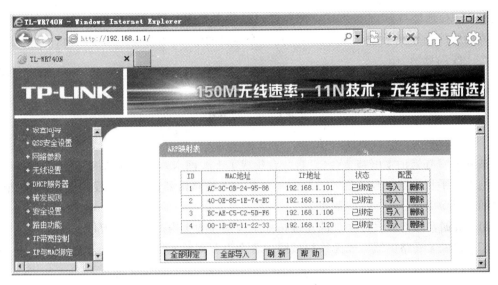

图 5-51　设置"全部绑定"和"全部导入"

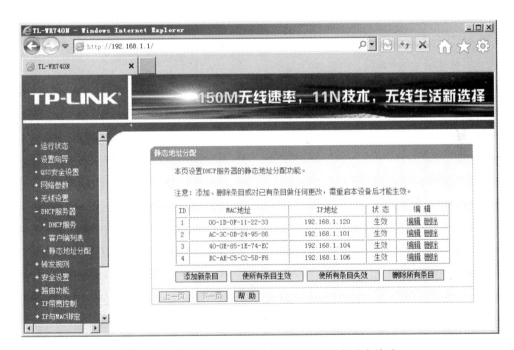

图 5-52　"静态地址分配"中添加并生效所有对应关系

项目总结与回顾

本项目主要介绍了无线局域网的组建和软硬件的设置方法。本项目分为两个案例：一个案例是组建办公室无线局域网共享资源，通过任务实施完成了组建小型无线局域网实现共享上网；第二个案例是无线网络的安全接入，通过任务实施完成了设置无线上网的安全密码和 MAC 地址与 IP 地址绑定上网。经过这两个案例的学习和实践就可以顺利搭建安全可靠的无线局域网了。希望读者通过这两个案例的学习,增强实际动手能力,能够实际组建一个无线局域网。

习　题

　　某办公室有笔记本电脑 2 台(只有一台集成了无线网卡),台式计算机 5 台(均只集成了有线网卡),平板电脑 1 台。现要求组建一个基于无线路由器结构的无线网络,实现各个设备之间的资源共享。

　　(1) 根据实际情况设计合理的连接拓扑结构图并购买当前合适的硬件设备。

　　(2) 配置无线路由器完成无线局域网中各个设备间的连接以及安全设置。

项目 6　Internet 技术及应用

任务 6.1　IP 地址的规划

某网络科技公司成立初只有几十人,每个人因为工作需要被分配到各个部门,每位员工都必须配备计算机终端,每个部门还有一台公用的服务器负责文件存储和打印机共享,这些设备要实现联网且各个部门间不能相互访问。另外,公司由于业务的需要,在内部联网之后还要考虑公司发展新聘员工联网问题以及让公司网络接入 Internet。公司接入互联网后还要创建自己的网站供客户访问。

要实现并配置这家公司的网络,必须掌握以下内容。

(1) 了解 IP 地址。

(2) IP 地址规划和 IP 地址的发展。

(3) 空间和域名的作用。

(4) 实现上网的方法。

 任务描述

在 IP 地址规划中有些 IP 地址是不能被配置到网络设备接口使用的,这些 IP 地址是网络地址和广播地址。另外,这家刚成立的公司的网络属于典型的小型网络,机器数量的增长在公司发展的情况下几年内一般不会突破 500 台。因此,根据上述网络规模的发展需求考虑 IP 地址的分配与管理。

 **任务准备**

6.1.1　IPv4 的介绍

IP 协议定义了 IP 地址,IP 地址用来唯一确定 Internet 上的每台主机以及每个用户的位置。目前广泛应用的 IP 协议是 4.0 版本的 IPv4 协议,因此 IP 地址也称为 IPv4 地址。

在 IP 协议中,IP 地址是以二进制数字形式出现的,共 32 位(bit),4 个字节,一位就是二进制中的一个 0 或 1。二进制数值不适用于人阅读和记忆,因此,为了方便记忆和使用,Internet 管理委员会决定采用一种"点分十进制表示法"表示 IP 地址。首先,以 8 位为单位,将 32 位的 IP 地址分成 4 段,每段 8 位,即一个字节。其次,将各段的二进制数值转换成十进制,再以"."隔开,便于阅读与理解。例如,11001010 01001010 11001101 01101110 就可以表示成 202.74.205.10。IPv4 的地址由 32 位组成,理论上会有 $2^{32}=4294967296$(近

43 亿)种组合。虽然看上去这个值很大,在 IPv4 设计之初,32 位地址空间是很充裕的,但随着 Internet 用户的增加,IP 地址空间很快被耗尽。为了解决这个问题,IETF 设计了下一版本的 IPv6。IPv6 的地址由 128 位组成,2^{128} 这个数字巨大,可以提供非常充裕的 IP 地址空间。

Internet 管理委员会定义了 A、B、C、D、E 五类地址。在每类地址中,还规定了网络号(Netid)和主机号(Hostid)。在前三类 IP 地址中,每类有不同长度的网络号和主机号,如图 6-1 所示。

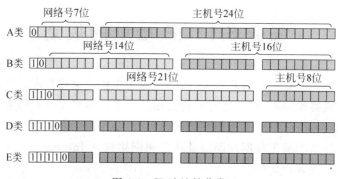

图 6-1   IP 地址的分类

A 类地址:A 类地址的网络标识由第一组 8 位二进制数表示,A 类地址的特点是网络标识的第一位二进制数取值必须为“0”。不难算出,A 类地址第一个地址为 00000001,最后一个地址是 01111111,换算成十进制就是 127,其中 127 留作保留地址,A 类地址的第一段范围是:1～126,A 类地址允许有 $2^7-2=126$ 个网段(减 2 是因为 0 不用,127 留作他用),网络中的主机标识占三组 8 位二进制数,每个网络允许有 $2^{24}-2=16777216$ 台主机(减 2 是因为全 0 地址为网络地址,全 1 地址为广播地址,这两个地址一般不分配给主机)。通常分配给拥有大量主机的大型网络。

B 类地址:B 类地址的网络标识由前两组 8 位二进制数表示,网络中的主机标识占两组 8 位二进制数,B 类地址的特点是网络标识的前两位二进制数取值必须为“10”。B 类地址第一个地址为 10000000,最后一个地址是 10111111,换算成十进制,B 类地址第一段范围就是 128～191,B 类地址允许有 $2^{14}=16384$ 个网段,网络中的主机标识占两组 8 位二进制数,每个网络允许有 $2^{16}-2=65533$ 台主机,适用于节点比较多的中型网络。

C 类地址:C 类地址的网络标识由前三组 8 位二进制数表示,网络中主机标识占一组 8 位二进制数,C 类地址的特点是网络标识的前 3 位二进制数取值必须为“110”。C 类地址第一个地址为 11000000,最后一个地址是 11011111,换算成十进制,C 类地址第一段范围就是 192～223,C 类地址允许有 $2^{21}=2097152$ 个网段,网络中的主机标识占一组 8 位二进制数,每个网络允许有 $2^8-2=254$ 台主机,适用于节点比较少的小型局域网。

D 类地址和 E 类地址:D 类地址是多播地址,用于广播至多个目的地址,只保留给 Internet 结构委员会(IAB)使用。E 类地址保留在以后使用。

6.1.2   特殊 IP 地址及专用 IP 地址

IP 地址的数量都只是数学上各种排列组合的总量,用点分十进制记法来表示 IP 地址,则常用的 3 类 IP 地址使用范围如表 6-1 所示。

表 6-1 常用 3 类 IP 地址的使用范围

网络类别	最大网络数	第一个可用的网络号	最后一个可用的网络号	每个网络中的最大主机数	保留 IP 地址
A	126 即(2^7-2)	1	126	16777214 即($2^{24}-2$)	127. ×.×.×
B	16384 即(2^{14})	128.0	191.255	65534 即($2^{16}-2$)	169.254.×.×
C	2097152 即(2^{21})	192.0.0	223.255.255	254 即(2^8-2)	无

在实际应用中,有些网络地址与主机地址有特别用途,因此在分配或管理 IP 地址时,要特别注意这些限制,如表 6-2 所示。

表 6-2 特殊 IP 地址

网络号	主机号	含义
0	0	在本网络上的本主机
0	主机号	在本网络上的某个主机
全 1	全 1	只在本网络上进行广播(各路由器不进行转发主机地址)
网络号	全 0	表示一个网络
网络号	全 1	对网络号标明的网络的所有主机进行广播
127	任何数	用作本地软件回送测试

下面将对这些特殊的 IP 地址进行说明。

1. 私有地址

上面提到 IP 地址在全世界范围内唯一,但像 192.168.0.1 这样的地址在许多地方都能看到,并不唯一,这是为何? Internet 管理委员会规定如下地址段为私有地址,私有地址可以自己组网时使用,但不能在 Internet 网上使用,Internet 网上没有这些地址的路由,有这些地址的计算机要上网必须转换成为合法的 IP 地址,即公网地址。表 6-3 所示的就是 A、B、C 类网络中的私有地址段。

表 6-3 私有地址

网络类别	私有 IP 地址
A	10.0.0.0～10.255.255.255
B	172.16.0.0～172.31.255.255
C	192.168.0.0～192.168.255.255

2. 回送地址

A 类网络地址 127 是一个保留地址,用于网络软件测试以及本地机进程间通信,叫做回送地址(Loopback Address)。无论什么程序,一旦使用回送地址发送数据,协议软件立即将其返回,不进行任何网络传输。含网络号 127 的分组不能出现在任何网络上。

3. 广播地址

TCP/IP 协议规定,主机号全为"1"的网络地址用于广播,叫做广播地址。所谓广播,指同时向同一子网所有主机发送报文。广播地址不像其他 IP 地址那样分配给某台具体的主机，它用于满足一定条件的一组计算机。广播地址分为两种：直接广播地址和有限广播地址。

在一个特定子网中，主机地址部分全为 1 的地址称为直接广播地址。一台主机使用直接广播地址可以向任何指定的网络直接广播它的数据报，很多 IP 利用这个功能向一个子网上广播数据。

32 位全为 1 的 IP 地址(即 255.255.255.255)被称为有限广播地址或本地网广播地址，该地址被用作在本网络内部广播。主机在不知道自己的网络地址的情况下使用有限广播地址，也可以向本子网上所有的其他主机发送消息。

广播地址不像其他地址那样分配给某台具体的主机，它是指满足一定条件的一组主机。广播地址只能作为 IP 报文的目的地址，表示该报文的一组接收者。

4. 网络地址

TCP/IP 协议规定，各位全为"0"的网络号被解释成"本"网络。这样的 IP 地址为网络地址，用于标识该网络。若网络标识全为 0，则该地址标识本网的主机。32 位全为 0 的地址表示本机。

6.1.3 IP 地址类的确定及 Netid 和 Hostid 的提取

1. IP 地址类的确定

(1) 如果地址是二进制形式，只要观察前几个比特就可知道该地址的类。

① 若第一位为 0，则地址为 A 类地址。

② 若第一位是 1 且第二位是 0，则地址为 B 类地址。

③ 若第一、二位都是 1 且第三位是 0，则地址为 C 类地址。

④ 若前三位都是 1 且第四位是 0，则地址为 D 类地址。

⑤ 若前四位都是 1，则地址为 E 类地址。

(2) 如果地址是点分十进制，则只需要检查第一个数据就可以确定地址的类，如图 6-2 所示。

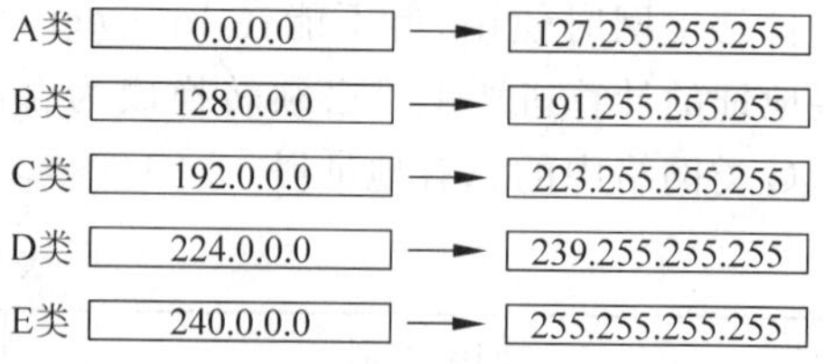

① 若第一个数字在 0 到 127(含 0 和 127)之间，则为 A 类地址。

② 若第一个数字在 128 到 191(含 128 和 191)之间，则为 B 类地址。

③ 若第一个数字在 192 到 223(含 192 和 223)之间，则为 C 类地址。

A类	0.0.0.0	→	127.255.255.255
B类	128.0.0.0	→	191.255.255.255
C类	192.0.0.0	→	223.255.255.255
D类	224.0.0.0	→	239.255.255.255
E类	240.0.0.0	→	255.255.255.255

图 6-2　IP 地址的分类

④ 若第一个数字在 224 到 239(含 224 和 239)之间，则为 D 类地址。

⑤ 若第一个数字在 240 到 255(含 240 和 255)之间，则为 E 类地址。

2. Netid 和 Hostid 的提取

通过以上对 IP 地址类的确定方法，可以很容易得到 IP 地址中的 Netid(网络号)和 Hostid(主机号)。

① A 类地址的第一个 8 位组(第一个十进制数)就是网络号，剩下的 3 个八位组(3 个十进制数)就是主机号。

②B 类地址的前两个 8 位组(前两个十进制数)就是网络号,剩下的两个 8 位组(两个十进制数)就是主机号。

③C 类地址的前 3 个 8 位组(前 3 个十进制数)就是网络号,剩下的一个 8 位组(一个十进制数)就是主机号。

④D 类地址,没有网络号和主机号。整个地址都用于多播。

⑤E 类地址,没有网络号和主机号。整个地址都保留作为特殊用途。

6.1.4　子网划分

1. 子网划分的概念

IP 地址分为 Netid(网络号)和 Hostid(主机号)两部分,一部分用于标识网络,另一部分用于标识网络上的主机或路由器。因此 IP 地址具有两级层次结构。为了到达 Internet 上的某一主机或者路由器,必须先利用 IP 地址的网络号找到相应的网络,再根据主机号找到网络上的主机或路由器。

然而在很多情况下,这样的两层结构的 IP 地址的设计是很不理想的。例如,具有 A 类地址的网络可以连接的主机数极多,容易造成 IP 地址的浪费。其次,每个物理网络都分配一个网络号会使得路由表信息增加从而影响网络性能。另外,两级网络地址不够灵活,若某公司有一个 B 类 IP 地址,那么由于两级网络地址的限制,使得不能有一个多余的物理网络。网络上的所有主机都无法根据需要进行分组,所有的主机都处于同一级别。特别是局域网中的计算机数量达到一定程度时,网络安全问题就突显出来,病毒和木马会利用计算机在一个广播域中传播。可以采用子网划分来解决以上问题。

子网划分的过程允许网络设计人员将一类 IP 网络进一步划分成许多小的部分,这些部分称为子网。也可以认为子网就是被细分的网络,然后子网就可以像 IP 网络一样使用了。

当网络中的主机总数未超出所给定的某类网络可容纳的最大主机数,但内部又要划分成若干个分段(Segment)进行管理时,就可以采用子网划分的方法。

在划分子网之前,应该了解相关术语。

(1) 子网:一组连续的 IP 地址的集合,地址中的网络号和子网号部分的值都相同。

(2) 子网号:用于表示特定子网的一组点分十进制数,也称为子网 ID 或子网地址。

(3) 子网掩码:用来识别 IP 地址结构的一组点分十进制数。掩码的表示方法是 IP 地址中的网络号和子网号部分用 1 表示,地址中的主机号部分用 0 表示。

2. 子网 IP 地址的格式

为了创建子网,需要从原有的 IP 地址的主机号中借出连续的高位作为子网号,如图 6-3 所示。也就是说,经过划分后的子网因为其主机数量减少,已经不需要原来那么多位作为主机号了,从而可以将这些多余的主机号的位作为子网号。可见,子网划分后的 IP 地址结构包含以下 3 个部分:网络号、子网号和主机号。

图 6-3　关于子网划分的示意图

3. 子网掩码

由于 IP 地址进行子网划分后由原有的两层结构变成了三层结构,那么该如何让计算机能够容易地知道这种划分呢? 可以使用子网掩码解决这个问题。

子网掩码的作用就是和 IP 地址做"与"运算后算出网络号,子网掩码与 IP 地址一样也是 32 位,并且是一串 1 后跟随一串 0 组成,其中 1 表示在 IP 地址中的网络号对应的位数,而 0 表示在 IP 地址中主机对应的位数。

使用子网掩码可以将一个网段划分为多个子网段,这样便于进行网络管理,还有利于网络设备区分本网段地址和非本网段地址。

(1) 无子网的默认子网掩码(用于两层结构的 IP 地址)如表 6-4 所示。

表 6-4　无子网的默认子网掩码

地址类别	默认子网掩码	IP 地址	网络号
A	255.0.0.0	15.36.56.7	15.0.0.0
B	255.255.0.0	135.67.13.9	135.67.0.0
C	255.255.255.0	201.34.12.72	201.34.12.0

默认子网掩码的 IP 地址段比较容易识别,只要子网掩码相同,网络号相同就为同一网段。

(2) 有子网的特殊子网掩码(用于三层结构的 IP 地址)如表 6-5 所示。

表 6-5　有子网的特殊子网掩码

地址类别	特殊子网掩码	IP 地址	网络号
A	255.255.0.0	15.36.56.7	15.32.0.0
B	255.255.255.0	135.67.13.9	135.67.13.0
C	255.255.255.192	201.34.12.72	201.34.12.64

这些特殊子网掩码的出现是为了把一个网络划分成多个网络,分析特殊子网掩码就是要分析子网号从主机号借了几位,子网号的位数决定了可划分的子网数和每个子网的主机数,并且子网值不能是全 0 或全 1,因此需要根据实际的子网划分需求来确定用作子网的位数。下面用 A、B、C 三类子网的构成加以说明。

4. A 类子网构成

对于一个 A 类地址,后 3 个字段 24 位都用于表示主机号,可以表示 $2^{24} = 16777216$ 个主机地址,但实际上可分配主机地址为 $16777216 - 2 = 16777214$ 个(扣除全 0 和全 1 这两种情况)。

现在假设将这个 A 类网络划分子网。如果从默认的 24 位主机字段中借用 2 位,主机字段的长度将缩短到 22 位,即可创建 $2^2 = 4$ 个子网(实际上可用子网为 2 个,扣除子网号全 0 和全 1 这两种情况),每个子网可实际分配的主机地址为 4194302 个。如果从默认的 24 位主机字段中借 3 位,主机字段的长度将缩短到 21 位,即可创建 $2^3 = 8$ 个子网(实际上可用子网为 6 个,扣除子网号全 0 和全 1 这两种情况),每个子网可实际分配的主机字段为 2097150 个。图 6-4 说明了 A 类网络中通过借用主机位创建的子网数以及每个子网的主机数。

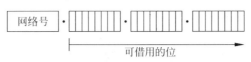

借用的位数(s)	实际可用子网数(2^s-2)	余下的主机号位数($24-s=h$)	每个子网实际可用主机数(2^h-2)
2	2	22	4194302
3	6	21	2097150
4	14	20	1048574
5	30	19	524286
6	62	18	262142
7	126	17	131070
...	...	...	...

图 6-4 借用 A 类网络地址空间的位

5. B 类子网构成

对于一个 B 类地址,后两个字段 16 位都用于表示主机号,可以表示 $2^{16}=65535$ 个主机地址,但实际上可分配主机地址为 $65535-2=65534$ 个(扣除全 0 和全 1 这两种情况)。

现在假设将这个 B 类网络划分子网。如果从默认的 16 位主机字段中借用 2 位,主机字段的长度将缩短到 14 位,即可创建 $2^2=4$ 个子网(实际上可用子网为 2 个,扣除子网号全 0 和全 1 这两种情况),每个子网可实际分配的主机地址为 16382 个。如果从默认的 16 位主机字段中借 3 位,主机字段的长度将缩短到 13 位,即可创建 $2^3=8$ 个子网(实际上可用子网为 6 个,扣除子网号全 0 和全 1 这两种情况),每个子网可实际分配的主机字段为 8190 个。图 6-5 说明了 B 类网络中通过借用主机位创建的子网数以及每个子网的主机数。

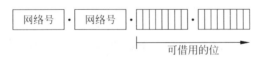

借用的位数(s)	实际可用子网数(2^s-2)	余下的主机号位数($8-s=h$)	每个子网实际可用主机数(2^h-2)
2	2	14	16832
3	6	13	8190
4	14	12	4094
5	30	11	2046
6	62	10	1022
7	126	9	510
...	...	...	...

图 6-5 借用 B 类网络地址空间的位

6. C 类子网构成

对于一个 C 类地址,最后一个字段 8 位都用于表示主机号,可以表示 $2^8=256$ 个主机地址,但实际上可分配主机地址为 $256-2=254$ 个(扣除全 0 和全 1 这两种情况)。

现在假设将这个 C 类网络划分子网。如果从默认的 8 位主机字段中借用 2 位,主机字段的长度将缩短到 6 位,即可创建 $2^2=4$ 个子网(实际上可用子网为 2 个,扣除子网号全 0 和全 1 这两种情况),每个子网可实际分配的主机地址为 62 个。如果从默认的 8 位主机字段中借 3 位,主机字段的长度将缩短到 5 位,即可创建 $2^3 = 8$ 个子网(实际上可用子网为 6 个,扣除子网号全 0 和全 1 这两种情况),每个子网可实际分配的主机字段为 30 个。图 6-6 说明了 C 类网络中通过借用主机位创建的子网数以及每个子网的主机数。

借用的位数(s)	实际可用子网数(2^s-2)	余下的主机号位数($8-s=h$)	每个子网实际可用主机数(2^h-2)
2	2	6	62
3	6	5	30
4	14	4	14
5	30	3	6
6	62	2	2

图 6-6 借用 C 类网络地址空间的位

任务实施

6.1.5 任务实施——IP 地址的规划

根据公司目前的状况,一共有 4 个部门,每个部门有 10 台主机。如果考虑选用 C 类地址进行子网划分,因为需要将网络分隔成 4 个子网,首先要解决的就是子网号的长度,设置子网地址为 2 位,可形成 $2^2 = 4$ 个子网,扣除子网号全 0 和全 1 的子网,实际上可用的子网正好有 2 个,不满足公司的需求。由于考虑公司的部门扩展,选择将子网号设置成 3 位,可形成 $2^3 = 8$ 个子网,扣除子网号全为 0 和全 1 的子网,实际可用子网号有 6 个。因此,主机号占 $8-3=5$ 位,每个子网可以有 $2^5 = 32$ 个可用主机地址,扣除主机地址全为 0 和 1 的两种情况,实际可用主机数为 $32-2=30$,可以满足公司未来发展的 IP 地址使用量。

接着就是必须决定子网分配的方式。假设公司申请到如下 C 类 IP 地址。

IP 地址:11001010 01001010 11001101 00000000(202.74.205.0)

子网掩码:11111111 11111111 11111111 00000000(255.255.255.0)

由于使用了 3 位作为子网号,网络号变成了 $24+3=27$ 位。因此,新的子网掩码为:11111111 11111111 11111111 11100000(255.255.255.224)。

将得到的 6 个可用的子网号地址全部转换成点分十进制形式表示为

11001010 01001010 11001101 00100000(202.74.205.32)

11001010 01001010 11001101 01000000(202.74.205.64)

11001010 01001010 11001101 01100000(202.74.205.96)

11001010 01001010 11001101 10000000(202.74.205.128)

11001010 01001010 11001101 10100000(202.74.205.160)

11001010 01001010 11001101 11000000(202.74.205.192)

以子网号地址 202.74.205.32 为例,其可设置的 IP 地址的最后 8 位范围是 00100001~00111110(即 33~62)。因此,上述 6 个子网可设置的 IP 地址如表 6-6 所示。

表 6-6 子网可设置的 IP 地址

网络	可设置的 IP 地址	子网掩码
部门 1	202.74.205.33～202.74.205.62	255.255.255.224
部门 2	202.74.205.65～202.74.205.94	255.255.255.224
部门 3	202.74.205.97～202.74.205.126	255.255.255.224
部门 4	202.74.205.129～202.74.205.158	255.255.255.224
未分配	202.74.205.161～202.74.205.190	255.255.255.224
未分配	202.74.205.193～202.74.205.222	255.255.255.224

表 6-6 中最后两行未分配的子网以及可设置的 IP 地址可以用于公司发展后分配新的部门使用。

任务 6.2 空间和域名的申请

某化工有限公司请网页制作公司制作了一个宣传本公司产品的网站,现在需要上传到 Internet 上供客户浏览和在线订购产品,这就需要为该化工有限公司的网站申请存放的空间以及相应的域名来供客户访问。那么如何为企业申请空间和域名,为了解决这个问题,必须首先掌握以下内容。

(1) Internet 的起源与发展。

(2) Internet 的特点。

(3) Internet 的基本组成。

(4) Internet 的未来发展方向。

(5) Internet 中的信息传递。

(6) Internet 的空间和域名。

任务描述

在 IP 地址规划中有些 IP 地址是不能被配置到网络设备接口使用的,这些 IP 地址是网络地址和广播地址。另外,这家刚成立的公司属于典型的小型网络,机器数量的增长在公司发展的情况下几年内一般不会突破 500 台。因此,根据上述网络规模的发展需求考虑 IP 地址的分配与管理。

一个网站最少要包括域名和空间,域名就是我们平时所说的网址,空间则是用来放网页内容的。没有空间,则网站内容将不能访问,没有域名,我们的网站地址别人也不容易记住,不方便访问,本节任务我们将介绍空间和域名的相关知识。

 任务准备

6.2.1 Internet 的起源与发展

Internet 是全世界最大的计算机网络,它起源于美国国防部高级研究计划局 ARPA (Advanced Research Project Agency)于 1968 年主持研制的用于支持军事研究的计算机实

验网 ARPANET。ARPANET 建网的初衷旨在帮助那些为美国军方工作的研究人员通过计算机交换信息,它的设计与实现是基于这样的一种主导思想:网络要能够经得住故障的考验而维持正常工作,当网络的一部分因受攻击而失去作用时,网络的其他部分仍能维持正常通信。最初,网络开通时只有 4 个站点:斯坦福研究所(SRI)、Santa Barbara 的加利福尼亚大学(UCSB)、洛杉矶的加利福尼亚大学(UCLA)和犹他大学。ARPANET 不仅能提供各站点的可靠连接,而且在部分物理部件受损的情况下,仍能保持稳定,在网络的操作中可以不费力地增删节点。当时已经投入使用的许多通信网络大多运行不稳定,并且只能在相同类型的计算机之间才能可靠地工作,ARPANET 则可以在不同类型的计算机间互相通信。

ARPANET 的两大贡献:第一,分组交换概念的提出;第二,产生了今天的 Internet,即产生了 Internet 最基本的通信基础——传输控制协议/Internet 协议(TCP/IP)。

1985 年,美国国家科学基金会 NSF(National Science Foundation)为鼓励大学与研究机构共享他们非常昂贵的 4 台计算机主机,希望通过计算机网络把各大学与研究机构的计算机和这些巨型计算机连接起来,开始时,他们想用现成的 ARPANET,但是他们发觉与美国军方打交道不是一件容易的事情,于是他们决定利用 ARPANET 发展出来的叫做 TCP/IP 的通信协议,然后他们自己出资建立名叫 NSFNET 的广域网,由于美国国家科学资金的鼓励和资助,许多大学、政府资助的研究机构,甚至私营的研究机构纷纷把自己的局域网并入 NSFNET。这样使 NSFNET 在 1986 年建成后取代 ARPANET 成为 Internet 的主干网。

在 20 世纪 90 年代以前,Internet 是由美国政府资助,主要供大学和研究机构使用,但后来该网络商业用户数量日益增加,并逐渐从研究教育网络向商业网络过渡。Internet 有着巨大的商业潜力:①电子邮件,电子邮件的优势是能够实现一对多人的信息传递;②与专家和科研人员的网上交流与合作,通过电子布告板提出问题听取专家学者和用户各方面的建议;③了解商业机会和发展趋势,更多的公司通过 Internet 收集、调研和销售与商贸活动有关的信息;④远距离数据检索,查询各种商业性和专业数据库;⑤文件传输(FTP),从生产到销售各个环节的配合与联络,如设计人员通过网络将设计方案直接传输给生产厂家;⑥检索免费软件,目前在 Internet 的公共软件里有许多免费软件,很多公司利用这些软件来缩短产品的开发时间;⑦研究和出版,出版商利用 FTP 进行文稿的传递、编辑和发行,以减少出版的时间和费用。

近几年,Internet 规模迅速发展,已经覆盖了包括我国在内的 200 多个国家,连接的网络有 5.5 亿个,全球电子邮件帐户数量超过 314 亿个,终端用户超过 20 亿个,移动宽带用户数量超过 12 亿个,并且以每年 15%～20% 的速度增长。

Internet 在中国起步较晚。1986 年,中国科学院等一些科研单位,通过国际长途电话拨号到欧洲一些国家,进行国际联机数据库信息检索,开始初步接触 Internet。1990 年,中科院高能所、北京计算机应用研究所、华北计算研究所、石家庄 54 所等单位先后通过 X.25 网接入到欧洲一些国家,实现了中国用户与 Internet 之间的电子邮件通信。1993 年,中科院高能所实现了与美国斯坦福线性加速中心(SLAC)的国际数据专用信道的互联。1994 年中国 Internet 只有一个国际出口,300 多个入网用户,到 1998 年 7 月已发展到有 40 条国际出口线,国际线路的总容量为 84.64Mbps。目前中国和国际 Internet 网络互联的主要网络有:

由中国科学院负责运作的中国教育科研网（CERNET），由清华大学负责运作的中国科学技术网（CSTNET），由工信部、电力部、铁道部支持，吉通公司负责运作的金桥网（GBNET），以及由邮电部组建的中国公用计算机互联网（Chinanet）。前两个网络是以教育、科研服务为目的的，属于非营利性质；后两个网络是以商业经营为目的的，所以又称为商业网。

中国互联网络信息中心（CNNIC）2013 年 6 月 30 日在北京发布的我国互联网发展研究最新基础数据如表 6-7 所示。

表 6-7　中国互联网发展数据

网民数量	5.91 亿
手机网民数	4.64 亿
互联网普及率	44.1％
网站数	294 万
国际出口宽带数	2098150Mbps
IPv4 数	3.31 亿
域名数	1470 万

随着商业网络和大量商业公司进入 Internet，网上商业应用取得高速的发展，同时也使 Internet 能为用户提供更多的服务，使 Internet 迅速普及和发展起来。现在 Internet 已发展为多元化，不仅仅单纯为科研服务，已进入到日常生活的各个领域。网络的出现，改变了人们使用计算机的方式；而 Internet 的出现，又改变了人们使用网络的方式。Internet 使计算机用户不再被局限于分散的计算机上，同时，也使他们脱离了特定网络的约束。任何人只要进入了 Internet，就可以利用网络中的丰富资源。

6.2.2　Internet 的特点

Internet 是由许许多多属于不同国家、部门和机构的网络互连起来的网络，任何运行因特网协议（TCP/IP 协议），且愿意接入因特网的网络都可以成为因特网的一部分，其用户可以共享因特网的资源，用户自身的资源也可向因特网开放。Internet 的主要特点如下。

1. 全球信息浏览

快速方便地与本地、异地其他网络用户进行信息通信是 Internet 的基本功能。一旦接入 Internet，即可获得世界各地的有关政治、军事、经济、文化、科学、商务、气象、娱乐和服务等方面的最新信息。

2. 检索、交互信息方便快捷

Internet 用户和应用程序不必了解网络互连等细节，用户界面独立于网络。对 Internet 上提供的大量丰富信息资源能快速地传递、方便地检索。

3. 灵活多样的入网方式

灵活多样的入网方式是 Internet 获得高速发展的重要因素。TCP/IP 协议成功解决了不同硬件平台、网络产品、操作系统的兼容性问题，成为计算机通信方面实际上的国际标准。任何计算机只要采用 TCP/IP 协议与 Internet 上任何一个节点相连，就可成为 Internet 的一部分。

4. 网络信息服务的灵活性

Internet 采用分布式网络中最为流行的客户机/服务器模式,用户通过自己的计算机上的客户程序发出请求,就可与装有相应服务程序的主机进行通信,大大提高了网络信息服务的灵活性。

5. 集成了多种信息技术

将网络技术、多媒体技术以及超文本技术融为一体,体现了现代多种信息技术互相融合的发展趋势。为教学科研、商业广告、远程医疗和气象预报提供了新的技术手段,真正发挥了网络应有的作用。

6. 入网方便,收费合理

Internet 服务收费是很低的,低收费策略可以吸引更多的用户使用 Internet,从而形成良性循环。另外,入网方便。任何地方,通过电话线、有线电视线、光纤甚至无线信号都可轻松接入 Internet。

7. 信息资源丰富

具有极为丰富的、免费的信息资源,Internet 已成为全球各国通用的信息网络,绝大多数 Gopher 服务器、WAIS 服务器、Archie 服务器和 WWW 服务器都是免费的,向用户提供了大量信息资源。另外,还有许多免费的 FTP 服务器和 Telent 服务器。

8. 服务功能完善,简便易用

Internet 具有丰富的信息搜索功能和友好的用户界面,操作简便,无须用户掌握更多的计算机专业知识就可方便使用 Internet 的各项服务功能。

6.2.3　Internet 的基本组成

Internet 是由许多网络连接而成的,也就是由网络间接而成的网际间(Inter-network)超大型网络。不论在哪个国家和地区,Internet 通常包括由政府机构、各大学、研究单位、军事单位和企业所构成的网络,而这些网络之间则是以快速、稳定的主干线路互相连接。

1. 物理主干网

Internet 最基本的部件是物理主干网。物理主干网在 Internet 中扮演的角色就相当于动物的脊椎,是快速传递信息的神经主干道,脊椎一旦受损就会导致瘫痪,而 Internet 的物理主干网也是一样。Internet 上的所有计算机通过成千上万根电缆、光缆或无线通信设备以及连接器组成了物理主干网,它是有效传播信息的真实载体。

2. 通信协议

事实上,只是用主干线路将各个网络连接起来,各网络之间还是无法通信。这是因为各网络在架设时所使用的信息传输技术各有不同,而采用不同传输技术所载送的信息并不能够互相沟通,因此必须建立一种共同沟通信息的技术,并且由各个网络共同遵守使用,这样信息才能在网络间无障碍流通,人们将这种共同沟通信息的技术称为通信协议。

通信协议实质上就是实体间控制和数据交换的规则的集合。在 Internet 上传送的每个消息至少通过三层协议:网络协议(Network Protocol),它负责将消息从一个地方传送到另一个地方;传输协议(Transport Protocol),它管理被传送内容的完整性;应用程序协议(Application Protocol),作为对通过网络应用程序发出请求的应答,它将传输转换成人类能识别的信息。

3. 联网服务供应商

Internet 是由多个网络连接而成,所以能够使用 Internet 的人就是各网络的用户,如政府机构、各大学、研究单位、军事单位、企业等机构人员,只有这些网络的用户才能访问 Internet 的资源,但是,在 Internet 服务供应商(Internet Service Provider)出现后,每个人就都能够轻松地连接上互联网,因此也可以说,ISP 是促成 Internet 兴盛的关键因素。ISP 的想法是要让每个人都能够在家庭或者工作场所连上 Internet,达到访问、共享资源的目的。基于这个理念,ISP 首先建立主干网,将自己和 Internet 连接起来,然后让用户通过它们来访问 Internet。

6.2.4　Internet 的未来发展方向

Internet 的发展经历了研究网、运行网和商业网 3 个阶段。至今,全世界没有人能够知道 Internet 的确切规模。Internet 正以当初人们始料不及的惊人速度向前发展,今天的 Internet 已经从各个方面逐渐改变人们的工作和生活方式。人们可以随时从网上了解当天最新的天气信息、新闻动态和旅游信息,可看到当天的报纸和最新杂志,可以足不出户在家里炒股、网上购物、收发电子邮件,享受远程医疗和远程教育等。美国《未来学家》杂志曾预测,到 2030 年,每个人都将拥有一个独一无二的 IP 地址,人类将组成一个无所不在的互联网。而我国专家预测,到 2050 年,互联网虚拟大脑将会出现。

Internet 的意义并不在于它的规模,而在于它提供了一种全新的全球性的信息基础设施。当今世界正向知识经济时代迈进,信息产业已经发展成为世界发达国家的新的支柱产业,成为推动世界经济高速发展的新的原动力,并且广泛渗透到各个领域,特别是近几年来国际互联网及其应用的发展,从根本上改变了人们的思想观念和生产生活方式,推动了各行各业的发展,并且成为知识经济时代的重要标志之一。Internet 已经构成全球信息高速公路的雏形和未来信息社会的蓝图。

因为 Internet 是由全世界的人共同参与、改进、发展的。因此,没有人能绝对地说出 Internet 未来的面貌,也没有人可以告诉人们 Internet 会对人们的生活造成多大的影响,Internet 的未来很难完整地预测出来。虽然如此,人们还是可以根据目前 Internet 的演变和网络用户的需求去了解 Internet 未来的发展方向,以及可能对人们生活所造成的改变。纵观 Internet 的发展史,可以看出 Internet 的未来发展方向主要表现在如下几个方面。

(1) 运营产业化。

(2) 应用商业化。

(3) 互联全球化。

(4) 网络宽带化。

(5) 业务平台化。

(6) 通信智能化。

以上提及的只是 Internet 未来发展方向的一小部分,随着 Internet 的商业运用日趋成熟,所引起的变化和影响难以估计与预测。电信、电视、计算机"三网融合"趋势的加强,使得未来的互联网将是一个真正的多网合一、多业务综合和智能化的平台,未来的 Internet 是移动＋IP＋广播多媒体的网络世界,它能融合现今所有的通信业务,并能推动新业务的迅猛发展,给整个信息技术产业带来一场革命。无论是个人还是政府、企事业单位,只要能够与

Internet 相结合，就会从各方面带来翻天覆地的改变。

6.2.5 Internet 中的信息传递

Internet 上的计算机之间是如何传递信息的呢？其实，就像人类说话用某种语言一样，在 Internet 上的计算机之间也有一种语言，这就是网络协议，不同的计算机之间必须使用相同的网络协议才能进行通信。

网络协议是网络上所有设备（网络服务器、计算机及交换机、路由器、防火墙等）之间通信规则的集合，它规定了通信时信息必须采用的格式和这些格式的意义。Internet 采用分层的体系结构，每一层都建立在它的下层之上，向它的上一层提供一定的服务，而把如何实现这一服务的细节对上一层加以屏蔽。一台设备上的第 n 层与另一台设备上的第 n 层进行通信的规则就是第 n 层协议。在网络的各层中存在着许多协议，接收方和发送方同层的协议必须一致，否则一方将无法识别另一方发出的信息。网络协议使网络上各种设备能够相互交换信息。常见的协议有：TCP/IP 协议、IPX/SPX 协议、NetBEUI 协议等。

TCP/IP 协议毫无疑问是这三大协议中最重要的一个，作为 Internet 的基础协议，没有它就根本不可能上网，任何和互联网有关的操作都离不开 TCP/IP 协议。

TCP/IP 是"Transmission Control Protocol/Internet Protocol"的简写，中文译名为传输控制协议/互联网络协议，TCP/IP 是一种网络通信协议，它规范了网络上的所有通信设备，尤其是一个主机与另一个主机之间的数据往来格式以及传送方式。TCP/IP 是 Internet 的基础协议，也是一种计算机数据打包和寻址的标准方法。在数据传送中，可以形象地理解为有两个信封，TCP 和 IP 就像是信封，要传递的信息被划分成若干段，每一段塞入一个 TCP 信封，并在该信封面上记录有分段号的信息，再将 TCP 信封塞入 IP 大信封，发送上网。在接收端，一个 TCP 软件包收集信封，抽出数据，按发送前的顺序还原，并加以校验，若发现差错，TCP 将会要求重发。因此，TCP/IP 在 Internet 中几乎可以无差错地传送数据。对普通用户来说，并不需要了解网络协议的整个结构，仅需了解 IP 的地址格式，即可与世界各地进行网络通信。

但是，TCP/IP 协议也是这三大协议中配置起来最麻烦的一个，如果通过局域网访问互联网，就要详细设置 IP 地址、网关、子网掩码、DNS 服务器等参数。

TCP/IP 协议尽管是目前最流行的网络协议，但 TCP/IP 协议在局域网中的通信效率并不高，使用它在浏览"网上邻居"中的计算机时，经常会出现不能正常浏览的现象。此时安装 NetBEUI 协议就会解决这个问题。

NetBEUI 即 NetBIOS Enhanced User Interface ，或 NetBIOS 增强用户接口。它是 NetBIOS 协议的增强版本，曾被许多操作系统采用，如早期的 Windows for Workgroup、Win 9x 系列、Windows NT 等。NetBEUI 协议在许多情形下很有用，是早期 Windows 操作系统的默认协议。NetBEUI 协议是一种短小精悍、通信效率高的广播型协议，安装后不需要进行设置，特别适合于在"网络邻居"传送数据。所以建议除了 TCP/IP 协议之外，小型局域网的计算机也可以安装 NetBEUI 协议。另外还需要注意，如果一台只安装了 TCP/IP 协议的早期的 Windows 机器要想加入到 WINNT 域，也必须安装 NetBEUI 协议。

IPX/SPX 基于施乐的 XEROX'S Network System（XNS）协议，而 SPX 是基于施乐的 XEROX'S SPP（Sequenced Packet Protocol，顺序包协议）协议，它们都是由 Novell 公司开

发出来应用于局域网的一种高速协议。它和 TCP/IP 协议的一个显著不同就是它不使用 IP 地址,而是使用网卡的物理地址即 MAC 地址。在实际使用中,它基本不需要什么设置,装上就可以使用了。由于其在网络普及初期发挥了巨大的作用,所以得到了很多厂商的支持,包括 Microsoft 等,到现在很多软件和硬件也均支持这种协议。大部分可以联机的游戏都支持 IPX/SPX 协议,如星际争霸、反恐精英等。虽然这些游戏通过 TCP/IP 协议也能联机,但显然还是通过 IPX/SPX 协议更省事,因为根本不需要任何设置。除此之外,IPX/SPX 协议在非局域网络中的用途似乎并不是很大,如果确定不在局域网中联机,那么这个协议可有可无。

ARPANET 成功的主要原因是它使用了 TCP/IP 标准网络协议,TCP/IP 协议是 Internet 采用的一种标准网络协议,它是由 ARPA 于 1977—1979 年推出的一种网络体系结构和协议规范。随着 Internet 的发展,TCP/IP 协议也得到进一步的研究开发和推广应用,目前已经成为 Internet 上的"通用语言"。

当一个 Internet 用户给其他用户发送一个文本时,TCP 将文本分解成若干个小数据包,再加上一些特定的信息,以便接收方的计算机可以判断传输是正确无误的。连续不断的 TCP/IP 数据包可以经由不同的路由到达同一个地点。路由器位于网络的交叉点上,它决定数据包的最佳传输途径,以便有效地分散 Internet 的各种业务载荷量,避免系统过于繁忙而发生"堵塞"。当 TCP/IP 数据包到达目的地后,计算机将去掉 IP 的地址标志,利用 TCP 检查数据在传输工程中是否有损失,在此基础上将各数据包重新组合成原文本文件。如果接收方发现有损失的数据包,则要求发送端重新发送。

网关使得各种不同类型的网络可以使用 TCP/IP 语言同 Internet 打交道。网关将协议转化成 TCP/IP 协议,或者将 TCP/IP 协议转化成计算机网络的本地协议。因此,采用网关技术可以实现不同协议的网络之间的连接和共享。

6.2.6　Internet 的域名和空间

IP 地址是 Internet 主机的作为路由寻址用的数字型标识,虽然这种方式给 Internet 提供了一种统一的编址方式,直接使用 IP 地址就可以访问 Internet 中的主机,但是用户不容易记忆这样的 IP 地址。例如,使用点分十进制形式表示某个主机的 IP 地址为 203.16.25.134 就很难记住。但是如果将百度公司的 Web 服务器地址用形为 www.baidu.com 的字符表示,用户就很容易理解,又便于记忆,因而产生了域名(Domain Name)这一种字符型标识。一个域名对应唯一的 IP 地址,在 Internet 上没有重复的域名。域名是以若干个英文字母和数字组成的,由"."分隔成几部分。

域名可分为不同级别,包括顶级域名、二级域名等。

1. 顶级域名

一是国家顶级域名(National Top-Level Domain Names,NTLDs),200 多个国家都按照 ISO 的 3166 国家代码分配了顶级域名,如中国是 cn、美国是 us、日本是 jp 等。

二是国际顶级域名(International Top-Level Domain Names,ITDs),如表示工商企业的.com、表示网络提供商的.net、表示非营利组织的.org 等。大多数域名争议都发生在 com 的顶级域名下,因为多数公司上网的目的都是为了赢利。为加强域名管理,解决域名资源的紧张,Internet 协会、Internet 分址机构及世界知识产权组织(WIPO)等国际组织经过广泛协商,在原来 3 个国际通用顶级域名的基础上,新增加了 7 个国际通用顶级域名:firm(公司企业)、store(销售公司或企业)、web(突出 WWW 活动的单位)、arts(突出文化、娱乐活动的单位)、rec(突出消遣、娱乐活动的单位)、info(提供信息服务的单位)、nom(个人),并在世界范围内选择新的注册机构来受理域名注册申请。

2. 二级域名

二级域名是指顶级域名之下的域名,在国际顶级域名下,它是指域名注册人的网上名称,如 ibm、yahoo、microsoft 等;在国家顶级域名下,它是表示注册企业类别的符号,如 com、edu、gov、net 等。

中国在国际互联网络信息中心(Internet NIC)正式注册并运行的顶级域名是 cn,这也是中国的一级域名。在顶级域名之下,中国的二级域名又分为类别域名和行政区域名两类。类别域名共 6 个,包括用于科研机构的 ac、用于工商金融企业的 com、用于教育机构的 edu、用于政府部门的 gov、用于互联网络信息中心和运行中心的 net、用于非营利组织的 org。而行政区域名有 34 个,分别对应于中国各省、自治区和直辖市。

给网站申请完域名后,就需要为网站在网络上申请出相应的空间。网站是建立在网络服务器上的一组计算机文件,它需要占据一定的硬盘空间,这就是一个网站所需的网站空间。

一般来说,一个企业网站的基本网页文件和网页图片大概需要 30MB 的空间,加上产品照片和各种介绍性页面,一般在 100MB 左右。另外,企业需要存放反馈信息和备用文件的空间。所以企业网站总共需要 100～300MB 的网站空间(即虚拟主机空间)。

想建立一个自己的网上站点,就要选择适合自身条件的网站空间。目前主流的有 4 种网站空间选择形式。

购买个人服务器:服务器空间大小可根据需要增减服务器硬盘空间,然后选择 ISP,将服务器接入 Internet,将网页内容上传到服务器中,这样就可以访问网站了。服务器管理一般有两种办法,即服务器托管和专线接入维护。

租用专用服务器:就是建立一个专用的服务器,该服务器只为用户使用,用户有完全的管理权和控制权。中小企业用户适合于这种服务,个人用户一般不适合这种服务,因为其费用很高。

使用虚拟主机:这种技术的目的是让多个用户共用一个服务器,但是对于每一个用户而言,感觉不到其他用户的存在。在此情况下该服务器要为每一个用户建立一个域名、一个 IP 地址、一定大小的硬盘空间、各自独立的服务。这一技术参考了操作系统中虚拟内存的思想,使得有限的资源可以满足较多的需求,且使需求各自独立,互不影响。由于这种方式中多个用户共同使用一个服务器,所以价格是租用专用服务器的十几分之一,而且可以让用户有很大的管理权和控制权。可以建立邮件系统的(数量上有限制)个人 FTP、WWW 站点、提供 CGI 支持等。

免费网站空间:这种服务是免费的。用户加入该 ISP 后,该 ISP 会为用户提供相应的免费服务,不过权限受到很大限制,很多操作都不能够使用。

用户可以根据需要选择合适的方式。如果想架构 WWW 网站,那么只要加入一个 ISP就可以得到一个 WWW 网站。如果尝试做网管,则可以考虑申请虚拟主机服务,而且现在租用虚拟主机的费用并不高。如果想建立很专业的商业网站,建议最好租用服务器或购买自己的服务器。

任务实施

6.2.7　任务实施——申请域名和空间实现网站的域名访问

Internet 上能够申请域名的服务供应商网站数不胜数,一般来说选择知名度较高的站点申请。下面以中国互联(http://www.163ns.com/)域名申请网站为例说明如何申请域名。

(1) 进入中国互联首页,鼠标停留在"域名注册"选项上,选择需要申请的域名服务类型,如图 6-7 所示。

图 6-7　中国互联首页

(2) 单击"英文域名"选项,打开查询窗口,输入想要申请购买的域名,单击"域名查询"按钮查看该域名是否已经被申请,如图 6-8 所示。

图 6-8　域名查询

(3) 查询到想要申请购买的域名没有被申请,则会显示如图 6-9 所示的域名注册查询结果。勾选需要申请注册的域名选项前的复选框后,单击对应的"立即注册"按钮。

(4) 在弹出的登录窗口中填入注册帐号和密码进行登录,如果没有注册过"中国互联"的帐号可以立即注册或通过其他帐号直接登录,如 QQ、新浪和支付宝,如图 6-10 所示。

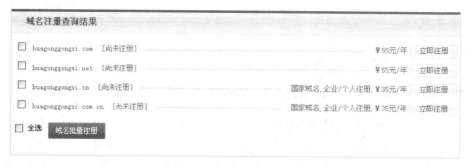

图 6-9　域名注册查询结果

图 6-10　登录窗口

（5）通过合法的帐号和密码登录后，跳转到域名信息填写页面。按照指定的流程填写相关信息，最后在页面的最下方，单击"加入购物车"按钮，如图 6-11 所示。

图 6-11　域名注册信息界面

（6）确定"加入购物车"后进入到如图 6-12 所示的购物车支付界面，按照所申请的服务充值付费后，在相应时间内所申请的域名就会自动生效。

图 6-12　购物车支付界面

网站空间的申请还是以中国互联（http://www.163ns.com/）为例介绍。

（1）进入互联首页，鼠标停留在"虚拟主机"选项上，显示能够提供的所有主机类型，如图 6-13 所示。

图 6-13　选择申请空间类型

（2）选择"双线型虚拟主机"选项，显示不同型号和参数类型列表供用户选择，如图 6-14 所示。

（3）在页面下方还对不同类型的空间作出文字说明以及功能对比，如图 6-15 和图 6-16 所示。

（4）根据公司需求选择合适的空间类型并单击对应的"立即购买"按钮，显示填写虚拟主机相关资料的界面，如图 6-17 所示。设置 FTP 用户名及密码后单击"加入购物车"按钮。

229

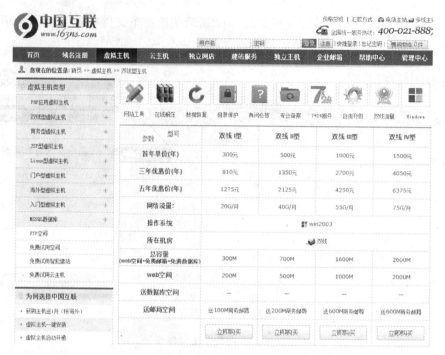

图 6-14　申请双线型主机型号、参数列表

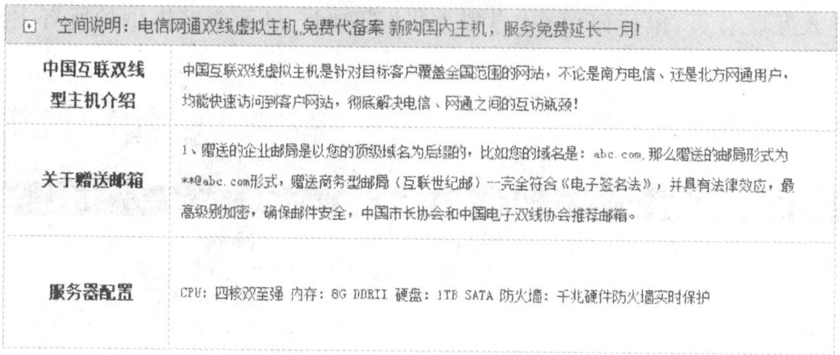

	空间说明：电信网通双线虚拟主机,免费代备案 新购国内主机,服务免费延长一月!
中国互联双线型主机介绍	中国互联双线虚拟主机是针对目标客户覆盖全国范围的网站,不论是南方电信、还是北方网通用户,均能快速访问到客户网站,彻底解决电信、网通之间的互访瓶颈!
关于赠送邮箱	1、赠送的企业邮局是以您的顶级域名为后缀的,比如您的域名是：abc.com,那么赠送的邮局形式为**@abc.com形式,赠送商务型邮局(互联世纪邮)--完全符合《电子签名法》,并具有法律效应,最高级别加密,确保邮件安全,中国市长协会和中国电子双线协会推荐邮箱。
服务器配置	CPU：四核双至强 内存：8G DDRII 硬盘：1TB SATA 防火墙：千兆硬件防火墙实时保护

.　图 6-15　空间说明

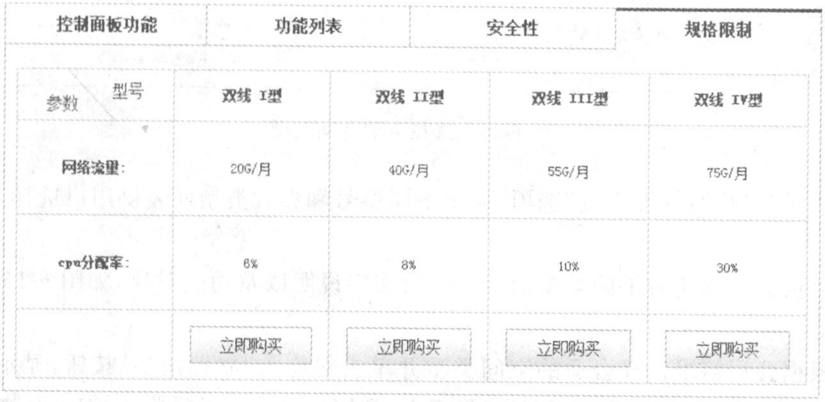

控制面板功能	功能列表	安全性	规格限制
参数　型号	双线 I型	双线 II型	双线 III型	双线 IV型
网络流量:	20G/月	40G/月	55G/月	75G/月
cpu分配率:	6%	8%	10%	30%
	立即购买	立即购买	立即购买	立即购买

图 6-16　功能对比

双线1

填写虚拟主机相关资料

ftp用户名：　　　　　　　　　　用户名首字母英文，3-15位 (a-z, A-Z, 0-9)字母/数字

密　码：　　　　　　　　　　　密码要求6-20位字母+数字+字符，(&和%除外)

确认密码：　　　　　　　　　　请再次输入密码确认

租用年限：　● 300元/1年　○ 600元/2年　○ 810元/3年　○ 1275元/5年

　　　　　　　　　　　　　　　节省90元　　　节省225元

选择机房：　● 双线

☑ 我已阅读并同意中国互联 虚拟主机购买协议

加入购物车

图 6-17　填写虚拟主机相关资料界面

（5）进入购物车支付界面，如图 6-18 所示，按照所申请的服务费用付费后，在相应时间内所申请的网站空间就会生效。

图 6-18　购物车支付界面

经过以上步骤，在完成域名和空间的申请工作后，只需要通过如 FLASHFXP、LEAPFTP 或 CUTEFTP 等 FTP 软件就可以将公司的网站上传到申请的空间上并将申请的域名与空间绑定，这样就可以通过域名访问公司网站了。

任务 6.3 Internet 接入技术

化工公司已经成功申请了域名和空间,但公司的计算机只有接入 Internet 才能够充分发挥其作用。这样公司不仅可以通过电子邮件同客户、厂商、合作伙伴进行沟通,还可以利用网络,在新闻组和讨论表中研究行业规范、法律以及一般性的商业问题;通过网站宣传自身业务,这些对于公司的成功来说,都是非常重要的因素。甚至现在公司还打算利用电子商务在网络上实现产品销售。那么该如何选择合适的 Internet 接入方式以及 ISP 呢?这对公司的发展同样至关重要。

任务描述

目前,用户接入 Internet 可以有很多种方法,对于企业组用户来说最常用的是以局域网规模接入到 Internet 中。在接入技术方面,目前新的接入技术的不断发展提供了较高的传输速率,接入方式一般包括 ADSL 接入方式、Cable Modem 和光纤接入方式等。如何选择恰当的 Internet 接入方式取决于企业和个人所处的环境(网络发展情况)、对接入的要求(是否连接服务器、连接的主机数量)以及地区市场状况(不同接入方式的价格),甚至还要考虑到未来的使用情况。

任务准备

6.3.1 Internet 的单机接入、共享接入及代理接入

使用 Internet,必须将所有的计算机通过某种方式与 Internet 连接起来,这种行为称为接入。从接入的过程中涉及的主机数量上来划分,可以将接入方式划分为:单机接入、共享接入及代理接入。

单机接入,顾名思义,就是一台主机需要接入网络。一般来说,家用计算机接入 Internet 往往采用这种接入方式。

但是,实际情况是现在很多家庭不止一台主机连接网络,台式计算机、笔记本电脑、平板电脑,甚至手机都有连接 Internet 的需求。而企事业单位的 Internet 接入过程中涉及的主机数量更多。因此,Internet 共享接入是计算机网络技术发展到今天的大势所趋,也是当前建设节约型社会的必然要求。所谓的 Internet 共享接入就是指多个终端先通过某种方法组成可以互相通信的局域网,然后共同通过一条线路连接到 Internet。目前主要可以通过使用路由器或者交换机来实现共享接入。

除了以上两种方式之外,还有一种接入方式,称为代理接入,即利用代理服务器(Proxy Server)接入 Internet。代理服务器就是提供网络代理服务的服务器,是个人网络和 Internet 服务商之间的中间代理机构,它负责转发合法的网络信息,对转发进行控制和登记。代理服务器通过通信线路、线路路由和 ISP 相连,而局域网内的其他主机则通过代理服务器间接地连接 Internet。代理服务器最基本的功能是连接,此外还可以进行一些网站的

过滤和控制的功能,甚至可以作为初级的网络防火墙使用。

6.3.2　Internet 接入方式及 ISP 服务商的选择

Internet 的接入方式,目前常用的有 ADSL 接入、Cable Modem 接入和光纤接入。

1. 最成熟且最流行的 ADSL 接入方式

在众多的新的接入技术中,xDSL 技术是最为流行的一种宽带数字化接入技术。xDSL 数字用户线(Digital Subscriber Line)是一种以铜质电话线作为传输介质的高速数字化传输技术,通过对现有的模拟电话线路进行改造,使之能够承载各种宽带业务。字母 x 表示有多种不同的 DSL 技术,包括 ADSL、HDSL、SDSL、VDSL 等,一般统称为 xDSL。它们之间的主要区别体现在速率、传输距离以及上下行是否对称这 3 个方面。

ADSL(非对称数字用户线,Asymmetric Digital Subscriber Line)被设计成向下流(下行,即从中心局到用户侧)比向上流(上行,即从用户侧到中心局)传送的带宽宽,其下行速率从 512Kbps 到 8Mbps,而上行速率则从 64Kbps 到 640Kbps。ADSL 接入 Internet 有虚拟拨号和专线接入两种方式。采用虚拟拨号方式的用户采用类似早期的 Modem 和 ISDN 的拨号程序,在使用习惯上与原来的方式没有什么不同。采用专线接入的用户只要开机即可接入 Internet。

ADSL 的主要优点如下。

(1) 可以充分利用现有的电话线网络,不需要对现有线路作任何改动,只需要在线路两端(局端和用户端)加装 ADSL 设备即可为用户提供高速宽带服务。

(2) 能在现有普通电话线上以很高的速率传输数据。

(3) 可以与普通电话共存于一条电话线,能在一条普通电话线上接听、拨打电话的同时进行 ADSL 传输而又互不影响。

(4) 用户可以只开通 ADSL 上网功能而不需要开通电话功能,节省费用。

2. 迅猛发展的 Cable Modem 接入方式

目前 Internet 与电视技术相结合是面向用户端接入的发展方向之一。电视节目也逐渐地由单项、定时传输向着交互式电视、VOD(Video On Demand)方向发展。Internet 与电视之间已经开始逐步地融合。

Cable Modem(电缆调制解调器)技术目前较为普及并且已在我国的很多城市中使用,有时也被称作"有线通"。Cable Modem 技术有广泛的应用前景,其主要原因在于它是以现有的有线电视网络(CATV)作为传输介质的一种宽带接入技术。用户计算机通过 Cable Modem 连接到家庭中的有线电视线路上,与电视机共用一条传输线路。

Cable Modem 的最大特点是传输速率高且无须拨号,开机便永远在线。它同样也是一种上下行带宽不对称的技术。其接收数据的能力在 3～10Mbps 之间,最高可达 30Mbps;发送数据一般在 0.2～2Mbps 之间,最高可达 10Mbps。只需要对现有的有线电视网 CATV 进行改造后就能直接使用 Cable Modem 功能,除了传送有线电视节目外,还可提供电话、数据以及其他宽带交互型业务。不足之处在于网络线路的带宽是共享的,当用户数达到一定规模后,用户所能分享到的带宽是有限的。

3. 光纤接入方式

光纤接入,即 Fiber To The X (FTTX)。其中的 X 可以指代 H(Home)、P(Premises)、C(Curb)、N(Node)、O(Office)、Z(Zone)、B(Building)等,其分别表示 FTTH 光纤到户、

FTTP 光纤到驻地、FTTC 光纤到路边、FTTN 光纤到节点、FTTO 光纤到办公室、FTTZ 光纤到小区以及 FTTB 光纤到楼。

因 FTTx 接入方式成本较高，就我国目前普通人群的经济承受能力和网络应用水平而言，并不适合。而将 FTTx 与 LAN 结合，大大降低了接入成本，是目前比较理想的用户接入方式，在我国大中城市较普及。

网络服务供应商(ISP)采用千兆光纤接入到楼(FTTB)或小区(FTTZ)的中心交换机，再通过百兆光纤或五类网线让中心交换机与楼道交换机相连，最后楼道内采用综合布线技术接入用户家中(FTTH)，用户上网速率可至少达 10Mbps，可以向用户提供高速上网，以及视频通信、交互游戏、远程教育、远程医疗、局域网高速互联等宽带增值业务。为整幢楼或小区提供的是共享带宽，这就意味着如果在同一时间上网的用户较多，网速则较慢。即便如此，多数情况的平均下载和上传速度仍远远高于 ADSL 接入方式和 Cable Modem 接入方式，在速度方面占有较大优势。但该接入方式通常由小区出面申请安装，网络服务商不受理个人服务。用户可询问所居住小区物管或直接询问当地网络服务商是否已开通本小区宽带。一旦该小区已开通小区宽带，那么从申请到安装所需等待的时间非常短，且这种接入方式对用户设备要求最低，只需一台带有网卡的计算机即可。

有了合适的接入方式还不行，想要接入 Internet 就必须去当地的 ISP 那里登记申请。ISP(Internet Service Provider，互联网服务供应商)指向广大用户综合提供互联网接入业务、信息业务和增值业务的电信运营商。目前针对中国内地终端用户接入 Internet 来说，能够提供服务的 ISP 一般指的就是中国三大基础运营商(中国电信、中国联通、中国移动)、一些有线电视公司(如"歌华有线"等)和一些网络服务有限公司(如"长城宽带"等)。选择合适的 ISP 一般可以从以下几个方面去考虑。

(1) 良好的社会信誉。

(2) 高速的接入速度。

(3) 合理的收费标准。

(4) 便捷的缴费方式。

(5) 贴心的售后服务。

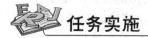 任务实施

6.3.3　任务实施 1——Windows 7 宽带上网

化工有限公司的总经理办公室的台式计算机都已经完成了硬件配置并安装了 Windows 7 操作系统。如何在单机接入的情况下，直接利用 ADSL 接入方式让这台计算机接入 Internet？实际上用户手动配置一个用于 ADSL 上网的"宽带连接"即可，具体操作过程如下。

(1) 将从 ISP 引入的电话线接入路由器的 Line 口，再用电话线分别将 ADSL Modem 和电话接入路由器的相应 Modem 口和 Telephone 口，然后用交叉网线将 ADSL Modem 连接到计算机的网卡接口，如图 6-19 所示。

(2) 打开 Windows 7 的"控制面板"窗口，选择"网络和共享中心"选项，如图 6-20 所示。

(3) 在打开的"网络和共享中心"窗口中选择"设置新的连接或网络"选项，如图 6-21 所示。

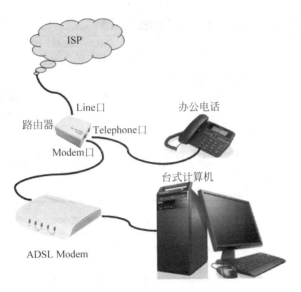

图 6-19　硬件连接图

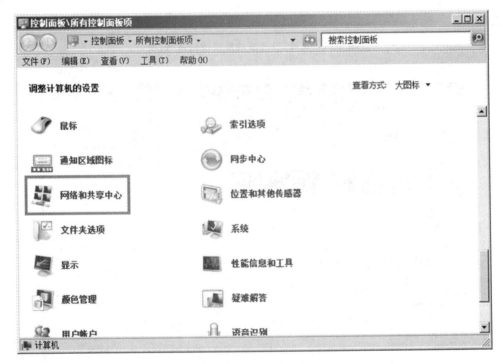

图 6-20　选择"网络和共享中心"选项

（4）在打开的"设置连接或网络"窗口中，选择"连接到 Internet"选项，单击"下一步"按钮继续设置，如图 6-22 所示。

（5）在打开的"连接到 Internet"窗口中，选择"宽带（PPPoE）"选项。如图 6-23 所示。

（6）填入 ISP 提供的 ADSL 用户名和密码，同时勾选"记住此密码"和"允许其他人使用此连接"复选框。单击"连接"按钮继续设置，如图 6-24 所示。

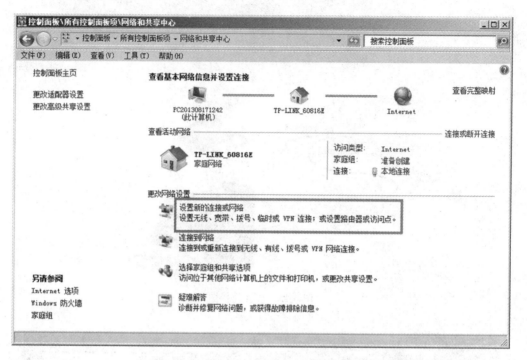

图 6-21 选择"设置新的连接或网络"选项

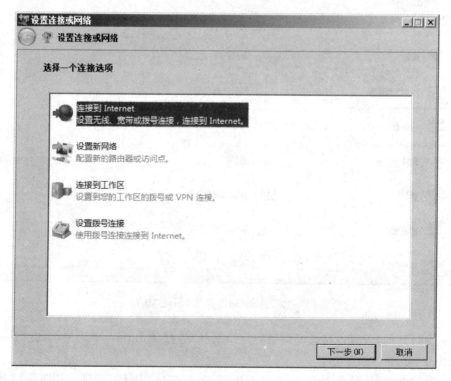

图 6-22 选择"连接到 Internet"选项

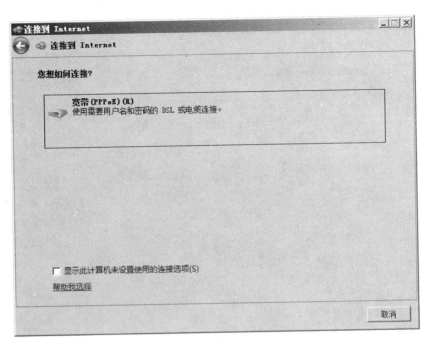

图 6-23 选择"宽带(PPPoE)"选项

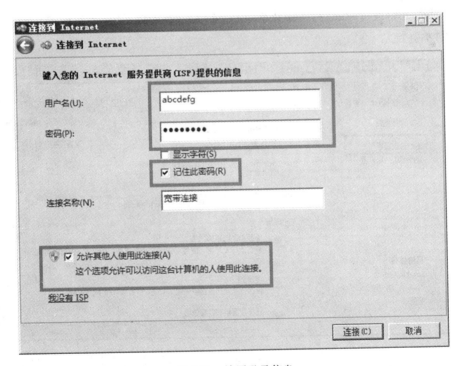

图 6-24 填写登录信息

系统正在创建刚刚设置的 Internet 连接,数秒后完成创建并自动关闭窗口,如图 6-25 所示。

237

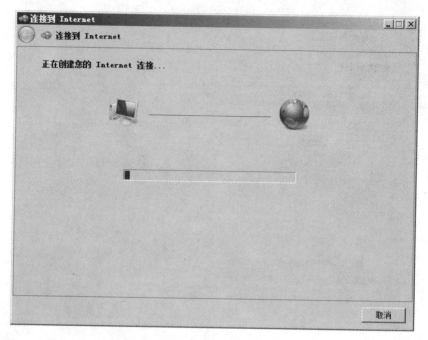

图 6-25　创建连接

（7）回到开始设置时的"网络和共享中心"窗口，选择左侧的"更改适配器设置"选项，如图 6-26 所示。

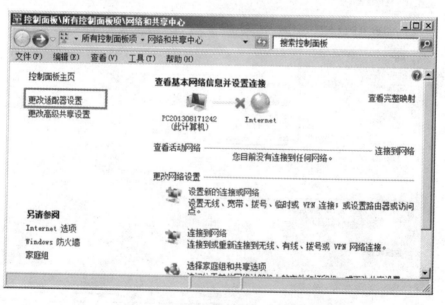

图 6-26　选择"更改适配器设置"选项

（8）右击已经创建好的"宽带连接"的图标，选择"创建快捷方式"选项，提示无法在当前位置创建快捷方式，是否要把快捷方式放在桌面，单击"是"按钮。这时桌面就会创建一个"宽带连接"的快捷方式，以后就可以直接在桌面双击该快捷方式连接网络了，如图 6-27 所示。

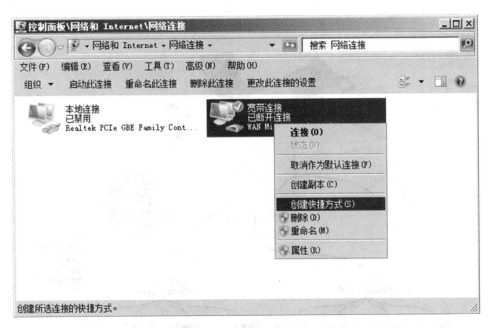

图 6-27 选择"创建快捷方式"选项

Windows Server 2008 操作系统的设置的过程与 Windows 7 基本相同。

6.3.4 任务实施 2——局域网共享 ADSL 宽带上网

某化工有限公司内部的局域网已经部署完毕,所有的台式机、笔记本电脑、平板电脑和手机都可以通过交换机与路由器直接或间接相连。通过使用路由器可以让局域网共享 ADSL 宽带上网。具体的操作过程如下。

(1)将宽带有线/无线路由器的 WAN 口与 ADSL Modem 相连,再将 LAN 口与局域网中的计算机连接。若局域网中的计算机较多,还可以将 LAN 口与局域网中的交换机或集线器连接来扩展端口的数量,如图 6-28 所示。如果用户购买的是带有路由功能的 ADSL Modem,则可以直接通过 ADSL Modem 将电话线和局域网计算机相连而省去路由器等设备实现共享 ADSL 上网。

(2)路由器连接 ADSL,可以直接通过路由器设置项中的虚拟拨号,省去手动拨号的麻烦。登录进入无线路由器的设置界面,选择"设置向导"选项,在上网方式中直接选择"PPPoE(ADSL 虚拟拨号)"选项,单击"下一步"按钮,如图 6-29 所示。

(3)填入 ISP 提供的上网帐号和上网口令,并设置无线路由器的连接安全密码,完成设置向导,如图 6-30～图 6-32 所示。

(4)选择"DHCP 服务器"选项,设置"启用"DHCP 服务器,并设置可供自动分配的地址池的开始和结束的 IP 地址范围,如图 6-33 所示。至此,路由器端设置完毕。

(5)打开"控制面板"窗口中的"网络和共享中心"窗口并选择"更改适配器设置"选项,右击"本地连接"图标,选择"属性"选项,双击"Internet 协议版本 4(TCP/IPv4)"选项,在弹出的设置窗口中选择"自动获得 IP 地址"和"自动获得 DNS 服务器地址"选项即可完成所有设置,如图 6-34 所示。打开 ADSL Modem、无线路由器和计算机主机后就可以顺利上网了。

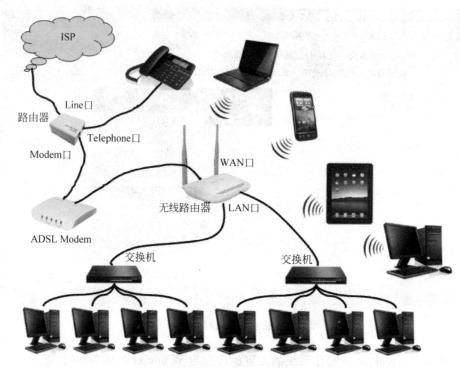

图 6-28　共享 ADSL 宽带上网硬件连接图

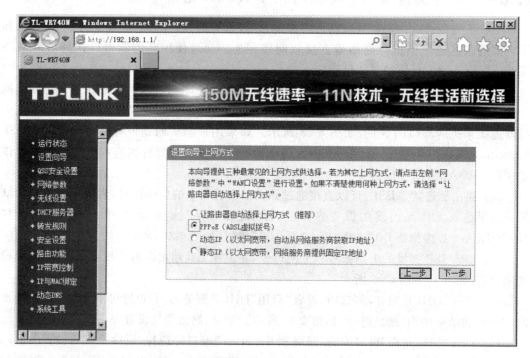

图 6-29　设置上网方式

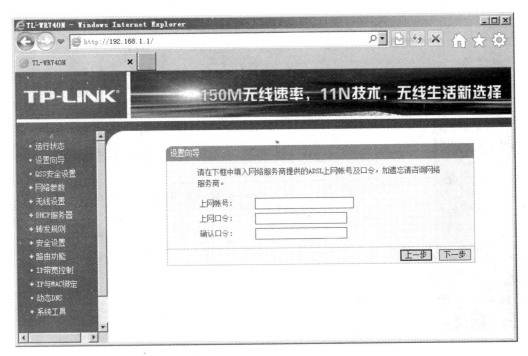

图 6-30　设置上网帐号和上网口令

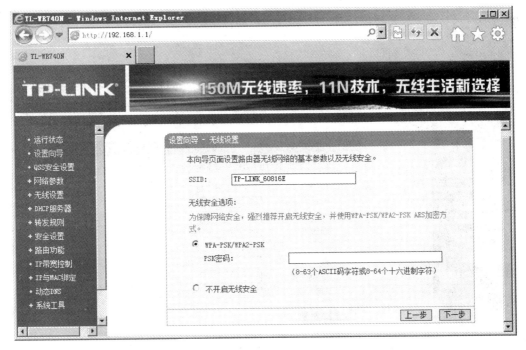

图 6-31　设置无线连接密码

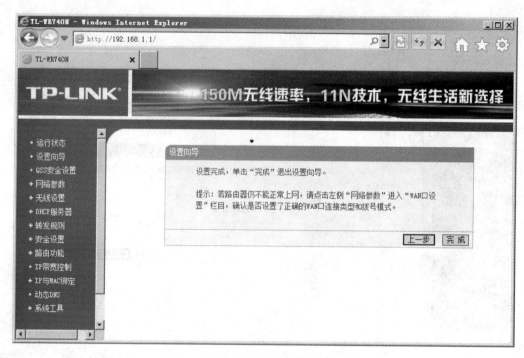

图 6-32　完成设置向导

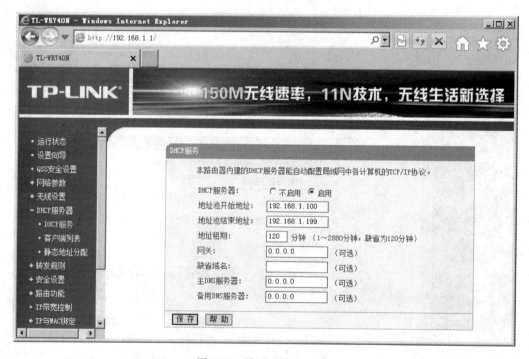

图 6-33　设置 DHCP 服务

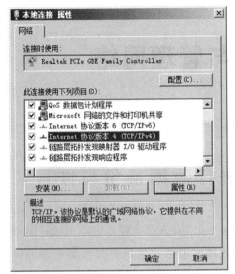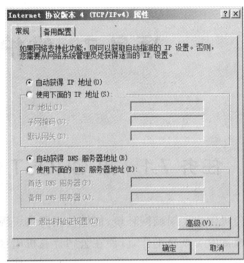

图 6-34　设置客户端自动获取 IP 地址

项目总结与回顾

　　本项目主要介绍了无线局域网的组建和软硬件的设置方法。本项目分为 3 个案例：第一个案例是对公司的网络进行 IP 规划，通过任务实施对 IP 地址、子网划分以及子网掩码等知识进行了学习并在此基础上完成了对公司子网的合理划分；第二个案例是公司域名和空间的申请，通过任务实施对 Internet 相关知识进行了系统的学习后以案例方式介绍了某具体网站申请域名和空间的全过程；第三个案例是要让公司实现上网，通过任务实施对 Internet 的接入方式和 ISP 进行了全面介绍并完成了单机上网的接入和局域网共享接入 Internet。经过这 3 个案例的学习和实践就可以在建立局域网的基础上完成子网的构建，还可以在接入 Internet 的前提下通过申请域名和空间完成网站的上传任务。

习　　题

　　某科技公司目前的状况是一共有 6 个部门，每个部门有 50 台主机，现在需要考虑如下问题。

　　（1）连接 6 个部门的计算机在部门内部可以直接通信而部门之间不能直接通信并考虑公司以后的扩展需求。

　　（2）在公司部署好网络后选择 ISP 和最优的接入方式连接公司网络到 Internet。

　　（3）通过选择合适的供应商申请域名和空间将公司的网站上传到 Internet 上。

项目 7　维护与管理网络

任务 7.1　用 GHOST 进行数据备份与恢复

公司建立了局域网环境，能够使用网络资源了。但是，公司老板要求小王做好网络维护和系统备份与恢复工作，以便在公司计算机出现故障时能够快速恢复并能够正常运转。于是小王决定首先是要做好操作系统的备份，然后进行数据的恢复工作。

 任务描述

当系统崩溃时，重装操作系统及应用软件是很费时的。并且，如果在网络中崩溃的计算机是域控制器，又是为网络中其他计算机提供服务的服务器，当它不能启动时，问题将更为严重。因此，为了快速恢复系统，下面将介绍以 GHOST 为核心技术的数据备份与恢复技术。

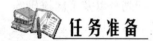 **任务准备**

7.1.1　一键备份恢复工具软件的使用

如果系统崩溃或者中毒，导致不能进入系统，就需要备份恢复系统。

1. 一键备份恢复系统简介

一键备份恢复系统的软件有很多，其中一键 GHOST 是比较典型的一键备份恢复软件。一键 GHOST 是"DOS 之家"首创的硬盘备份恢复启动工具盘，可以对任意分区一键备份恢复。GHOST 本来只能在 DOS 环境下运行，之后出现了硬盘版，可以在 Windows 下进行备份恢复。

> **注意：**
>
> （1）一键备份恢复所针对的是 C 盘。因此重要的文件放在 C 盘。
>
> （2）确保备份时系统是完好的、无病毒的，最好进行一次碎片整理。
>
> （3）确保最后一个盘符容量大小在 2GB 以上，备份的文件默认是放在最后一个盘符下。另外，由于一键备份系统，默认是对 C 盘进行备份，如果 C 盘容量很大，在进行备份时，产生的镜像文件也很大，这对最后一个盘的容量要求也会增大。

2. 一键备份恢复 GHOST 的使用

1) 安装

从网上下载安装软件,解压,并双击"一键 GHOST 硬盘版.exe"文件,如图 7-1 所示。一直单击"下一步"按钮,直到最后单击"完成"按钮,如图 7-2 所示。

图 7-1　一键 GHOST 安装向导

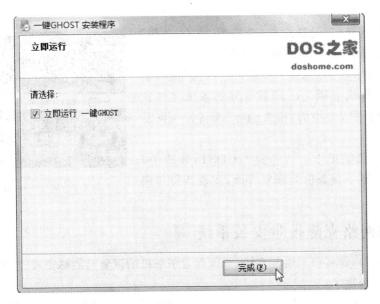

图 7-2　一键 GHOST 安装完毕

2) 运行

选择"开始"|"程序"|"一键 GHOST"|"一键 GHOST"命令,将打开一键 GHOST 主界面,如图 7-3 所示。

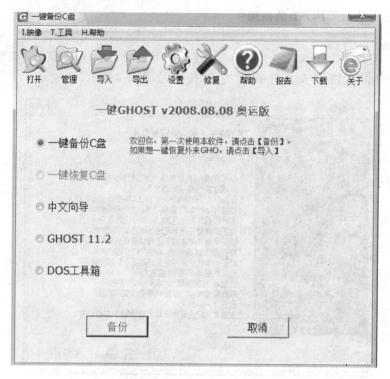

图 7-3 一键 GHOST 主界面

3）备份和恢复

图 7-3 中，选择"一键备份 C 盘"选项，单击"备份"
按钮就可以备份了，备份文件将保存在计算机的最后
一个盘符下。图 7-3 中，选择"一键恢复 C 盘"选项就
可以将自己计算机上原先已经备份好的系统文件恢
复。也可以根据图 7-3 中的"中文向导"来备份与恢复
系统。

此外，在开机菜单中运行一键 GHOST，如图 7-4
所示，也能进入到系统备份与恢复界面，实现备份与恢
复系统。

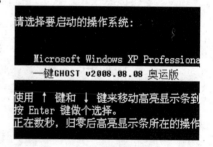

图 7-4 Windows 开机菜单

7.1.2 用网络克隆批量安装系统

前面介绍了一键备份与恢复系统，该软件对于单机的恢复是能够完成的，如果遇到下面
的情况，就不好解决了。

单位有两个计算机房，各有 50 台计算机，时间长了，很多计算机感染了病毒，运行速度
很慢，有些软件也该升级了，因此想把机房的计算机全部重装系统。一台一台安装是很繁重
的工作，因此，可以考虑使用网络克隆批量安装系统。

1. 安装 MaxDOS

下载 MaxDOS 7.0 标准版，这是个只有 7.67MB 大小的小软件，然后通过网络教室软

件把它传到各台计算机上逐一安装,虽然有点麻烦,但却一劳永逸,以后就可以用这个软件对计算机进行维护或网络克隆了。

2. 制作母盘镜像

把其中一台计算机的 C 盘格式化,全新安装 Windows XP/Windows 7 SP3 操作系统,在线升级系统到最新版,安装所需的常用软件,进行优化设置后,用 MaxDOS 7.0 自带的 GHOST 工具制作一个系统盘的镜像文件作为进行网络克隆的母盘备用。这个过程一定要注意保证系统的纯净。备份完成后把镜像文件复制到教师机备用。

3. 设置网络克隆服务端

下载 MaxDOS 7.0 网络克隆服务端,它是一个绿色软件,解压运行后,出现如图 7-5 所示的界面,进行相应的设置。

图 7-5　设置 MaxDOS 7.0 网络克隆服务端

"启动网卡"文本框中的 IP 地址是服务端传输至客户端的网卡 IP 地址,服务端会自动识别该地址。在"起始 IP"文本框中设置 DHCP 分配的 IP 地址开始段。

> **注意**:一定要和服务端 IP 地址在同一个网段内,这里用的是 1 号机的 IP 地址 192.168.0.11。子网掩码设为 255.255.255.0。其他选项保持默认设置即可。设置完毕单击"保存"按钮,选择"克隆设置"选项卡,如图 7-6 所示。

会话名称默认为 MAX,不能修改。由于是网络克隆至客户端,所以在"选择克隆任务"选项组选中"恢复镜像(网络克隆)"选项。在"选择模式"选项组中选择"普通模式(本地硬盘启动)"选项。在"镜像文件路径"项中浏览找到前面做好的 GHOST 镜像文件。完成后单击"下一步"按钮,在出现的窗口中选中"分区克隆"选项。在"自动参数(计划任务)"项中选择"连接 50 个客户机自动开始"选项,这样只要把 50 台客户机打开进入到 MaxDOS 7.0 的自动网络克隆状态,服务端就会自动开始传输数据。

以上所有设置都完毕后,单击"下一步"按钮进入刚才的"网络设置"界面,单击下面的"完成设置"按钮,所有的服务端设置到此完毕,程序将自动打开 GHOSTSRV,服务端进入等待发送状态。

图 7-6 "克隆设置"选项卡

4. 设置客户端

作为客户端的 50 台学生机在开机启动选择菜单中,向下选中 MaxDOS 7.0,输入密码进入 MaxDOS 7.0 选择菜单(图 7-7),之后默认自动进入"全自动网络克隆"界面,再选择"全自动网克"选项,软件会自动打开 GHOST 11.5 窗口,等待接收服务端数据。这几步都是自动进行的,所以输入密码进入 MaxDOS 7.0 后就不用再人工干预了。

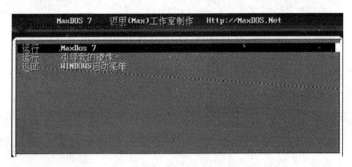

图 7-7 进入 MaxDOS 7.0 选择菜单

在服务端设置的是连接计算机数达 50 台后自动启动,所以最后一台计算机启动进入 MaxDOS 7.0 全自动网克状态后,服务端就开始自动向客户机传送数据。总共只用了 30 分钟,一个机房的网络克隆就全部完成了。

> **提示**:MaxDOS 7.0 的网络克隆仍然是用的 GHOST 网络多播的方法,但它内置了丰富的网卡驱动,可以自动识别多种网卡,而且全部是中文化界面,不需要像其他网络克隆软件那样要制作相应网卡驱动的批处理文件、设置 DHCP 服务器,它让网络克隆变得更为简单、实用。

任务实施

7.1.3　任务实施 1——备份与恢复数据

根据前面介绍的知识,安装一键备份与恢复软件,可以在网上下载一键备份与恢复硬盘版,安装完成后,开始运行一键备份系统与一键恢复系统。

7.1.4　任务实施 2——用网络克隆批量恢复系统数据

准备工作如下。

(1) 有一台装好系统的机器做服务器,操作系统自定,可以选择自己使用的操作系统(这里使用的是 Windows XP/Windows 7 系统)。

(2) 下载 MaxDOS 7.0 网刻服务端。

(3) 保证客户机硬件无故障(主要是网卡要能够正常工作)。

(4) 停止局域网中的 DHCP 服务器(MaxDOS 7.0 网克会自动为客户机分配 IP 地址)。

(5) 制作 GHOST 镜像(可以自己手动制作,也可以使用 MaxDOS 7.0 的自动备份功能)。

实验环境是使用虚拟机来进行的。

(1) 安装有 Windows XP 操作系统的虚拟机 1 台,名为"WangKe"并且安装有 MaxDOS 7.0 网克服务端。服务器上有制作好的 GHOST 镜像,镜像放在 D:\MAXBAK 文件夹下(注意:该文件是隐藏的),网卡的 IP 地址:172.16.1.1(网卡桥接到 9 网段)。

(2) 没有系统的客户机 1 台,网卡同样桥接到 9 网段(客户机与服务器要保证在同一个局域网内)。

实验操作如下。

(1) 打开 MaxDOS 7.0 服务器端的控制台,对克隆进行相应的设置,如图 7-8 所示。

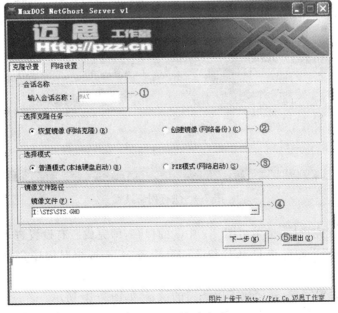

图 7-8　选择克隆方式

在图 7-8 中,在①处默认为 GHOST 的会话名称 MAX,不能修改;在②处设置任务,是网络克隆至客户端,或者是从客户端网络备份镜像是服务器;在③处设置启动模式,除非您是使用 PXE 网络启动网克,否则请选择"普通模式";在④处选择打开要用于网克的 GHOST 镜像。如果上面选的是网络备份,请在这里设置保存网络备份镜像的位置。点击下一步进入"网络设置"。

(2) 进行网络设置,如图 7-9 所示。

在图 7-9 中,在①处选择用于网刻传输至客户端的网卡及 IP 地址;在②处设置 DHCP 分配的 IP 地址开始段。如果你的服务器 IP 是 172.16.1.1,你可以设置从 172.16.1.10 开始也可以从其他地址开始分配,但是一定需要和服务端 IP 在同一个网段内;在③处设置地址池的大小,一般可以不做设置。在④处设置子网掩码,注意必须和网刻服务端使用同一个子网掩码;在⑤处一般不做设置,请跳过。如果使用的硬盘版、U 盘版、光盘版进行网克,如图 7-9 所示界面的设置即可,请直接单击保存,进入下一步;如果是 PXE 版,需要继续设置,在⑥处选择可以引导的.PXE 文件,在⑦处选择存放启动镜像的位置。注意:PXE 文件和启动镜像文件请保存在同一目录内。

图 7-9 进行网络设置

以上所有设置完毕后,请单击图 7-9 中⑧的保存,即完成所有设置进入下面的步骤。在图 7-9 中,⑨处用于手动启动 DHCP 和 TFTP 服务端,一般情况程序会自动设置这两个选项,请勿手动设置。

(3) 当网络设置完成,就完成了服务器的设置,如图 7-10 所示。

此时服务器会一直等待客户端建立连接。当有客户端连接时,会显示已连接客户端的数量；当有机器建立连接时，"发送"按钮变成黑色，可以发送数据。

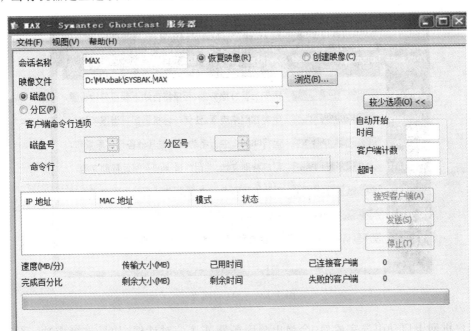

图 7-10　网络设置完成的窗口

（4）当服务器设置完成后，就可以进行客户端的网克引导了。这里使用的是做好的光盘引导，使用的软件是 MaxDOS 7.1，带有网克功能。只需进行正确的引导，即可开始网克。可以使用全自动的功能。客户机开启后，选择"全自动网络克隆"选项，如图 7-11 所示。

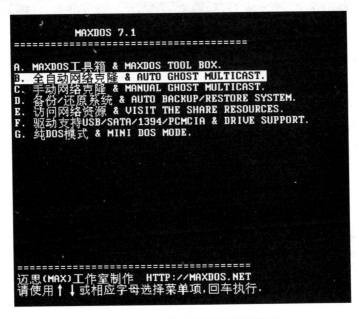

图 7-11　选择"全自动网络克隆"选项

全自动网克界面如图 7-12 所示。

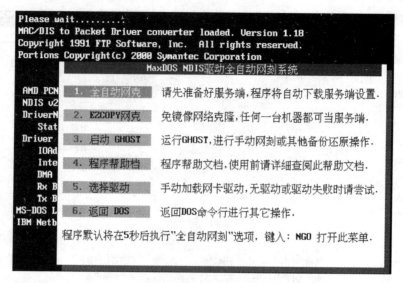

图 7-12　全自动网克

客户机网卡启动引导完成后,会弹出与服务器连接的对话框,如果连接成功,客户机会一直显示此界面,等待服务器发送数据。建立连接成功,在服务器端上也会显示连接数量及连接机器的 IP 信息。如果建立连接失败,客户机会弹出提示对话框,做出相应的调整即可。

进行了一台机器的引导后,不需要立即单击"发送"按钮传送文件。还可以对其他未安装系统的机器进行引导,当把所有需要安装系统的机器引导完成,显示连接界面时,查看服务器上控制台的信息,确定无误即可单击"发送"按钮开始进行网克了,图 7-13 所示。

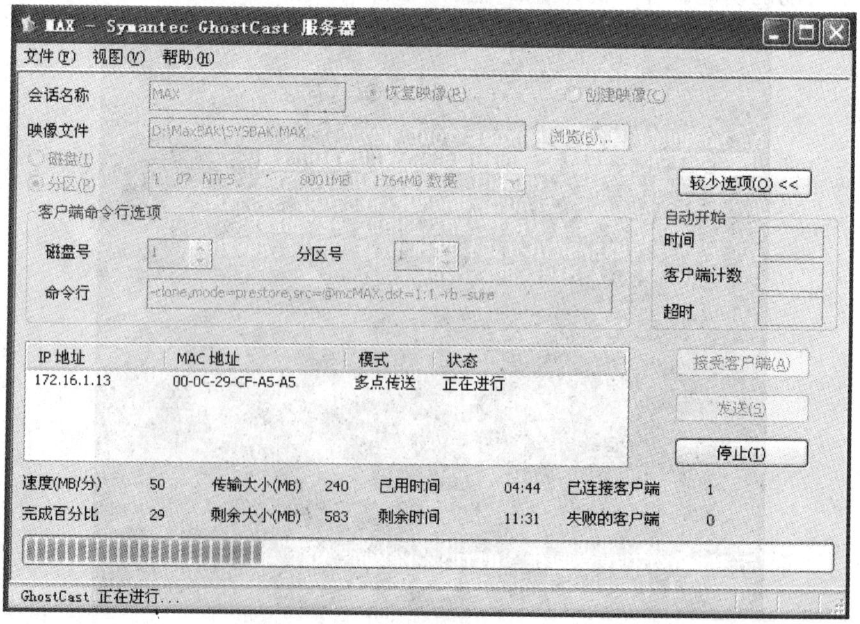

图 7-13　文件正在发送

如果网克成功,会弹出提示对话框,如图 7-14 所示。这时候在客户机上就会发现所有系统都已经安装完成了。

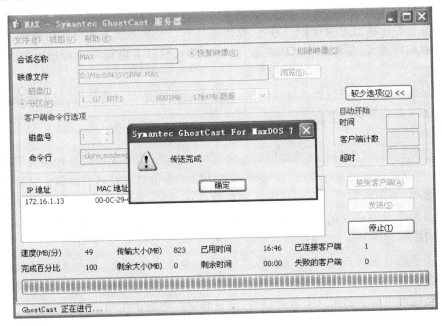

图 7-14　网克成功

任务 7.2　硬盘数据保护

 任务描述

长期以来,学校机房、网吧是人员流动大、机器很多的场所,系统管理员的工作都非常烦琐,经常要重新安装系统、查杀病毒等。如何对硬盘中现有的操作系统和软件进行保护和还原就成了一个难题。并且,当硬盘数据由于误删除和误格式化后会造成数据丢失,这就需要对硬盘数据进行保护,同时还需要通过软件对硬盘数据进行恢复。

 任务准备

7.2.1　软件系统的保护与还原

系统的保护和还原的方法从原理上来说主要分三类,第一类是保护;第二类是还原;第三类称为虚拟还原。

1. 系统保护

系统保护,就是防止硬盘的重要信息被破坏,防止注册表改写和文件 I/O 操作等。用户被置于一个预先设置好的环境中,只能做此软件系统允许做的事情。相对而言,这种方法对用户的约束太多,局限很大,对操作系统进程的干预也比较多,运行效率有一定影响。基于这种思路的软件代表有：美萍、网管大师、方竹等。另外，通过手工修改注册表隐藏一些系统功能也属于这种方法。

系统保护好比筑堤抗洪，"千里之堤，溃于蚁穴"，系统漏洞可谓防不胜防，事实上水平较高的用户都有办法绕过它的防护。另外，操作系统升级带来系统内部一些功能变化，这些软件也必须做相应修改，很被动。总的来说，这类软件从思路来说是一种被动防御的姿态，效果不太理想。

系统保护只是对一些操作进行了限制，硬盘上的数据是动态变化的，它不能根据需要恢复到某一个时点的系统内容。

2. 系统还原

系统还原，就是预先将系统内容做好全部或部分备份，当系统崩溃或者混乱需要重新安装的时候，将原来的备份进行恢复，将系统内容还原到备份那个时点的内容。这种方法不干预用户的操作，不干扰系统进程。基于还原最简单也最原始的方法是用一个同样大的硬盘一比一地将系统克隆或复制下来，更好的方法是将系统分区（一般是 C 盘）用 GHOST 或 WINIMAGE 等做一个镜像，保存到另外的硬盘或分区上。

系统还原较系统保护，虽然有诸多优点，但它的缺点也很明显：需要占用很大的硬盘空间，需要大量的还原时间。这些缺点实际上阻碍了它在实际工作中的应用，除了家庭用户和一些重要部门对重要数据用这个方法以外，学校和网吧等极少采用这种"笨"办法。

3. 虚拟还原

虚拟还原的工作原理实际上是基于系统保护的，但它的保护做在系统的最底层，先于操作系统，类似于引导型病毒（A 型病毒）。它对系统进程有一定干扰，但是这种干扰几乎可以不被察觉。它不干预用户的任何操作，对普通用户来说，可以当它是根本不存在的。

虚拟还原的工作方式又类似于系统还原，可以在需要的时候将系统进行"备份"，备份的速度非常快，最多十几秒就可以完成。它需要占用少量硬盘空间，占用率低于数据量的千分之一。同时它的还原速度也是惊人的，同样最多需要十几秒钟。

正由于虚拟还原同时具有系统保护和系统还原的优点，又尽可能避免了它们的一些重要缺点，所以基于虚拟还原方式的软件越来越受到用户青睐。这些软件的代表有：还原精灵、虚拟还原、硬盘还原卡（其实是做在硬件上的软件，主要为了防止盗版）等。

虚拟还原的保护看上去相当神奇，如果按系统还原的工作原理来理解，其硬盘占用空间和还原速度绝对不可思议。它的保护原理将在下一节中详细介绍。

7.2.2 数据恢复

下面简要介绍几个数据恢复软件。

1. DiskGenius

DiskGenius 是一款磁盘分区及数据恢复软件。支持对 GPT 磁盘（使用 GUID 分区表）的分区操作。除具备基本的分区建立、删除、格式化等磁盘管理功能外，还提供了强大的已丢失分区搜索功能、误删除文件恢复、误格式化及分区被破坏后的文件恢复功能、分区镜像备份与还原功能、分区复制、硬盘复制功能、快速分区功能、整数分区功能、分区表错误检查与修复功能、坏道检测与修复功能，提供基于磁盘扇区的文件读写功能。支持 VMware、

VirtualPC、VirtualBox 虚拟硬盘格式。支持 IDE、SCSI、SATA 等各种类型的硬盘。支持 U 盘、USB 硬盘、存储卡(闪存卡)。支持 FAT12、FAT16、FAT32、NTFS、EXT3 文件系统。

2. EasyRecovery

EasyRecovery 是世界著名数据恢复公司 Ontrack 的技术杰作。其 Professioanl(专业)版更是囊括了磁盘诊断、数据恢复、文件修复、E-mail 修复等全部 4 大类目 19 个项目的各种数据文件修复和磁盘诊断方案。

EasyRecovery 支持的数据恢复方案如下。

高级恢复——使用高级选项自定义数据恢复。

删除恢复——查找并恢复已删除的文件。

格式化恢复——从格式化过的卷中恢复文件。

Raw 恢复——忽略任何文件系统信息进行恢复。

继续恢复——继续一个保存的数据恢复进度。

紧急启动盘——创建自引导紧急启动盘。

EasyRecovery 支持的磁盘诊断模式如下。

驱动器测试——测试驱动器以寻找潜在的硬件问题。

SMART 测试——监视并报告潜在的磁盘驱动器问题。

空间管理器——磁盘驱动器空间情况的详细信息。

跳线查看——查找 IDE/SATA 磁盘驱动器的跳线设置。

分区测试——分析现有的文件系统结构。

数据顾问——创建自引导诊断工具。

3. 数据恢复大师

数据恢复大师是一款功能强大,提供了较低层次恢复功能的硬盘文件恢复软件,只要数据没有被覆盖掉,文件就能被找到,安装时将数据恢复大师软件安装到空闲的盘上,在恢复之前不要往需要恢复的硬盘分区里面写入新的文件。

本软件支持 FAT12、FAT16、FAT32、NTFS 文件系统,能找出被删除、快速格式化、完全格式化、删除分区、分区表被破坏或者 GHOST 破坏后的硬盘文件。对于删除的文件,本软件有独特的算法来进行恢复,可以恢复出被认为无法恢复的文件,目录和文件的恢复效果非常好;对于格式化的恢复,本软件可以恢复出原来的目录结构,即使分区类型改变了也能直接扫描出原分区的目录,无须将分区格回原来的类型;对于分区丢失或者重新分区,可以通过快速扫描得到原来的分区并且列出原来的目录结构,速度非常快,一般几分钟就可以看到原来的目录结构;对于 GHOST 破坏的恢复,没有覆盖到的数据还可以恢复回来;对于分区打不开或者提示格式化的情况,能够快速列出目录,节省大量的扫描时间.扫描到的数据可以把已删除的和其他丢失的文件区分开来,方便用户准确地找到需要恢复的数据。

支持各种存储介质内所存放的文件恢复,包括 IDE、SATA、SCSI、SD 卡、手机内存卡、USB 硬盘等。支持 Word、Excel、PPT、JPG、BMP、CDR、PSD、WPS、WAV、AVI、MPG、MP4、3GP、PDF 等文件格式的恢复。

在互联网中还有很多其他数据恢复软件,读者可以查阅。

任务实施

7.2.3 任务实施——硬盘数据恢复

这里以 DiskGenius 来进行操作说明。

（1）启动 DiskGenius 软件，界面如图 7-15 所示。

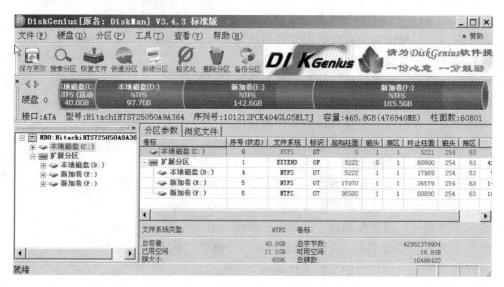

图 7-15　启动 DiskGenius 后的界面

（2）在需要恢复的分区上右击，选择"已删除或格式化后的文件恢复"选项，如图 7-16 所示。

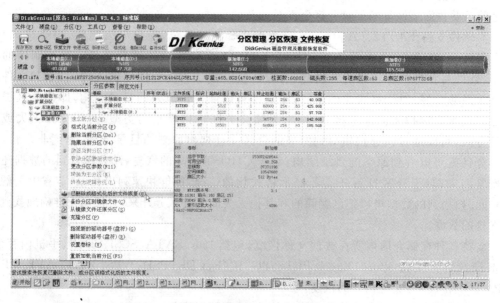

图 7-16　选择"已删除或格式化后的文件恢复"选项

（3）弹出如图 7-17 所示的对话框。如果是误删除了文件，则选择"恢复误删除的文件"选项，如果是整个分区被格式化了，则选择"恢复整个分区的文件"选项。

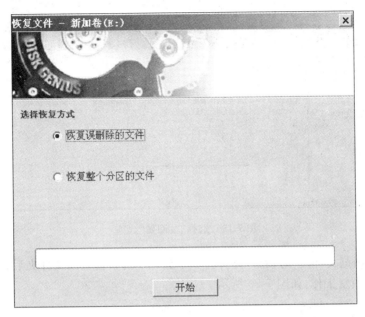

图 7-17　选择恢复方式

（4）单击"开始"按钮，开始搜索文件，如图 7-18 所示。

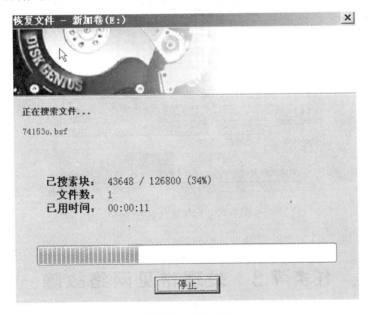

图 7-18　搜索文件

（5）搜索完成后，在图 7-19 的左边选择要恢复的文件夹，在右边选择要恢复的文件，右击选择"复制到"选项。

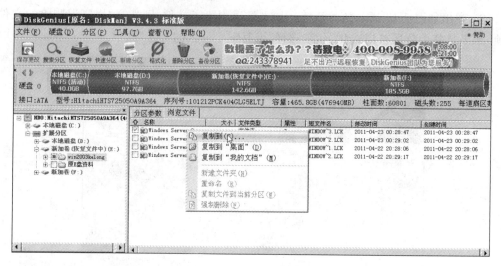

图 7-19　选择"复制到"选项

（6）弹出"浏览文件夹"对话框，选择另一个分区下的根目录或文件夹后，单击"确定"按钮，就可以开始恢复工作，如图 7-20 所示。

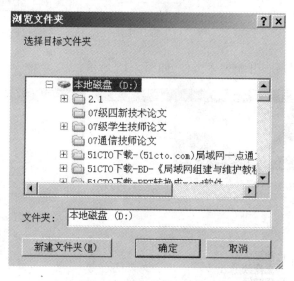

图 7-20　选择恢复文件夹

任务 7.3　处理常见网络故障

　　小王所在的公司出现了网络故障，现在局域网内的计算机不能进行资源共享，服务器资源使用也出现故障。网络故障的解决是比较麻烦的，因此先要了解网络故障的一些基本处理方法。

任务描述

前面的项目中介绍了网络的组建、共享及数据恢复等技术。网络组建好后,在使用过程中出现故障是必然的。因此,这里简要介绍网络故障的排除方法,使读者能够排除简单的网络故障,恢复网络的正常使用。

任务准备

7.3.1 局域网常见故障的故障原因

组建了一个小型局域网后,为了使网络运转正常,网络维护就显得很重要了。由于网络协议和网络设备的复杂性,许多故障解决起来绝非像解决单机故障那么简单。网络故障的定位和排除,既需要长期的知识和经验积累,也需要一系列的软件和硬件工具,更需要网络管理员的智慧。因此,多学习各种最新的知识,是每个网络管理员都应该做到的。

网络故障的原因是多种多样的,但总的来说就是硬件问题和软件问题,说得再确切一些,这些问题就是网络连通性问题、配置文件和选项问题及网络协议问题。

1. 网络连通性

网络连通性是故障发生后首先应当考虑的原因。连通性的问题通常涉及网卡、跳线、信息插座、网线、Hub、交换机、Modem 等设备和通信介质。其中,任何一个设备的损坏,都会导致网络连接的中断。连通性通常可采用软件和硬件工具进行测试验证。例如,当某一台计算机不能浏览 Web 时,网络管理员首先想到的就是网络连通性的问题。网络连通性问题可以通过测试进行验证。如果可以看到网上邻居,可以收发电子邮件或者 ping 通网络内的计算机那就可以断定本机到 Hub 的连通性没有问题。当然,如果以上几项都实现不了,也不表明连通性肯定有问题,而是可能会有问题,因为如果计算机的网络协议的配置出现了问题也会导致上述现象的发生。另外,检查网卡和 Hub 接口上的指示灯是否闪烁及闪烁是否正常也能发现问题。

排除了由于计算机网络协议配置不当而导致故障的可能后,就应该查看网卡和 Hub 的指示灯是否正常,测量网线是否畅通。

2. 配置文件和选项

服务器、计算机都有配置选项,配置文件和配置选项设置不当,同样会导致网络故障。如服务器权限的设置不当会导致资源无法共享的故障。计算机网卡配置不当,会导致无法连接的故障。当网络内所有的服务都无法实现时,应当检查 Hub 和交换机。

3. 网络协议

没有网络协议,网络设备和计算机之间就无法通信,是不能实现资源共享 Modem 上网的。

7.3.2 网络的常见故障现象

1. 连通性故障

1) 故障表现

连通性故障通常表现为以下几种情况。

（1）计算机无法登录到服务器。

（2）计算机无法通过局域网接入 Internet。

（3）计算机在"网上邻居"中只能看到自己，而看不到其他计算机，从而无法使用其他计算机上的共享资源和共享打印机。

（4）计算机无法在网络内实现访问其他计算机上的资源。

（5）网络中的部分计算机运行速度异常的缓慢。

2）故障原因

以下原因可能导致连通性故障。

（1）没有安装网卡，或安装不正确，或与其他设备有冲突。

（2）网卡硬件故障。

（3）没有安装网络协议，或设置不正确。

（4）网线、跳线或信息插座故障。

（5）Hub 电源未打开、Hub 硬件故障，或 Hub 端口硬件故障。

（6）UPS 电源故障。

3）排除方法

（1）确认连通性故障。当出现一种网络应用故障时，如无法接入 Internet，首先尝试使用其他网络应用，如查找网络中的其他计算机，或使用局域网中的 Web 浏览等。如果其他网络应用可正常使用，如虽然无法接入 Internet，却能够在"网上邻居"中找到其他计算机，或可 ping 到其他计算机，即可排除连通性故障原因。如果其他网络应用均无法实现，继续下面的操作。

（2）看 LED 灯判断网卡的故障。首先查看网卡的指示灯是否正常。正常情况下，在不传送数据时，网卡的指示灯闪烁较慢，传送数据时，闪烁较快。无论是不亮，还是长亮不灭，都表明有故障存在。如果网卡的指示灯不正常，需关闭计算机更换网卡。对于 Hub 的指示灯，凡是插有网线的端口，指示灯都亮。由于是 Hub，所以指示灯的作用只能指示该端口是否连接有终端设备，不能显示通信状态。

（3）用 ping 命令排除网卡故障。使用 ping 命令 ping 本地的 IP 地址或计算机名（如 ybgzpt），检查网卡和 IP 网络协议是否安装完好。如果能 ping 通，说明该计算机的网卡和网络协议设置都没有问题。问题出在计算机与网络的连接上。因此，应当检查网线和 Hub 及 Hub 的接口状态，如果无法 ping 通，只能说明 TCP/IP 协议有问题。这时可以在计算机的"控制面板"窗口的"系统"界面中，查看网卡是否已经安装或是否出错。如果在"系统"界面中的硬件列表中没有发现网络适配器，或网络适配器前方有一个黄色的"!"，说明网卡安装不正确。需将未知设备或带有黄色的"!"的网络适配器删除，刷新后，重新安装网卡，并为该网卡正确安装和配置网络协议，然后进行应用测试。如果网卡无法正确安装，说明网卡可能损坏，必须更换一块网卡重试。如果网卡安装正确则原因是没有安装协议。

（4）如果确定网卡和协议都正确的情况下，网络还是不通，可初步断定是 Hub 和双绞线的问题。为了进一步进行确认，可再换一台计算机用同样的方法进行判断。如果其他计算机与本机连接正常，则故障一定出在先前的那台计算机和 Hub 的接口上。

（5）如果确定 Hub 有故障，应首先检查 Hub 的指示灯是否正常，如果先前那台计算机与 Hub 连接的接口灯不亮说明该 Hub 的接口有故障（Hub 的指示灯表明插有网线的端口，指示灯不能显示通信状态)。

(6) 如果 Hub 没有问题,则检查计算机到 Hub 的那一段双绞线和所安装的网卡是否有故障。判断双绞线是否有问题可以通过"双绞线测试仪"或用两块三用表分别在双绞线的两端测试,主要测试双绞线的 1、2 和 3、6 这 4 条线(其中 1、2 线用于发送,3、6 线用于接收)。如果发现有一根不通就要重新制作。

通过上面的故障排除,就可以判断故障出在网卡、双绞线或 Hub 上。

2. 协议故障

1) 协议故障的表现

协议故障通常表现为以下几种情况。

(1) 计算机无法登录到服务器。

(2) 计算机在"网上邻居"界面中既看不到自己,也无法在网络中访问其他计算机。

(3) 计算机在"网上邻居"界面中能看到自己和其他成员,但无法访问其他计算机。

(4) 计算机无法通过局域网接入 Internet。

2) 故障原因分析

(1) 协议未安装:实现局域网通信,需要安装 NetBEUI 协议。

(2) 协议配置不正确:TCP/IP 协议涉及的基本参数有 4 个,包括 IP 地址、子网掩码、DNS、网关,任何一个设置错误,都会导致故障发生。

3) 排除方法

选择"控制面板"|"网络"|"配置"选项,查看已安装的网络协议,必须配置以下各项:NetBEUI 协议和 TCP/IP 协议、Microsoft 友好登录和拨号网络适配器。如果以上各项都存在,重点检查 TCP/IP 协议是否设置正确。在 TCP/IP 属性中要确保每一台计算机都有唯一的 IP 地址,将子网掩码统一设置为 255.255.255.0,网关要设为代理服务器的 IP 地址(如 192.168.0.1)。另外必须注意主机名在局域网内也应该是唯一的。最后,用 ping 命令来检验网卡能否正常工作。

(1) ping 127.0.0.1。127.0.0.1 是本地循环地址,如果该地址无法 ping 通,则表明本机 TCP/IP 协议不能正常工作;如果 ping 通了该地址,证明 TCP/IP 协议正常,则进入下一个步骤继续诊断。

(2) ping 本机的 IP 地址。使用 ipconfig 命令可以查看本机的 IP 地址,ping 该 IP 地址,如果 ping 通,表明网络适配器(网卡或者 Modem)工作正常,则需要进入下一个步骤继续检查;反之则是网络适配器出现故障。

(3) ping 本地网关。本地网关的 IP 地址是已知的 IP 地址。ping 本地网关的 IP 地址,ping 不通则表明网络线路出现故障。如果网络中还包含有路由器,还可以 ping 路由器在本网段端口的 IP 地址,不通则此段线路有问题,通则再 ping 路由器在目标计算机所在同段的端口 IP 地址,不通则是路由器出现故障。如果 ping 通,最后再 ping 目的机的 IP 地址。

(4) ping 网址。如果要检测的是一个带 DNS 服务的网络(如 Internet),上一步 ping 通了目标计算机的 IP 地址后,仍然无法连接到该机,则可以 ping 该机的网络名,如 ping www.sohu.com.cn,正常情况下会出现该网址所指向的 IP 地址,这表明本机的 DNS 设置正确而且 DNS 服务器工作正常,反之就可能是其中之一出现了故障。

7.3.3 网络故障的排除过程

在开始动手排除故障之前,最好先准备1支笔和1个记事本,然后,将故障现象认真仔细记录下来。在观察和记录时一定要注意细节,排除大型网络故障如此,一般十几台计算机的小型网络故障也如此,因为有时正是一些最小的细节使整个问题变得明朗化。

1. 识别故障现象

作为管理员,在排除故障之前,必须确切地知道网络上到底出了什么故障,是不能共享资源,还是找不到另一台计算机等。知道出了什么故障并能够及时识别,是成功排除故障最重要的步骤。为了与故障现象进行对比,作为管理员必须知道系统在正常情况下是怎样工作的,反之,不能准确地对问题和故障进行定位的。

识别故障现象时,应该向操作者询问以下几个问题。

(1) 当被记录的故障现象发生时,正在运行什么进程(即操作者正在对计算机进行什么操作)。

(2) 这个进程以前是否运行过?

(3) 以前这个进程的运行是否成功?

(4) 这个进程最后一次成功运行是什么时候?

(5) 从那时起,发生了哪些改变?

带着这些疑问来了解问题,才能对症下药排除故障。

2. 对故障现象进行详细描述

当处理由操作员报告的问题时,对故障现象的详细描述显得尤为重要。如果仅凭他们的一面之词,有时还很难下结论,这时就需要管理员亲自操作出错的程序,并注意出错信息。例如,在使用 Web 浏览器进行浏览时,无论输入哪个网址都返回"该页无法显示"等信息。使用 ping 命令时,无论 ping 哪个 IP 地址都显示超时连接信息等。诸如此类的出错消息会为缩小问题范围提供许多有价值的信息。对此在排除故障前,可以按以下步骤执行。

(1) 收集有关故障现象的信息。

(2) 对问题和故障现象进行详细描述。

(3) 注意细节。

(4) 把所有的问题都记录下来。

(5) 不要匆忙下结论。

3. 列举可能导致错误的原因

作为网络管理员,则应当考虑,导致无法查看信息的原因可能有哪些,如网卡硬件故障、网络连接故障、网络设备(如集线器、交换机)故障、TCP/IP 协议设置不当等。

> **注意:**不要着急下结论,可以根据出错的可能性把这些原因按优先级别进行排序,一个个按顺序排除。

4. 缩小搜索范围

对所有列出的可能导致错误的原因逐一进行测试,而且不要根据一次测试,就断定某一区域的网络是运行是否正常。另外,也不要在自己认为已经确定了的第一个错误上停下来,应直到测试完为止。

除了测试之外,网络管理员还要注意:千万不要忘记查看网卡、Hub、Modem、路由器面板上的 LED 指示灯。通常情况下,绿灯表示连接正常(Modem 需要几个绿灯和红灯都要亮),红灯表示连接故障,不亮表示无连接或线路不通。根据数据流量的大小,指示灯会时快时慢地闪烁。同时,不要忘记记录所有观察及测试的手段和结果。

5. 隔离错误

经过上述处理后,基本上知道了故障的部位,对于计算机的错误,可以开始检查该计算机网卡是否安装正确、TCP/IP 协议是否安装并设置正确、Web 浏览器的连接设置是否得当等一切与已知故障现象有关的内容。然后剩下的事情就是排除故障了。

> **注意:** 在开机箱时,不要忘记静电对计算机的危害,要正确拆卸计算机部件。

6. 故障分析

处理完问题后,作为网络管理员,还必须清楚故障是如何发生的,是什么原因导致了故障的发生,以后如何避免类似故障的发生,拟定相应的对策,采取必要的措施,制定严格的规章制度。

7.3.4　网络故障的排除方法

1. 分层故障排除法

1)层次化的故障排除思想

过去的十几年,互联网络领域的变化是惊人的,但有一件事情没有改变:论述互联网络技术的方法都与 OSI 模型有关,即使新的技术与 OSI 模型不一定精确对应,但所有的技术都仍然是分层的。因此,重要的是要培养一种层次化的网络故障分析方法。

分层法思想很简单:所有模型都遵循相同的基本前提——当模型的所有低层结构工作正常时,它的高层结构才能正常工作。在确信所有低层结构都正常运行之前,解决高层结构问题完全是浪费时间。

例如,在一个帧中继网络中,由于物理层的不稳定,帧中继连接总是出现反复失去连接的问题,这个问题的直接表象是到达远程端点的路由总是出现间歇性中断。这使得维护工程师的第一反应是路由协议出了问题,然后凭借着这个感觉来对路由协议进行大量故障诊断和配置,其结果是可想而知的。如果他能够从 OSI 模型的底层逐步向上来探究原因,维护工程师将不会做出这个错误的假设,并能够迅速定位和排除问题。

2)各层次的关注点

(1)物理层。物理层负责通过某种介质提供到另一设备的物理连接,包括端点间的二进制流的发送与接收,完成与数据链路层的交互操作等功能。

物理层需要关注的是:电缆、连接头、信号电平、编码、时钟和组帧,这些都是导致端口处于 Shutdown 状态的因素。

(2)数据链路层。数据链路层负责在网络层与物理层之间进行信息传输;规定了介质如何接入和共享,站点如何进行标识,如何根据物理层接收的二进制数据建立帧。

封装的不一致是导致数据链路层故障的最常见原因。当使用 Showinterface 命令显示端口和协议均为 up 时,基本可以认为数据链路层工作正常;而如果端口为 up 而协议为 down,那么数据链路层存在故障。

链路的利用率也和数据链路层有关,端口和协议是好的,但链路带宽有可能被过度使用,从而引起间歇性的连接失败或网络性能下降。

（3）网络层。网络层负责实现数据的分段打包与重组以及差错报告，更重要的是它负责信息通过网络的最佳路径。

地址错误和子网掩码错误是引起网络层故障最常见的原因；互联网络中的地址重复是网络故障的另一个可能原因；另外，路由协议是网络层的一部分，也是排错重点关注的内容。

排除网络层故障的基本方法是：沿着从源到目的地的路径查看路由器上的路由表，同时检查那些路由器接口的 IP 地址。通常，如果路由没有在路由表中出现，就应该通过检查来弄清楚是否已经输入了适当的静态、默认或动态路由，然后，手工配置丢失的路由或排除动态路由协议选择过程的故障以使路由表更新。

2. 分块故障排除法

以锐捷多业务模块化系列路由器 Running-config 文件为例，它是以全局配置、物理接口配置、逻辑接口配置、路由配置等方式编排的。其实还能够以另一种角度看待这个配置文件，该配置分为以下几部分。

管理部分（路由器名称、口令、服务、日志等）。

端口部分（地址、封装、cost、认证等）。

路由协议部分（静态路由、RIP、OSPF、BGP、路由引入等）。

策略部分（路由策略、策略路由、安全配置等）。

接入部分（主控制台、Telnet 登录或哑终端、拨号等）。

其他应用部分（VPN 配置、QoS 配置等）。

上述分类给故障定位提供了 1 个原始框架，当出现 1 个故障案例现象时，可以把它归入上述某一类或某几类中，从而有助于缩减故障定位范围。

例如，当使用"Showiproute"命令，结果只显示了直连路由时，上述的分块，发现有 3 部分可能引起该故障：路由协议、策略、端口。如果没有配置路由协议或配置不当，路由表就可能为空；如果访问列表配置错误，就可能妨碍路由的更新；如果端口的地址、掩码或认证配置错误，也可能导致路由表错误。

3. 分段故障排除法

如果两个路由器跨越电信部门提供的线路而不能相互通信时，分段故障排除法是有效的。例如：主机到路由器 LAN 接口的这一段；路由器到 CSU/DSU 接口的这一段；CSU/DSU 到电信部门接口的这一段；WAN 电路；CSU/DSU 本身问题；路由器本身问题。

4. 替换法

替换法是检查硬件是否存在问题最常用的方法。当怀疑是网线问题时，更换 1 根确定是好的网线试一试；当怀疑是接口模块有问题时，更换 1 个其他接口模块试一试。

 **任务实施**

7.3.5 任务实施——网络测试及故障诊断与排除

可以对前面的工作组网络和域网络的实验进行故障测试与排除，例如，在工作组网络中，两台计算机不能互相访问，或者一边的文件夹能够打开，另一边的不能打开，提示拒绝访问等，这些对于读者来说都是设置类的故障，或者在自己的计算机中输入对方的 IP 地址，提示查找不到对方的计算机,这些都是故障。如出现这些故障,首先要做的是检查网络的属性设置的各个项目,然后用 DOS 下的命令进行故障排除。

1. ping 命令

ping 命令用于确定本地主机是否能与另一台主机成功交换数据包。根据返回的信息,可以推断 TCP/IP 参数(因为现在网络一般都是通过 TCP/IP 协议来传送数据的)是否设置正确,以及运行是否正常、网络是否通畅等。但 ping 成功并不代表 TCP/IP 配置一定正确,有可能要执行大量的本地主机与远程主机的数据包交换,才能确信 TCP/IP 配置无误。

ping 命令可以在 MS-DOS 窗口下运行,执行格式如下:

ping 网址

例如,ping 127.0.0.1

2. ipconfig 命令

ipconfig 命令通常只被用户用来查询本地的 IP 地址、子网掩码、默认网关等信息。ipconfig、ping 是在诊断网络故障或查询网络数据时常用的命令,它们的使用也很简单,即使不知道它们的应用格式,也可以通过"ipconfig/?"或"ping/?"这种标准的 DOS 命令帮助方式来获取相关信息。

3. tracert 命令

tracert 命令能够追踪访问网络中某个节点时所走的路径,也可以用来分析网络和排查网络故障。例如,要想知道自己访问 sohu.com.cn 时走的路线,就可以在 DOS 状态下输入 tracert sohu.com.cn,执行后经过一段时间等待,系统会反馈出很多 IP 地址。最上方的 IP 地址是本地的网关,而最后面一个地址就是 sohu.com.cn 网站的 IP 地址了。换句话说,从上至下,便是访问 sohu.com.cn 所走过的"足迹"。

4. netstat 命令

netstat 命令是一个监控 TCP/IP 网络的实用的工具,它可以显示实际的网络连接以及每一个网络接口设备的状态信息。netstat 命令的参数不是很多,常用 netstat-r 来监视网络的连接状态。

在网络出现故障时,经常交替使用上述 4 个命令,以方便查找故障。

任务 7.4 IP 地址绑定与流量限制

小王所在的公司规模越来越大,上网办公的人越来越多,但是公司的一些员工在上班期间做一些不是工作内的事情。因此,老板让小王管理好公司的网络,对公司员工的上网行为进行控制。为此,小王在网上查找了很多资料,决定找一个网络管理软件来进行上网行为的控制。

任务描述

为了限制用户使用某些资源,可以对局域网内的用户进行 IP 地址绑定和流量限制,这主要是为了数据和信息的安全以及网络的使用性能着想。

 **任务准备**

7.4.1 IP 地址绑定

目前以太网已经普遍应用于运营领域,如小区接入、校园网等。但由于以太网本身的开放性、共享性和弱管理性,采用以太网接入在用户管理和安全管理上必然存在诸多隐患。业界厂商都在寻找相应的解决方案以适应市场需求,绑定是目前普遍宣传和被应用的功能,如常见的端口绑定、MAC 绑定、IP 绑定、动态绑定、静态绑定等。其根本目的是要实现用户的唯一性确定,从而实现对以太网用户的管理。

1. 绑定的由来

绑定的英文单词是 Binding,其含义是将两个或多个实体强制性地关联在一起。例如,配置网卡时,将网络协议与网卡驱动绑定在一起。其实在接入认证时,匹配用户名和密码,也是一种绑定,只有用户名存在并且密码匹配成功,才认为是合法用户。在这里,用户名已经可以唯一标识某个用户,与对应密码进行一一绑定。

2. 绑定的分类

从绑定的实现机制上,可以分为 AAA(服务器)有关绑定和 AAA 无关绑定;从绑定的时机上,可以分为静态绑定和动态绑定。

AAA 是用户信息数据库,所以 AAA 有关绑定以用户信息为核心,认证时设备上传绑定的相关属性(端口、VLAN、MAC 地址、IP 地址等),AAA 收到后与本地保存的用户信息匹配,匹配成功则允许用户上网,否则拒绝上网请求。

AAA 无关绑定完全由接入设备实现。接入设备(如 LAN Switch)上没有用户信息,所以 AAA 无关绑定只能以端口为核心,在端口上可以配置本端口可以接入的 MAC(或 IP)地址列表,只有其 MAC 地址属于此列表中的计算机才能够从该端口接入网络。

静态绑定是在用户接入网络前静态配置绑定的相关信息,用户接入认证时,匹配这些信息,只有匹配成功才能接入。

动态绑定的相关信息不是静态配置的,而是接入时才动态保存到接入设备上,接入网络后不允许用户再修改这些信息,一旦用户修改,则强制用户下线。

AAA 相关绑定一般都是静态绑定,动态绑定一般都是在接入设备上实现的。接入设备离最终用户最近,用户所有的认证数据流和业务数据流都必须经过接入设备,只有认证数据流经过 AAA,所以接入设备最容易、最及时发现相关绑定信息的变化,也方便采取强制用户下线等处理措施。另外,网络中 AAA 一般只有一台,集中管理,接入设备却有很多,由分散的接入设备监视用户绑定信息的变化,可以减轻 AAA 的负担。

3. 绑定的应用模式

除了常用的用户名与密码绑定外,可以用于绑定的属性主要有:端口、VLAN、MAC 地址和 IP 地址。这些属性的特性不同,其绑定的应用模式也有较大差别。

1) IP 地址绑定

(1) 解释。按照前边的定义标准,IP 地址绑定可以分为 AAA 有关 IP 地址绑定、AAA 无关 IP 地址绑定、IP 地址静态绑定和 IP 地址动态绑定。

AAA 有关 IP 地址绑定:在 AAA 上保存用户固定分配的 IP 地址,用户认证时,接入设备上传用户机器静态配置的 IP 地址,AAA 将设备上传 IP 地址与本地保存 IP 地址比较,只有相等才允许接入。

AAA 无关 IP 地址绑定:在接入设备上配置某个端口只能允许哪些 IP 地址接入,一个端口可以对应一个 IP 地址,也可以对应多个,用户访问网络时,只有源 IP 地址在允许的范围内,才可以接入。

IP 地址静态绑定:接入网络时检查用户的 IP 地址是否合法。

IP 地址动态绑定:用户上网过程中,如更改了自己的 IP 地址,接入设备能够获取到,并禁止该用户继续上网。

(2) 应用。教育网中,学生经常改变自己的 IP 地址,学校里 IP 地址冲突的问题比较严重,各学校网络中心承受的压力很大,迫切需要限制学生不能随便更改 IP 地址。可以采用以下方法做到用户名和 IP 地址的一一对应,解决 IP 地址问题。

如有 DHCP Server,可以使用 IP 地址动态绑定,限制用户在上网过程中更改 IP 地址。此时需要接入设备限制用户只能通过 DHCP 获取 IP 地址,静态配置的 IP 地址无效。如没有 DHCP Server,可以使用 AAA 有关 IP 地址绑定和 IP 地址动态绑定相结合的方式,限制用户只能使用固定 IP 地址接入,接入后不允许用户再修改 IP 地址。通过 DHCP Server 分配 IP 地址时,一般都可以为某个 MAC 地址分配固定的 IP 地址,再与 AAA 有关 MAC 地址绑定配合,变相地做到用户和 IP 地址的一一对应。

2) MAC 地址绑定

(1) 解释。与 IP 地址绑定类似,MAC 地址绑定也可以分为 AAA 有关 MAC 地址绑定和 AAA 无关 MAC 地址绑定;MAC 地址静态绑定和 MAC 地址动态绑定。

由于修改了 MAC 地址之后,必须重新启动网卡才能有效,重新启动网卡就意味着重新认证,所以 MAC 地址动态绑定意义不大。

(2) 应用。AAA 有关 MAC 地址绑定在政务网或园区网中应用比较多,将用户名与机器网卡的 MAC 地址绑定起来,限制用户只能在固定的机器上上网,主要是为了安全和防止帐号盗用。但由于 MAC 地址也是可以修改的,所以这个方法还存在一些漏洞。

3) 端口绑定

(1) 解释。端口的相关信息包含接入设备的 IP 地址和端口号。

设备 IP 和端口号对最终用户都是不可见的,最终用户也无法修改端口信息,用户更换端口后,一般都需要重新认证,所以端口动态绑定的意义不大。由于 AAA 无关绑定是以端口为核心心了,所以 AAA 无关端口绑定也没有意义。

有意义的端口绑定主要是 AAA 有关端口绑定和端口静态绑定。

(2) 应用。AAA 有关端口绑定主要用于政务网、园区网和运营商网络,从而限制用户只能在特定的端口上接入。

4) VLAN 绑定

(1) 解释。与端口绑定类似,VLAN 相关信息也配置在接入设备上,最终用户无法修改,所以,VLAN 动态绑定意义不大。对于 AAA 无关 VLAN 绑定,如只将端口与 VLAN 的 ID 绑定在一起,那么如果用户自己连一个交换机,就会出现一旦此交换机上的一个用户认证通过,其他用户也可以上网的情况,造成网络接入不可控,所以一般不会单独使用 AAA 无关 VLAN 绑定。

常用的 VLAN 绑定是 AAA 有关 VLAN 绑定和 VLAN 静态绑定。

(2) 应用。如网络接入采用二层结构,上层是三层交换机,下层是二层交换机,认证点在三层交换机上,这种情况下,仅靠端口绑定只能限制用户所属的三层交换机端口,限制范围太大,无法限制用户所属的二层交换机端口。

使用 AAA 有关 VLAN 绑定和 VLAN 静态绑定就可以解决这个问题。

分别为二层交换机的每个下行端口设置不同的 VLAN ID,二层交换机上行端口设置为 VLAN 透传,就产生了一个三层交换机端口对应多个 VLAN ID 的情况,每个 VLAN ID 对应一个二层交换机的端口。用户认证时,三层交换机将 VLAN 信息上传到 AAA,AAA 与预先设置的信息匹配,根据匹配成功与否决定是否允许用户接入。

此外,用户认证时,可以由 AAA 将用户所属的 VLAN ID 随认证响应报文下发到接入设备,这是另外一个角度的功能。虽然无法限制用户只能通过特定的二层交换机端口上网,但是可以限制用户无论从哪个端口接入,使用的都是同一个 VLAN ID。这样做的意义在于,一般的 DHCP Server 都可以根据 VLAN 划分地址池,用户无论在哪个位置上网,都会从相同的地址池中分配 IP 地址。出口路由器上可以根据源 IP 地址制定相应的访问权限。综合所有这些,变相地实现了在出口路由器上根据用户名制定访问权限的功能。

5) 其他说明。标准的 802.1x 认证,只能控制接入端口的打开和关闭,如某个端口下挂了一个交换机,则只要交换机上有一个用户认证通过,该端口就处于打开状态,此交换机下的其他用户也都可以上网。为了解决这个问题,出现了基于 MAC 地址的认证,某个用户认证通过后,接入设备就将此用户的 MAC 地址记录下来,接入设备只允许所记录 MAC 地址发送的报文通过,其他 MAC 地址的报文一律拒绝。

为了提高安全性,接入设备除了记录用户的 MAC 地址外,还记录了用户的 IP 地址、VLAN ID 等,收到的报文中,只要 MAC 地址、IP 地址和 VLAN ID 任何一个不能与接入设备上保存的信息匹配,就不允许此报文通过。有的场合也将这种方式称为接入设备的"MAC 地址+IP 地址+VLAN ID"绑定功能。功能上与前边的 AAA 无关动态绑定比较类似,只是用途和目的不同。

4. 业界厂商产品对绑定的支持

以上的常用绑定功能业界厂商都普遍支持,一些厂商还进行了更有特色的功能开发,如华为提供的以下增强功能。

1) 绑定信息自学习

(1) MAC 地址自动学习。配置 AAA 相关 MAC 地址绑定功能时,MAC 地址很长,难以记忆,输入时也经常出错,一旦 MAC 地址输入错误,就会造成用户无法上网,大大增加了 AAA 系统管理员的工作量。CAMS 实现了 MAC 地址自动学习功能,可以学习用户第一次上网的 MAC 地址,并自动与用户绑定,既减少了工作量,又不会出错。以后用户 MAC 地址变更时,系统管理员将用户绑定的 MAC 地址清空,CAMS 会再次自动学习用户 MAC 地址。

(2) IP 地址自动学习。与 MAC 地址自动学习类似。

2) 一对多绑定

(1) IP 地址一对多绑定。用户可以绑定不止一个 IP 地址,即可以绑定一个连续的地址段。这个功能主要应用于校园网中,一个教研室一般都会分配一个连续的地址段,教研室的每个用户都可以自由使用该地址段中的任何一个 IP 地址。教研室内部的网络结构和 IP 地址经常变化,将用户和教研室的整个地址段绑定后,可以由各教研室自己分配和管理内部 IP 地址,既不会因教研室内部 IP 地址分配问题影响整个校园网的正常运转,又可以大大减少 AAA 系统管理员的工作量。

(2) 端口一对多绑定。与 IP 地址一对多绑定类似,也存在端口一对多绑定的问题。CAMS 将端口信息分成以下几个部分:接入设备 IP 地址、槽号、子槽号、端口号、VLAN ID,这几个部分按照范围由广到窄排序。任何一个部分都可以使用通配符,表示不限制具体数值。例如,端口号部分输入通配符,就表示将用户绑定在某台交换机下的某个槽号的某个子槽号的所有端口上,可以从其中的任何一个端口接入。

7.4.2　流量控制

1. 外网监控与内网监控

企业里涉及两部分的网络管理,一部分是监视上 Internet 的行为和内容,也就是通常所说的上网监控或外网监控;另一部分就是如果计算机不连接 Internet 但又在内部局域网上(如打印文件等),一般称为内网监控或本网监控;上网监控管理的是上网的内容监视和上网行为监视(如发了什么邮件、是否限制流量、是否允许 QQ,或监视用户页面浏览);而内网监视管理的是本地网络的活动过程(如有是否有复制文件到 U 盘、是否在玩单机游戏、使用计算机做了什么等)。

拥有内网管理功能的软件有:Phantom 桌面管理、三只眼、Anyview 网络警、网路岗、LaneCat 网猫。内网管理的实现需要客户端支持。这几种软件都提供有专门的客户端软件。

没有内网管理功能的软件有:百络网警、activewall、聚生网管。

外网监控软件模式基本可以分为两类:有客户端的和没有客户端的(内网安全都需要客户端,没有客户端的都不能实现内网安全管理)。

2. 没有客户端的外网监控

大概分为 4 种安装模式:旁路、旁听(共享式交换机、端口镜像)、网关、网桥。

(1) 旁路模式。基本采用 ARP 欺骗方式虚拟网关,让其他计算机将数据发送到监控计算机。只能适合于小型的网络,并且环境中不能有限制旁路模式;路由或防火墙的限制或被监视计算机安装了 ARP 防火墙都会导致无法旁路成功,因为一边在禁止旁路一边却正在旁路,所以自相矛盾;同时如果网内同时有多个旁路将会导致混乱而中断网络。此类软件较多,主要有聚生网管、P2P 终结者、网络执法官等。

(2) 旁听模式。通过共享式交换机、端口镜像方式来获取网络上的数据实现监控,通过抓取总线 MAC 层数据帧方式而获得监听数据,并利用网络通信协议原理发送带有 RST 标记的 IP 包封堵 TCP 连接以破坏通过 TCP 连接实现控制的方法。旁听模式不能封堵 UDP 通信包,因为 QQ、BT 等很多软件会使用 UDP 协议,而且还需要额外购置网络设备。共享式交换机中每个端口的交换机带宽基本都是 10Mbps 的,因此在网络性能上将有很大的限制,也意味着有丢包的危险,目前交换机几乎被淘汰了;也不适合大型网络环境,因为网络带宽损失会超过 60%。而镜像交换机则比较贵并且需要专业的配置,而目前绝大多数企业并没有使用镜像交换机,如果规模比较小(如 30 台计算机),那么增加购买镜像交换机意味着成本的提高,有些便宜的交换机虽然带有镜像功能,但在镜像后由于双向(监视和控制)数据流处理不完善而导致交换机瞬间阻塞现象;而很多的镜像交换机也是单向的(只能监视抓包不能控制);但相比老式的交换机模式来说,使用镜像交换机实现监听还是比较理想;但即使如此,网络带宽损失也将超过40%。此类软件有超级嗅探狗、LaneCat 网猫等。

(3)网关模式。把本机作为其他计算机的网关(设置被监视计算机的默认网关指向本机),常用的是 NAT 存储转发的方式,工作的方式类似于路由器,因此控制力极强。但存储转发的方式会减弱性能,而且维护和安装比较麻烦,无法跨越 VLAN 和 VPN,假如网关坏了,全网就瘫痪了。此类软件有 ISA、anyrouter 软网关等,ISA 目前在一些银行金融机构仍在使用,海天上网监控软件是专门针对 ISA 而开发的。

(4)网桥模式。将网卡做成透明桥,而桥是工作在第二层的,所以可以简单理解为桥是一根网线,因此性能是最好的,几乎没有损失;适合超大用户量;支持网桥模式的软件比较少,主要有 Anyview 网络警、百络网警、网路岗、activewall 等。

获取数据包的技术。获取数据包的技术,目前大概有两种。

(1)采用操作系统核心 NDIS 中间层驱动模式。

(2)公开免费接口 WINPCAP 协议层驱动。

Anyview 网络警和 activewall 采用 NDIS 中间层驱动,百络网警采用的是 kercap 内核技术,网路岗则采用的是 WINPCAP 技术。

由于 WINPCAP 本身设计的弱点,所以无法实现流量限制,阻断 UDP 也将导致网络中断,无法支持千兆网络和无线网络,性能也很弱,无法实现 NAT 等更多的扩展功能,在协议层运行会被防火墙禁止;而 NDIS 中间层驱动模式由于在 NDIS 层位置驱动,因此性能效率将非常高,能实现更多功能,能够克服 WINPCAP 所有的弱点,因此成为主流技术,但实现起来难度很大,需要很强的开发实力。

通过对比可以知道,显然采用 NDIS 中间层驱动技术的 Anyview 网络警和 activewall 性能表现更好。

3. 有客户端的外网监控

如 Phantom 桌面管理和三只眼(外网管理和内网管理功能都提供)。

此种方式不牵涉部署,因为实现原理是 C/S 模式,通过部署在被监控计算机上的客户端来实现各种功能,在这种模式下,服务器的安装部署对网路环境没有特别的要求,网络内随意找一台计算机就可以做服务器,而且功能、网络速度、效率都不受影响,不需要对原有网络架构、环境进行改动。

唯一的缺点就是需要安装客户端,但目前大多都提供在服务器上的统一安装部署,不需要逐台计算机安装。

如果内网管理与外网管理都需要,那么所有软件都需要客户端,显然 Phantom 桌面管理和三只眼是最好的选择,其次是 Anyview 网络警,因为 Anyview 网络警需要购买一台服务器部署在交换机和路由器之间;而 Phantom 桌面管理和三只眼则任选一台计算机做服务器;都需要安装客户端。

如果只需要外网监控,那么就需要选择了,Anyview 网络警不需要部署客户端,但需要购买一台服务器部署在交换机和路由器之间;而 Phantom 桌面管理和三只眼则可以任选一台计算机做服务器,缺点是要安装客户端。

7.4.3　端口限制

　　方案描述：为了限制员工使用 QQ/MSN 聊天、玩网络游戏、进行 BT 下载，可以通过网络管理软件对相应的网络软件、服务通信端口进行限制，可以手动添加限制的端口。本方案同样以 Easy 网管为例进行评测。

　　操作实例：运行 Easy 网管（http://www.mydown.com/soft/120/120349.html），打开网络管理窗口，切换到"系统设置"选项卡，选中"通信端口限制"选项，通过右键菜单可以新建端口限制规则，也可以对已有的"QQ 与 MSN 端口"规则进行编辑，添加其他端口，如 QQ 的 4000 端口等。

　　切换到"用户控制"选项卡，右击某个计算机 IP 地址，选择"编辑用户"选项，单击"查询编辑权限"按钮来设置采用的通信端口限制规则。

　　突破测试：为了测试 Easy 网管的端口限制效果，这里选择 Socks2HTTP＋SocksCap32 的经典方法进行突破测试。从实际的限制效果来看，对于一般的网络管理软件都可以进行突破，但突破后访问速度一般不太理想，这与选择的代理服务器有关。

　　要通过限制端口来完全限制应用程序的运行是比较困难的，因为目前很多网络软件、P2P 软件都支持端口自动转换，建议在限制端口的基础上，限制网络软件服务器的 IP 地址。

　　技术分析：网络管理软件可以对特定网络程序的端口进行监控，限制软件运行，使用 Socks2HTTP＋SocksCap32 等软件可以将限制的端口转换为其他端口，突破局域网防火墙，绕开监控，突破限制。

　　方案总结：本方案一般用于对网络软件、网络服务的限制，如 QQ、MSN、QQ 游戏、联众、股票软件等，网络管理员可以通过在网络管理软件中手工添加这些网络软件和服务的通信端口进行限制。为了防止 Socks2HTTP＋SocksCap32 的突破、对端口自动转换的 P2P 软件的失效，建议网络管理员在采用端口限制方案的同时，结合网络软件、服务的 IP 地址进行限制。

任务实施

7.4.4　任务实施——地址绑定与流量控制

　　聚生网管是一款功能极为强大的局域网控制软件，是所有网络管理员必备的管理利器。只要在局域网中的任何一台计算机上安装聚生网管，就可以控制整个局域网，而所有受控机器不需要安装任何软件或进行任何设置。

　　它可以直接在网络应用层对 P2P（BT、电驴、PP 点点通、卡盟等）数据报文进行封堵，从而只要单击，就可以完全封堵所有的 BT 的下载。并且它实时控制局域网任意主机上、下行流速（带宽）；同时又可以控制任意主机上、下行流量和总流量。还能限制其他人使用聊天工具（如 QQ、MSN）和限制其他人访问网站（全部或指定的部分），限制迅雷下载等。

　　它甚至还可以检测到局域网终结者、网络执法官、网络剪刀手等当前对局域网危害最为严重的三大攻击工具。

　　聚生网管的功能优势如下。

1. 下载控制

(1) P2P 下载完全控制功能：完全控制如 BT、eMule(电驴)、百度下吧、PP 点点通、卡盟、迅雷等 P2P 工具的下载。

(2) P2P 下载智能带宽抑制功能：当发现有主机进行 P2P 下载时，自动降低该主机可用带宽。

(3) HTTP 下载控制功能：用户可以自行设定控制任意文件下载，也可以指定文件后缀名限制下载。

(4) FTP 下载功能：用户可以自行设定控制任意文件下载，也可以指定文件后缀名。

2. 带宽(流速)流量管理

(1) 实时查看局域网主机带宽占用：从大到小排序功能使得网络管理员可以对网络占用了然于胸。

(2) 针对特定主机分配公网带宽：可以使企业有限的公网带宽得到最充分的利用，从而使得某些主机无法再大量消耗带宽。

(3) 主机报文数据分析功能：使得网络管理员可以知道主机所占带宽的用途。

(4) 系统可以为局域网主机设定上行、下行流量和总流量，超过设定流量时，自动断开其公网连接。

3. 聊天管理

(1) QQ 聊天控制：系统可以完全控制这个一般监控软件无法控制的聊天工具。

(2) MSN 聊天控制。

(3) 网易泡泡聊天控制。

(4) 新浪 UC 聊天控制。

(5) 其他任意聊天工具。

4. WWW 访问管理

(1) WWW 访问完全控制：网络管理员可以选择是全部禁止上网还是使用过滤规则上网。

(2) 黑白名单规则：网络管理员可以设定网址过滤规则，支持黑白名单自定义。

(3) 色情网址过滤：系统可以自动过滤符合色情网址库的访问。

(4) 局域网主机充当代理服务器控制：系统可以自动限制局域网主机充当代理服务器，以禁止不当局域网扩展。

(5) 局域网使用 WWW 代理控制：禁止局域网主机使用 Socks 等代理访问 WWW。

5. 门户邮箱控制

(1) 控制局域网主机只能访问 yahoo 邮箱，但不能单击其他任意的 yahoo 链接。

(2) 控制局域网主机只能访问 sina 各种邮箱，但不能单击其他任意的 sina 链接。

(3) 控制局域网主机只能访问网易 163 的各种邮箱，但不能单击其他任意的网易链接。

(4) 控制局域网主机只能访问 sohu 各种邮箱，但不能单击其他任意的 sohu 链接。

(5) 控制任意网站的邮箱，但不能单击网站的任意其他链接。

6. 组策略(上网权限)管理功能

(1) 可以为局域网所有主机建立统一的控制策略。

(2) 可以按照局域网主机的不同 IP 地址来分配不同的策略。

（3）各个控制策略组中的主机可以在各个不同的策略之间灵活转换。

7．时间管理

管理员可以设定对主机的控制时间（如工作时间与非工作时间、自定义时间），便于灵活管理。

8．跨网段管理

在实际网络应用中，经常会遇到这样的情况：某局域网中同时存在着两个或两个以上的网段（即 VLAN），各个网段间物理上联通，但相互之间不能访问，网络管理员要针对每一个网段单独进行管理工作，重复工作量大，而且还增加了开销。针对这种情况，聚生网管特别提供了"透明跨网段管理"这项功能，帮助网络管理员进行跨网段的管理工作。

目前跨网段主要通过以下手段来实现。

（1）通过添置路由器实现跨网段管理。

（2）通过扩大子网来增加可管理的 IP 地址数量，只需把所有机器的子网掩码设为 255.255.0.0 即可。

例如：局域网中有 500 台计算机，所有机器的子网掩码设为 255.255.0.0，IP 地址就可以设为 192.164.0.1～192.164.0.250 和 192.167.1.1～192.167.1.250，系统对以上跨网段设置均有良好的支持作用。

9．自定义 ACL 规则

系统为网管人员提供自定义控制接口——ACL 规则设置，通过 ACL 规则，可以设置包括 IP 源地址、IP 目标地址、协议号（TCP/UDP）端口范围等参数的规则，系统将自动拦截符合规则的数据报文，通过使用 ACL 规则，可以轻松地实现控制功能的灵活扩展，如控制局域网任意 IP 的主机地址对任意公网 IP 地址的访问；控制任意聊天工具、网络游戏等。

10．局域网安全管理

（1）IP-MAC 绑定：系统支持对局域网主机进行 IP-MAC 绑定，一旦发现非法主机，即可以将其隔离。

（2）嗅探主机扫描：通过使用系统附带的"反侦听技术"以及 Windows 的底层分析技术，可以检测出当前对局域网危害最为严重的三大攻击工具：局域网终结者、网络执法官和网络剪刀手。

（3）断开主机公网连接：系统可以断开指定主机的公网连接。

11．网络流量统计

系统提供了多种详细、图文并茂的主机流量、流速统计功能。

（1）日流量统计功能：指定主机或所有主机的日流量汇总统计功能。

（2）月流量统计功能：指定主机或所有主机的月流量汇总统计功能。

（3）日流速统计功能：指定主机、指定时间内的流速趋势图。

12．详细日志记录

（1）系统详细记录了所有控制信息，用户可以通过查看日志文件来确定被管理主机网络访问情况。

（2）系统详细记录了局域网主机的 WWW 访问网址，用户可以自行查询。

13．其他功能

除上述功能外，系统还提供了许多非常实用的功能，如给局域网任意主机发送消息；实时查看局域网主机的流速大小,并提供柱状图直观显示;记录局域网其他运行聚生网管的主机,并且正式版可以强制测试版退出等。

聚生网管 2.10(Netsense 2.10)使用说明如下。

1. 配置说明

(1) 第一次启动软件,系统会提示新建监控网段,单击"新建监控网段"按钮,按照向导提示进行操作,如图 7-21~图 7-24 所示。

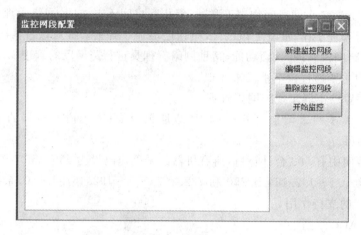

图 7-21　新建网段

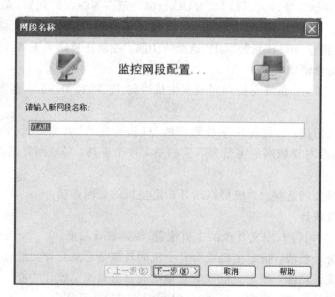

图 7-22　输入网段名称

(2) 选中刚刚建立的监控网段,双击或者单击"开始监控"按钮,进入聚生网管主界面,如图 7-25 所示。

依照上述方法,可以建立、监控多个网段。如果想监控第二个网段,则再次打开聚生网管的窗口,从中选择建立的第二个网段,然后单击"开始监控"按钮。

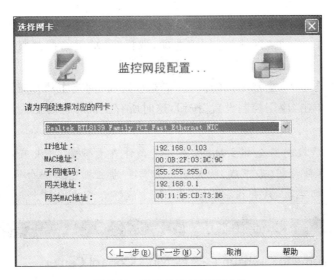

图 7-23　选择待监控网段网卡

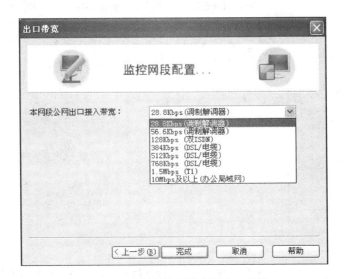

图 7-24　选择监控网段公网出口带宽

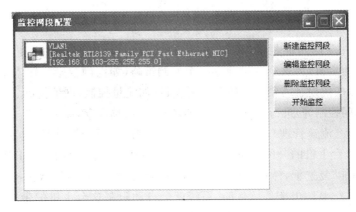

图 7-25　单击"开始监控"按钮

2. 使用说明

（1）选择软件左上角的"网络控制台"选项，选择"启动网络控制服务"选项，如图 7-26 所示。

如果想控制查看单个/全部主机的流速（带宽），则在"网络主机扫描"栏中选择"控制全部主机"选项，然后单击"应用控制设置"按钮，这时所有主机对应的上、下行带宽都可以显示出来。

> **注意**：这里虽然控制了全部主机，但是只是允许查看带宽，并没有对主机进行其他的控制，如果想启用各种控制（如下载、聊天等），则需要为主机建立一个策略，并且指派给想控制的主机或者全部主机，只有指派策略的主机才能够真正被控制。

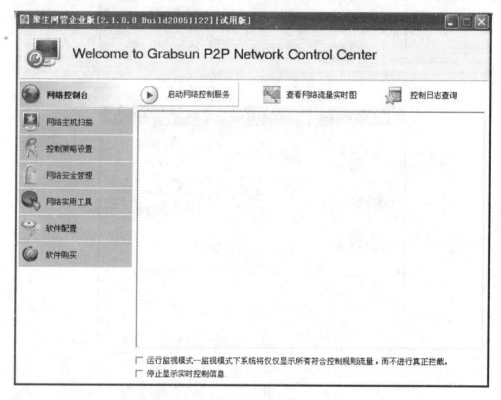

图 7-26　启动网络控制服务

（2）选择软件左侧功能栏的"网络主机扫描"选项，可以双击某个主机（如 IP 地址为 192.168.0.105 的主机）为这个主机建立一个控制策略（如上网权限），输入策略名字后弹出一个对话框，可以按照控制需要单击各个控制项目（如流量控制、网址控制、聊天控制、网络游戏、带宽控制、时间控制等）进行控制，设置控制项目后，必须保存，如图 7-27 和图 7-28 所示。

（3）带宽管理（流速管理）。选中"启用主机带宽限制"复选框，然后分别设定上行、下行带宽，可以控制这台主机的公网带宽（即公网数据流速）；选中"启用发现 P2P 下载时自动限制该主机带宽功能"复选框，然后分别设定上行、下行带宽，可以对这台主机的带宽进行智能控制，即发现其运行 BT、电驴等软件时，系统就会自动限制这台主机的带宽到设定的上行、下行带宽范围内，从而有效地避免了因为 P2P 下载对网络带宽的过分占用，如图 7-29 所示。

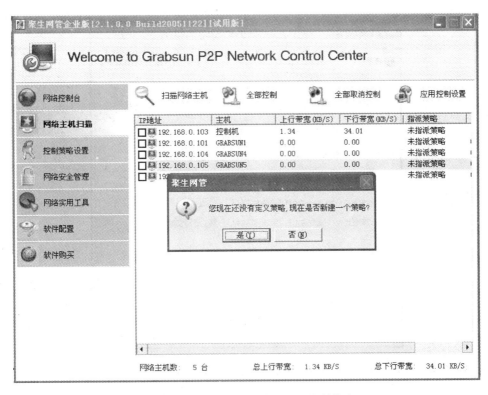

图 7-27 双击某个主机建立一个控制策略

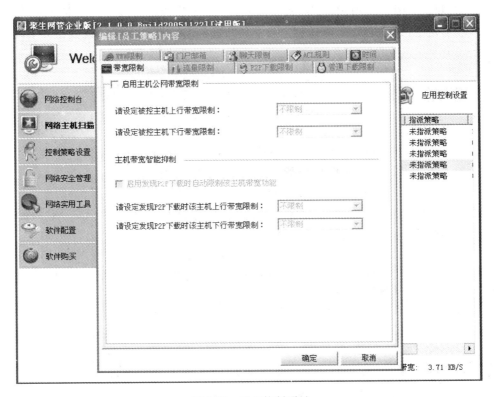

图 7-28 设置控制项目

图 7-29　设置带宽限制

（4）流量管理。系统不仅可以控制局域网任意主机的带宽，即流速，还可以控制局域网任意主机的流量。如图 7-30 所示，选择"流量限制"选项卡，可以为这台主机设定公网日流量或上行、下行日流量，超过此流量，系统就会自动切断这台主机的公网连接，即禁止其上网。

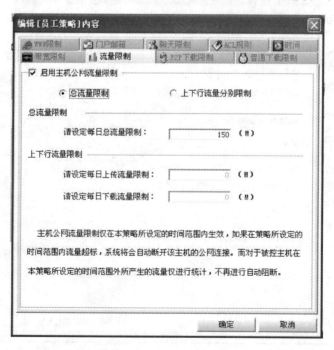

图 7-30　设置流量限制

此外,也可以通过左侧"网络主机扫描"选项,实时查看主机(如 IP 地址为 192.168.0.105 的主机)当日的某一时刻累计用的流量,如图 7-31 所示。

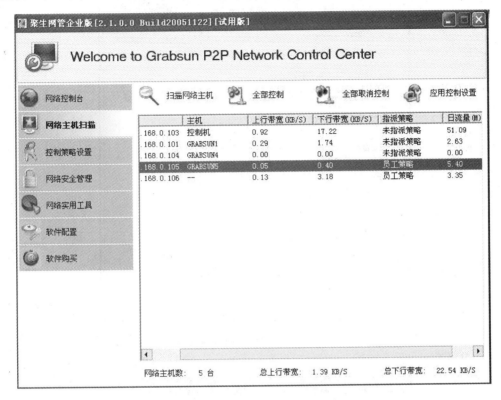

图 7-31　查看主机日流量实时累加

(5) P2P 下载限制。选择"P2P 下载限制"选项卡,可以选择要禁止的各种 P2P 工具,如 BT、电驴、PP 点点通、卡盟等,可以单独选择控制某个 P2P 工具的下载,也可以选择控制全部 P2P 工具的下载,如图 7-32 所示。

> **注意**:因为"迅雷"是一种多点 HTTP 下载,应用 HTTP 协议而不是 P2P 协议。这里限制"迅雷"下载,是禁止它从多个服务器进行多点下载,但不能禁止"迅雷"从单个服务器下载。但是因为即使从单点下载速度也可能很快。所以,如果想完全禁止"迅雷"下载,还需要在"普通下载限制"选项卡中禁止相应文件类型的 HTTP 下载。除"迅雷"外的所有其他 P2P 工具,系统都可以完全拦截。

(6) 普通下载限制。选择"普通下载限制"选项,可以限制所有 HTTP 下载和 FTP 下载。限制 HTTP 下载必须输入文件后缀名;而限制 FTP 下载,既可以输入文件后缀名,限制某类文件下载,又可以直接输入通配符"＊",禁止所有的 FTP 下载,如图 7-33 所示。

(7) 网址控制。选择"WWW 限制"选项卡。既可以完全禁止局域网主机的公网访问,又可以为局域网主机设定黑、白名单以及股票、色情等网址。系统还可以防止局域网主机启用代理上网或充当代理,同时还可以记录局域网主机浏览的网址。如图 7-34 所示。

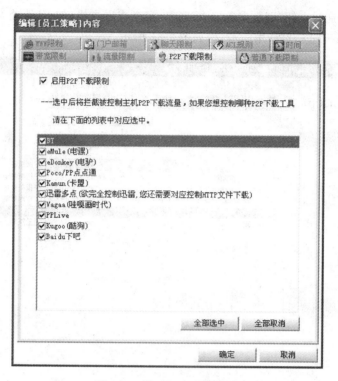

图 7-32　设置 P2P 下载限制

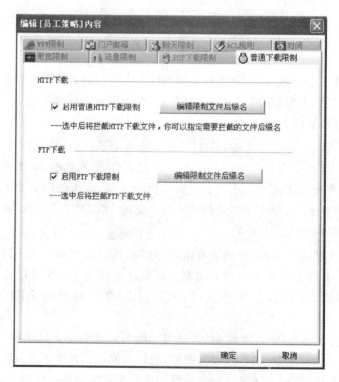

图 7-33　设置普通下载限制

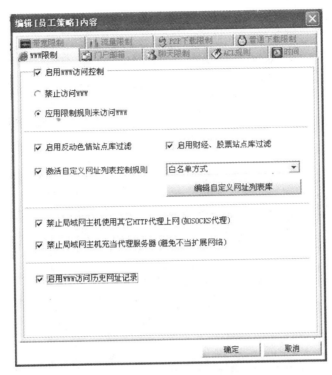

图 7-34　设置 WWW 限制

注意：系统提供了精确的网址控制功能，通过通配符，可以控制局域网主机只可以访问某一个网站及其所有的二级页面，也可以只把某个网站的某一个频道设置为白名单，或者把一个单一的网页设置为白名单。局域网主机只能访问设置为白名单的网址。同理，也可以通过设置黑名单来控制局域网主机的公网访问。如图 7-35 所示，www.sina.com.cn 表示只可以访问新浪网的首页；＊.sina.com.cn 表示整个新浪网都可以被访问；tech.sina.com.cn＊则表示局域网主机只可以访问新浪网站的"科技频道"的所有页面。此外，系统支持对网址的导入、导出功能，可以方便地对大量的网址进行控制。

（8）门户邮箱控制功能。鉴于许多中小企业没有自己独立的企业邮箱，系统提供了对门户网站邮箱的特殊许可功能，即进行了网址控制设置，但是可以允许员工使用门户网站的邮箱。例如，禁止了局域网主机访问新浪网址（可以把新浪网站作为黑名单或者完全禁止局域网主机访问公网），只要在"门户邮箱"选项卡中许可使用新浪网的邮箱（普通邮箱、企业邮箱、VIP 邮箱等），则员工仍然可以访问新浪网的首页，并且登录邮箱进行收信、发信等所有操作，但是不可以单击新浪网站的其他任意链接，包括信箱里面的所有链接，如图 7-36 所示。

（9）聊天控制。在"聊天限制"选项卡中可以控制局域网内的任意主机登录使用各种聊天工具，系统可以完全封堵 QQ、MSN、新浪 UC、网易泡泡等。此外，通过系统提供的 ACL 规则，可以禁止任意聊天工具，如图 7-37 所示。

（10）ACL 访问规则。在"ACL 规则"选项卡中可以设定要拦截的局域网主机发出的公网报文。

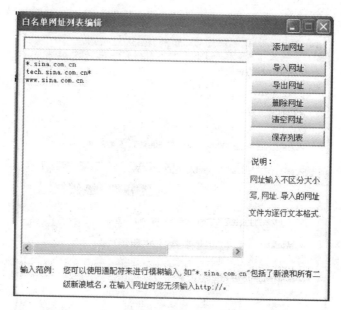

图 7-35　网址精确控制功能

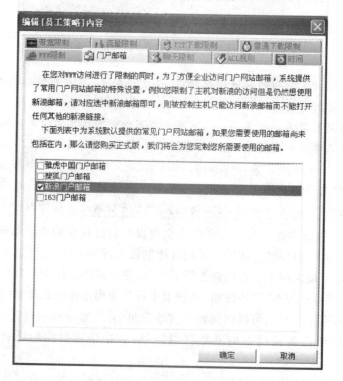

图 7-36　设置门户邮箱

　　借助 ACL 规则,可以禁止局域网任意主机通过任意协议、任意端口访问任意 IP 地址。这样就可以拦截局域网主机的任意公网报文。添加 ACL 规则:输入规则名字:"边锋网络游戏世界",源地址类别选择"任意"选项,目标地址类别选择"任意"选项,协议类型选择

"TCP"选项,目标端口选择 4000 选项。这样就可以禁止局域网所有主机连接"边锋网络游戏世界",如图 7-38 所示。

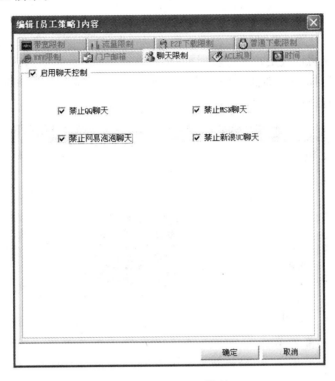

图 7-37　设置聊天限制

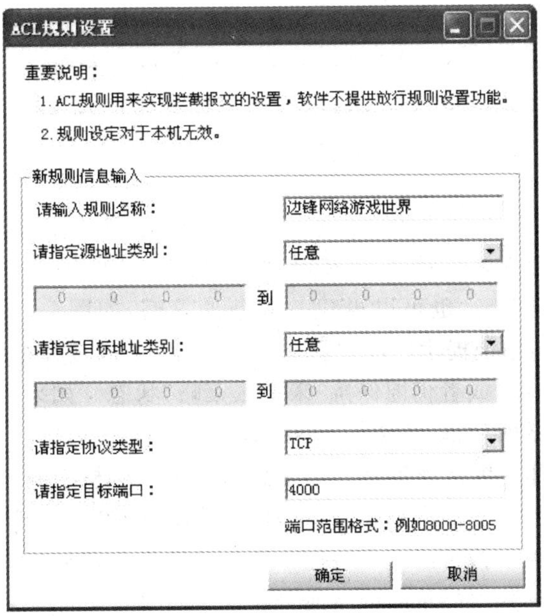

图 7-38　添加 ACL 访问规则

> **注意**：正式版聚生网管会提供当前所有流行的网络游戏 ACL 规则列表。通过 ACL 规则列表，可以禁止局域网主机链接当前几乎所有流行的网络游戏，并且 ACL 规则列表实时更新。

（11）控制时间设置。在"时间"选项卡中可以设置控制时间。既可以设定控制全部时间（以蓝色表示），又可以设定控制工作时间（9：00～17：00）。系统默认控制全部时间，可以右击取消，然后选择"工作时间"选项，也可以不设定控制时间。但是如果希望所有的控制项目生效，则必须选择控制时间，如图 7-39 所示。

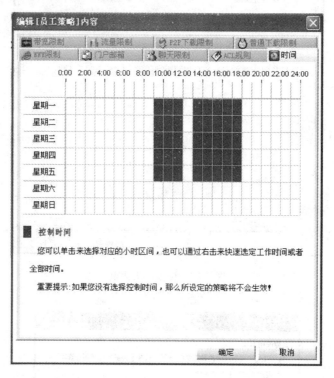

图 7-39　设置时间

所有控制项目设置完毕，必须单击"确定"按钮。至此，建立了一个完整的控制策略。

（12）应用策略。建立策略后，可以在"网络主机扫描"界面中，双击其他"未指派策略"的主机指派已经建好的策略，也可以再建一个新的策略，如图 7-40 所示，双击 IP 地址为 192.168.0.104 的主机，系统提示已经建立了一个策略，可以选择继续新建一个策略，也可以直接指派刚建立的策略，或者仍旧保持"未指派策略"状态。如果单击对话框中的"否"按钮，则系统弹出一个新的对话框，如图 7-40 和图 7-41 所示。

（13）对部分或全部主机指派策略。如果想对所有的主机或者一部分主机应用同一个策略，则在"控制策略设置"界面中单击"指派策略"按钮，如图 7-42 所示。

弹出"策略指派设置"对话框，左右两侧分别为已经指派策略的主机和未指派策略的主机，可以把其中一个已经建立好策略的组或未建立策略的组里面的所有主机，全部指派到右侧的某个策略组里面或未指派的策略组里面；也可以选择某一个或几个（按住 Shift 键选择）

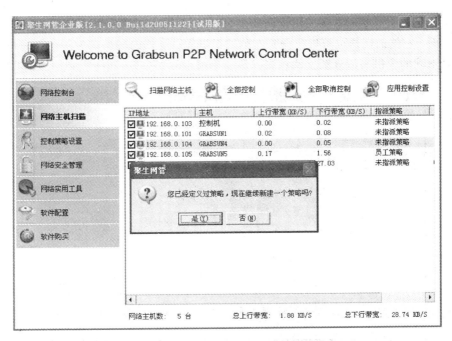

图 7-40　新建或指派策略

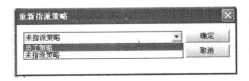

图 7-41　指派已建的策略

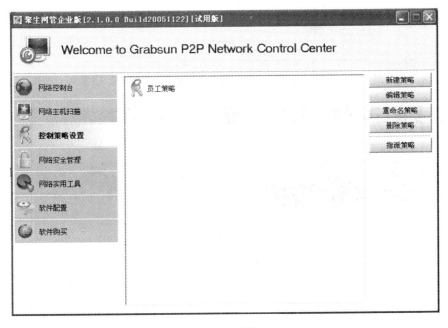

图 7-42　指派策略

已经指派策略的组或者未指派的组里面的主机,指派到右侧的某一个已经建立的组或未建立的组里面;右侧的同样也可以指派到左侧的组里面。这样的转换是为了让管理员可以根据情况对不同的主机灵活分配上网权限。转换后可以立即生效,如图 7-43～图 7-45 所示。

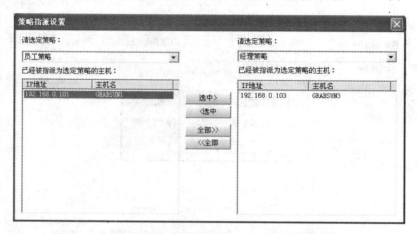

图 7-43　将"员工策略"组里面的主机指派到"经理策略"组里面

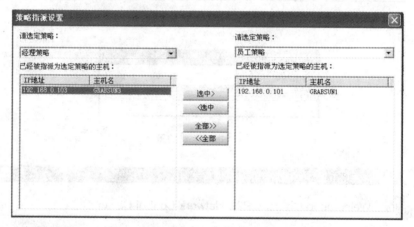

图 7-44　将"经理策略"组里面的主机指派到"员工策略"组里面

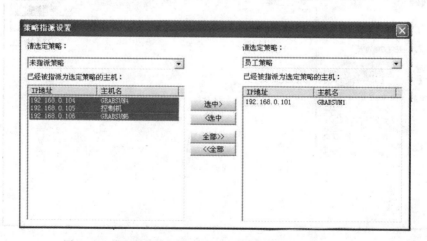

图 7-45　将全部未指派策略的主机添加到"员工策略"组里面

（14）控制策略设置。选择软件左侧功能栏的"控制策略设置"选项，单击"新建策略"按钮，输入策略名称，系统会弹出一个对话框，可以按照控制需要单击各个控制项目进行控制。设置完毕，单击"确定"按钮保存设置。也可以选中编辑好的策略进行更改配置，操作同（13）。

（15）网络安全管理。选择"IP-MAC 绑定"选项，可以单击"获取 IP-MAC 关系"按钮，进行主机名、IP 地址、网卡的三重绑定。也可以选择 IP 地址、MAC 地址进行更改，或进行手工添加、删除等操作。另外，绑定 IP 地址后，也可以选择以下两种控制措施："发现非法 IP-MAC 绑定时，自动断开其公网连接"以及"发现非法 IP-MAC 绑定时，发 IP 冲突给主机"，如图 7-46 所示。

图 7-46　设置 IP-MAC 绑定

> **注意**：如果局域网已经进行了 IP-MAC 绑定，则要先取消绑定，否则可能导致局域网暂时掉线，并可能导致软件的一些功能失效。如果局域网没有进行 IP-MAC 绑定，则可以选择上述各项，以增强网络安全性；如果局域网对安全性要求不高，也可以不选择。

（16）网内其他主机运行聚生网管的记录。系统为了保证局域网的安全，防止局域网内其他用户用聚生网管扰乱局域网，特别提供了防护功能：即聚生网管的正式版可以强制测试版退出，并且记录运行聚生网管的主机的机器名、运行时间、网卡、IP 地址以及系统对其处理结果。

（17）局域网攻击工具检测。系统可以检测当前对局域网危害最为严重的三大工具：局域网终结者、网络剪刀手和网络执法官，因为这 3 种工具采用 Windows 的底层协议，所以，无法被防火墙和各种杀毒软件检测到。而聚生网管可以分析其报文,检测出其所在的主机名、IP 地址、网卡、运行时间等信息,以便于管理员迅速采取措施应对,降低危害,如图 7-47 所示。

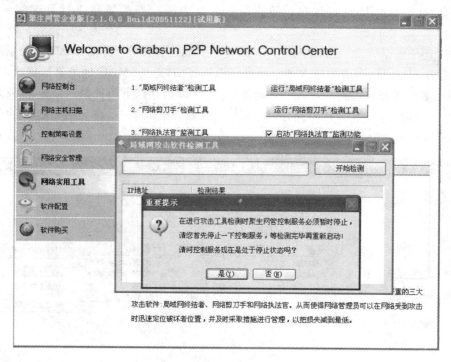

图 7-47　检测局域网三大攻击工具

项目总结与回顾

本项目主要介绍了系统的安装与恢复、网络恢复、数据恢复和故障排除,特别是网络故障排除需要长期的经验积累,并掌握常规的测试工具和测试方法。另外还介绍了网络流量、端口的限制方法,这些都是很常见的网络管理功能,希望读者掌握。

习　　题

(1) 如何进行一键备份与恢复系统?

(2) 如何运用网络安装系统?

(3) 数据恢复的软件有哪些? 举例说明其操作方法。

(4) 有哪些常用的网络故障? 如何排除网络故障?

(5) 如何进行 IP 地址绑定和端口绑定?

(6) 如何进行流量控制? 如何使用网络管理软件?

(7) 上机操作聚生网络管理软件。

参 考 文 献

[1]　黄传河.网络规划设计师教程[M].北京：清华大学出版社,2009

[2]　飞州书源.网络组建与管理(第2版)[M].北京：清华大学出版社,2011

[3]　赵思宇.局域网组网技术与实训[M].北京：中国电力出版社,2014

[4]　杨泉波.中小型局域网搭建与管理实训教程[M].北京：电子工业出版社,2011